普通高等教育机电类系列教材

工程制图简明教程

主　编　董培蓓
副主编　穆浩志　柳　丹　徐　艳
参　编　柴富俊　张淑梅　盖　青
　　　　王晓菲　薛立军
主　审　董国耀

机械工业出版社

本书是为满足普通高等院校非机械类专业少学时、高等工程专科学校以及成人教育制图课程教学的需要，根据最新颁布的《技术制图》《机械制图》及有关国家标准，本着内容通俗易懂、简明扼要的原则编写的。

本书以体为主，突出形体分析，注重读图训练。内容包括工程制图基本知识、正投影法基础、截切立体与相贯立体、轴测图、组合体、机件的表达方法、标准件与常用件、零件图、装配图、计算机辅助绘图等内容。

本书与机械工业出版社出版、柴富俊主编的《工程制图简明教程习题集》配套使用。

图书在版编目（CIP）数据

工程制图简明教程/董培蓓主编. —北京：机械工业出版社，2015.8 （2022.1重印）

普通高等教育机电类系列教材

ISBN 978-7-111-50643-0

Ⅰ.①工…　Ⅱ.①董…　Ⅲ.①工程制图-高等学校-教材　Ⅳ.①TB23

中国版本图书馆 CIP 数据核字（2015）第 193572 号

机械工业出版社（北京市百万庄大街22号　邮政编码100037）

策划编辑：舒　恬　责任编辑：舒　恬　张丹丹　版式设计：霍永明
责任校对：肖　琳　封面设计：张　静　　　　　　责任印制：常天培
北京机工印刷厂印刷
2022 年 1 月第 1 版第 7 次印刷
184mm×260mm · 16.5 印张 · 406 千字
标准书号：ISBN 978-7-111-50643-0
定价：33.50 元

电话服务　　　　　　　　　网络服务
客服电话：010-88361066　　机　工　官　网：www.cmpbook.com
　　　　　010-88379833　　机　工　官　博：weibo.com/cmp1952
　　　　　010-68326294　　金　书　网：www.golden-book.com
封底无防伪标均为盗版　　机工教育服务网：www.cmpedu.com

前　言

本书是根据最新颁布的《技术制图》《机械制图》及有关国家标准，以加强对学生综合素质及创新能力的培养为出发点，结合编者历次编写工程制图教材的经验，总结多年教学成果编写而成的。本书遵循"少而精""简而明"的原则，在编写过程中，力求加强所编教材内容的针对性和实用性，并在体系结构上有所创新。为配合教材的使用，同时编写了《工程制图简明教程习题集》，可与本书配套使用。

本书具有以下特点：

精简了点、线、面投影的度量问题及综合图解部分的内容，使点、线、面的投影与体的投影紧密结合，从而达到学以致用、省时高效的目的。

减少仪器绘图方法的介绍，降低训练要求，降低装配图的复杂程度；以教材做载体，将以投影理论为核心内容的传统工程制图改变为以计算机图形学为核心内容的现代工程制图，使工程制图与计算机应用密切结合；较大幅度增加了计算机绘图的内容。

教材着重手工草图、仪器绘图和计算机绘图三种绘图能力的综合培养，以达到培养学生综合的图形处理能力与动手能力的目的。

教材所选图例尽量结合工程实际与专业要求。全书全部采用我国最新颁布的《技术制图》与《机械制图》国家标准；书末列出了必要的附录，以方便读者学习标准规范和查阅标准件及有关参考数据。

增加了配套习题集的综合性、复杂性、设计性和连续性，突出教师的指导作用，强化学生的主体地位。

本书可作为普通高等院校非机械类专业少学时、高等工程专科学校以及成人教育制图课程的教材。

本书由董培蓓任主编，穆浩志、柳丹、徐艳任副主编，董国耀任主审。参加编写的有董培蓓（第1、3章）、张淑梅（第2章）、盖青（第4章）、王晓菲（第5章）、柴富俊（第6、9章）、柳丹（第7章）、徐艳（第8章）、薛立军（第10章）、穆浩志（第11章）。

由于水平有限，本书难免存在疏漏之处，恳请广大读者批评指正。

编　者

目　录

第1章 绪 论

1.1 工程图的发展简史与作用

1. 工程图的发展简史

人们在认识自然、描绘自然的过程中，常需要表示空间物体的形状和大小，图形则成为人们表达交流的主要形式之一。我国在很早以前就出现了象形文字，早有"上古仓颉造字"的传说，这种文字其实就是简化的单面正投影图，是人们根据对自然界的观察和生产实际的需要，把所观察到的形象抄绘于平面上，观察方向正对着物体，也正对着画面，于是就形成了单面正投影图。在 3000 年以前埃及也出现了象形文字。人们将象形文字称为"图画文字"或"文字画"。

具有 5000 年文明史的中国，在工程图发展的长河中有着辉煌的一页。春秋时代的《周礼考工记》中就记载了规矩、绳墨、悬锤等绘图、测量工具的使用情况。随着工程技术发展的需要，由单面正投影图逐渐发展成用两个正投影图配合表示物体长、宽、高的雏形。宋代李诚撰写的《营造法式》一书中，有不少插图属于正投影图，该书在公元 1103 年就已印刷，其中还有较多表示立体形状的轴测图，是建筑工程方面的一部经典著作。明代宋应星著的《天工开物》一书中，有大量图样表示舟、车、器械的形状和构造的插图，其中很多是轴测图。

到了 16 世纪至 17 世纪，由于航海的需要，人们在海图中用等高线表示各处海域的位置及深度，于是出现了标高投影图。标高投影图是用一个单面正投影图并附加数字，表示长、宽、高三个方向的投影图。在地图上常用标高投影图的方法画出等高线，以表示山脉和地形。随着生产的社会化，1795 年法国著名的几何学者加斯帕·蒙日发表了《画法几何学》一书，给正投影打下了坚实、系统的理论基础，使单面正投影图过渡到了多面正投影图，因而使多面正投影图在工程技术上得到了广泛的应用。直到目前，多面正投影图仍为工程图学中最基本、最主要的内容。

1829 年德国学者舒莱伯出版了画法几何教科书，备受人们重视，促使投影方法和作图方法得到了进一步地研究。谢瓦斯齐亚诺夫是俄国画法几何的创始人，古尔久莫夫等学者对画法几何学的研究与教学也都做出了贡献。19 世纪至 20 世纪前半叶，在多面正投影图方面，图示法和图解法得到充实和发展。清代数学家年希尧所著的《视学》一书中，也论述了两面正投影的内容。

前苏联学者切特维鲁新和弗罗洛夫等人对投影理论的研究及画法几何的普及都做出了贡献。我国工程图学界的前辈赵学田教授所总结的"长对正、高平齐、宽相等"这一通俗、简洁的三视图投影规律，已成为工程技术人员绘图、读图普遍运用的规律，并在各种工程制图教材中引用，使画法几何和工程制图知识易学、易懂。

计算机的广泛应用大大促进了图形学的发展，以计算机图形学为基础的计算机辅助设计

（CAD）技术，推动了各个领域的设计革命，其发展和应用水平已成为衡量一个国家科学技术现代化和工业现代化水平的重要标志之一。在设计和制造领域里，CAD 技术引发了一场革命，且产生了深远的影响，也使图形学的领域变得无比宽阔。

2. 工程图学的作用

图学这一古老的学科在科学技术如此发达的今天，其作用不但没有减弱，反而由于图像处理技术的发展而得以不断增强，其原因就在于图自身的特性。因为图具有形象性、直观性、准确性和简洁性的特点，还具有审美性、抽象性等特性，适于表达、交流信息，也适于培养、形成形象思维，它既可以是客观事物的形象记录，又可以是人们头脑中想象形象的表现，既可记录过去，又可反映未来。可帮助人们认识未知，探索真理，以促进科学技术的不断发展，乃至飞跃。这些特性决定了图学在人类社会发展中的不可替代性。

图以形为基础。就像文字和数字是描述人们思想和语言的工具一样，图是描述形的工具，也是形的载体。在工程上和数学上，人们常用图来表达工程信息和几何信息，把它作为信息的载体及描述和交流的工具，但它又有不同于文字和数字的独特功能，能够表达一些文字和数字难以表达或不能表达的信息。如今，图已成为科学技术领域中一种通用"语言"，在工程上用来构思、设计、指导生产、交换意见、介绍经验；在科学研究中用来处理实验数据、图示和图解各种平面及空间几何元之间的关系、选择最佳方案等。可以说，工农业生产、科研、国防等各行各业都离不开图形。

图形信息是人们交换、处理信息中极为重要的一种，是人们获得信息的主要来源。人们一般凭视觉、听觉、嗅觉和味觉来获得信息，据统计，在获得的信息中，有 80% ~ 90% 的信息量来自视觉。图形所含的信息量相当大，有时候一大段文字所代表的信息也不如一幅简单的图形所描述的信息量大，况且图形信息使人理解透彻，给人以深刻的印象。但对它们的操作、处理比一般文字信息要复杂得多。因此，人们非常重视图形信息的快速处理，这种处理要求始终是推动图形理论和技术、硬件和软件以及图形系统体系结构不断向前发展的动力。

对理工科学生而言，科学素质可谓是立业之本，而构成科学素质的重要基础便是数学、几何学、物理学、化学等基础学科。这些基础学科与工程应用相结合，便形成了培养人才工程素质的重要内容。如几何学与工程应用及工程规范相结合便形成了工程图学。由此不难看出，工程图学并不是仅为某个特定专业提供基础，而是作为工程教育的一部分，为一切涉及工程领域的人才提供空间思维和形象思维表达的理论及方法。

1.2　本课程的特点、任务和学习方法

1. 本课程的特点

（1）基础性　工程制图是作为一切工程和与之相关人才培养的工程基础课，并为后续的工程专业课的学习提供基础。

（2）学科交叉性　工程制图是几何学、投影理论、工程基础知识、工程基本规范及现代绘图技术相结合的产物。

（3）工程性　工程制图的研究对象是工程中的形体构成、分析及表达，需随时与工程规范、工程思想相结合。

（4）实用性 工程制图除基础性之外，还具有广泛的实际应用性，是理论与实践相结合的学科。

（5）通用性 工程图作为工程界的通用语言，具有跨地域、跨行业性。古今中外，尽管语言、文字不同，但工程图的表达方法都是相通的。

（6）方法性 工程制图中处处蕴含着工程思维和形象思维的方法，可有效地培养学生的空间想象力和分析能力。

2. 本课程的任务

通过本课程的学习可以培养学生的工程素质，这主要包括工程概念的形成、工程思想方法的建立、工程人员基本识图、绘图能力及工作作风的培养和训练。

本课程的核心就是空间要素的平面化表现和平面要素的空间转化。正是通过这两种互相转化的训练，将学生固有的三维物态思维习惯提升到形象思维和抽象思维相融合的层次，从而使学生得到"见形思物"和"见物想形"的空间思维能力和空间想象能力的培养。进而提高学生的分析综合解决问题的能力和开拓创新的意识。

作为一名现代高级工程人员，不仅需要具有语言表达能力和文字表达能力，还需要具有图形表达能力。工程图样是工程界的通用技术语言，所有的创造发明、技术革新、设备改造，都需要用图样将设计构思表达出来。图形表达能力是工程人员必备的基本能力之一。因此，培养学生图形表达能力将是本课程的主要任务之一。

绘制工程图是工程设计的一个重要环节，熟练运用绘图工具及计算机，绘出符合国家标准要求的图样，将是工程人员动手能力的重要体现。本课程将致力于培养学生手工绘图及计算机绘图的能力，提高学生动手的能力。

3. 本课程的学习方法

为了帮助学生学好本课程，根据本课程的特点，提出以下学习方法供参考：

1）本课程是实践性很强的技术基础课，在学习中除了掌握理论知识外，还必须密切联系实际，更多地注意在具体作图时如何运用这些理论。只有通过一定数量的画图、读图练习，反复实践，才能掌握本课程的基本原理和基本方法。

2）在学习中，必须经常注意空间几何关系的分析以及空间几何元素与其投影之间的相互关系。只有"从空间到平面，再从平面到空间"反复研究和思考，才是学好本课程的有效方法。也只有这样，才能不断提高和发展空间想象能力以及分析问题和解决问题的能力。

3）认真听课，及时复习，独立完成作业。同时，注意正确使用绘图仪器，不断提高绘图技能和绘图速度。

4）画图时，要确立对生产负责的观点。严格遵守技术制图国家标准中的有关规定，认真细致，一丝不苟。

第 2 章　工程制图基本知识

本章学习指导

【目的与要求】　正确理解国家标准的作用，掌握并严格遵守国家标准的基本规定，掌握平面图形的基本作图及尺寸注法；掌握基本的绘图技能；培养平面图形构形设计能力。

【主要内容】　国家标准《技术制图》和《机械制图》中关于"图纸幅面和格式""比例""字体""图线""尺寸注法"等若干基本规定；平面图形的基本作图及尺寸注法；基本绘图技能。

【重点与难点】　重点掌握图幅的格式使用、图线、字体等基本规定和尺寸注法的规定；掌握平面图形的作图方法并能熟练运用平面构形原则进行设计。难点是正确理解尺寸注法的基本规定、平面图形的线段、尺寸的分析。

2.1　国家标准《技术制图》和《机械制图》中的若干基本规定

工程图样作为科学技术领域中一种通用语言，要达到在工程上用来构思、设计、指导生产、交换意见、介绍经验的目的，就必须遵循统一的规范，这个统一的规范就是相关的国家标准。由国家标准化主管机构批准、颁布的国内统一标准称为国家标准，简称国标。它的代号为"GB"（"GB/T"为推荐性国标），字母后面的两组数字，分别表示标准顺序号和标准批准的年份。例如，"GB/T 14691—1993　技术制图　字体"中字母表示推荐性国家标准，标准顺序号为14691，标准批准年份为1993 年。

2.1 节就图纸幅面和格式、标题栏、比例、字体、图线、尺寸注法等制图国标的有关规定做简要介绍，其他标准将在后面有关章节中叙述。

2.1.1　图纸幅面和格式（GB/T 14689—2008）

1. 图纸幅面尺寸和代号

绘制图样时，应优先采用表 2-1 中规定的图纸基本幅面尺寸。表中幅面代号意义如图 2-2 和图 2-3 所示。

各号图纸基本幅面尺寸如图 2-1 所示。沿某号幅面的长边对折，即为某号的下一号幅面大小。必要时，也允许选用规定的加长幅面。这些幅面的尺寸由基本幅面的短边成整数倍增加后得出。

表 2-1　图纸基本幅面尺寸　　　　　　　　　　　　　　（单位：mm）

幅面代号		A0	A1	A2	A3	A4
$B \times L$		841 × 1189	594 × 841	420 × 594	297 × 420	210 × 297
周边尺寸	a	25				
	c	10			5	
	e	20		10		

2. 图框格式

在图样上必须用粗实线画出图框线。图框的格式分不留装订边和留有装订边两种，但同一产品的图样只能采用一种格式，如图 2-2 和图 2-3 所示。加长幅面的图框尺寸，按比所选用的基本幅面大一号的图框尺寸确定。教学中推荐使用不留装订边的图框格式。

3. 标题栏的方位

标题栏应位于图纸的右下角（图 2-2 和图 2-3）。此时看图的方向应与标题栏中的文字方向一致。学校作业用标题栏的外框是粗实线，里边是细实线，其右边线和底边线应与图框线重合。

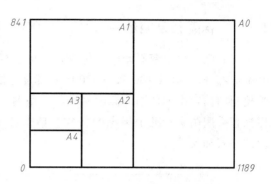

图 2-1　各号图纸基本幅面尺寸

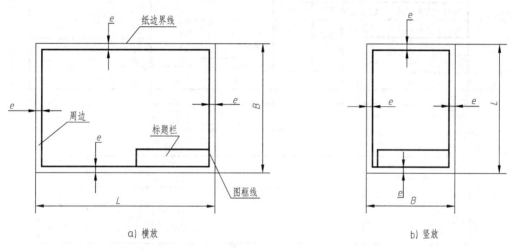

a) 横放　　　　　b) 竖放

图 2-2　不留装订边的图框格式

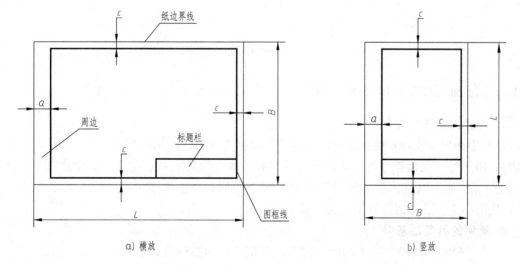

a) 横放　　　　　b) 竖放

图 2-3　留有装订边的图框格式

2.1.2 标题栏及明细栏 （GB/T 10609.1—2008、GB/T 10609.2—2009）

每一张图样上都必须画出标题栏。标题栏反映了一张图样的综合信息，是图样的一个重要组成部分。GB/T 10609.1—2008 对标题栏的内容、格式与尺寸做了规定，如图 2-4 所示。学校制图作业中零件图的标题栏推荐采用图 2-5 所示的格式和尺寸。装配图的标题栏及明细栏推荐采用国家标准中规定的格式，请参考 GB/T 10609.2—2009，作业时可使用图 2-6 所示的格式和尺寸。

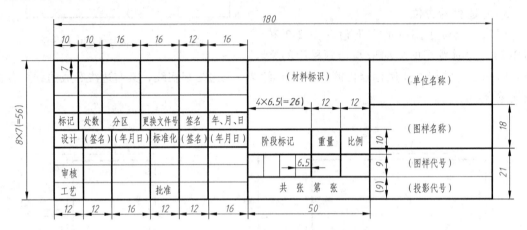

图 2-4 标题栏的尺寸与格式

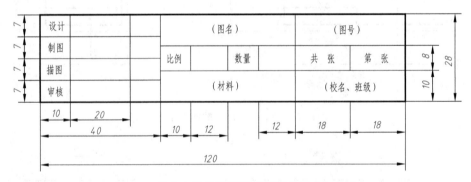

图 2-5 作业中零件图所用标题栏的尺寸与格式

2.1.3 比例 （GB/T 14690—1993）

1. 比例及表示方法

图样中图形与实物相应要素的线性尺寸之比称为比例。比例符号用"："表示，如 1:1、1:500、20:1 等。比例符号左边的数字表示图形，右边的数字表示物体，如比值为 1 的比例表示为 1:1，称为原值比例，即图形与物体大小相同；比值大于 1 的比例为放大比例，如 2:1；比值小于 1 的比例为缩小比例，如 1:2。

2. 比例的种类及系列

GB/T 14690—1993《技术制图 比例》规定了比例的种类及系列，见表 2-2。

当设计中需按比例绘制图样时，应由表 2-2 规定的系列中选取适当的比例。绘图时首选

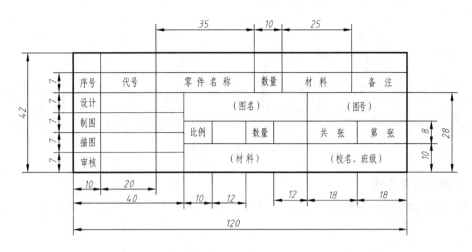

图 2-6 作业中装配图所用标题栏及明细栏的尺寸与格式

原值比例；根据机件的大小和复杂程度也可以选取放大或缩小的比例。无论图形放大或缩小，标注尺寸时必须标注机件的实际尺寸，如图 2-7 所示。对同一机件的各个视图应采用相同的比例，当机件某部位上有较小或较复杂的结构需要用不同的比例绘制时，则必须另行标注，如图 2-8 所示，图中 2:1 是该局部放大图的比例。

表 2-2 比例的种类及系列

种 类	比 例	
	优先选取	允许选取
原值比例	1:1	
放大比例	5:1　　　2:1 $5 \times 10^n:1$　$2 \times 10^n:1$　$1 \times 10^n:1$	4:1　　　2.5:1 $4 \times 10^n:1$　　$2.5 \times 10^n:1$
缩小比例	1:2　　1:5　　1:10 $1:2 \times 10^n$　$1:5 \times 10^n$　$1:1 \times 10^n$	1:1.5　　1:2.5　1:3　1:4　1:6 $1:1.5 \times 10^n$　$1:2.5 \times 10^n$　$1:3 \times 10^n$　$1:4 \times 10^n$　$1:6 \times 10^n$

注：n 为正整数。

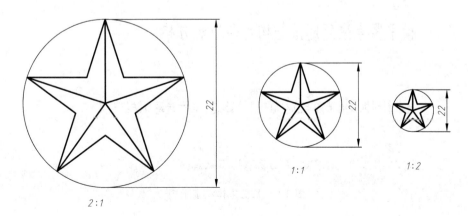

图 2-7 用不同比例画出的图形

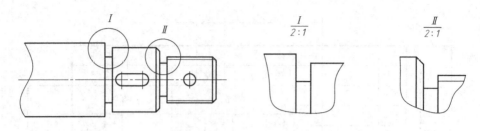

图 2-8　比例的另行标注

3. 比例的标注方法

比例一般应标注在标题栏中的比例栏内。必要时可在视图名称的下方或右侧标注比例。如：

$$\frac{I}{2:1} \qquad \frac{A}{1:100} \qquad \frac{B-B}{2.5:1} \qquad 平面图 \ 1:10$$

2.1.4　字体 （GB/T 14691—1993）

字体是指图样中汉字、字母和数字的书写形式，图样中书写的字体必须做到字体工整、笔画清楚、间隔均匀、排列整齐。字体的号数，即字体的高度用 h 表示，字体的公称尺寸系列为：1.8、2.5、3.5、5、7、10、14、20（单位均为 mm）。如需要书写更大的字，其字体高度应按 $\sqrt{2}$ 的比率递增。

1. 汉字

汉字应写成长仿宋体字，并应采用中华人民共和国国务院正式公布推行的《汉字简化方案》中规定的简化字。汉字的字高不应小于 3.5mm，字宽一般为 $h/\sqrt{2}$，长仿宋体汉字示例如图 2-9 所示。

10号字

字体工整笔画清楚间隔均匀排列整齐

7号字

横平竖直注意起落结构均匀填满方格

5号字

技术制图机械电子汽车航空船舶土木建筑矿山井坑港口纺织服装

3.5号字

螺纹齿轮端子接线设计描图审核材料学校班级标题栏图框销子轴承螺母减速器球阀

图 2-9　长仿宋体汉字示例

长仿宋体字的书写要领是：横平竖直、注意起落、结构均匀、填满方格。

2. 字母及数字

字母及数字有直体和斜体、A 型和 B 型之分。斜体字字头向右倾斜，与水平基准线成 75°；A 型字体的笔画宽度为字高（h）的 1/14；B 型字体的笔画宽度为字高（h）的 1/10。常用字母和数字的字型结构示例如下：

（1）A 型拉丁字母大写斜体示例

ABCDEFGHIJKLMNOPQRSTUVWXYZ

（2）A 型拉丁字母小写斜体示例

abcdefghijklmnopqrstuvwxyz

（3）A 型斜体数字示例

0123456789

I II III IV V VI VII VIII IX X

（4）A 型斜体小写希腊字母示例

α β γ δ ε ζ η θ ι κ λ μ ν

ξ ο π ρ σ τ υ φ χ ψ ω

3. 综合应用规定

用做分数、指数、极限偏差、脚注等的字母及数字，一般应采用小一号的字体。综合应用示例如下：

$$10^3 \quad S^{-1} \quad D_1 \quad T_d \quad \phi20^{+0.010}_{-0.023} \quad 7°^{+1°}_{-2°} \quad \frac{3}{5}$$

2.1.5　图线（GB/T 4457.4—2002）

1. 图线及应用

图线是起点和终点间以任何方式连接的一种几何图形，形状可以是直线或曲线、连续线或不连续线，工程图样中常用的图线见表 2-3。各种线型在图样上的应用，如图 2-10 所示。

所有线型的宽度（d）系列为：0.13、0.18、0.25、0.35、0.5、0.7、1、1.4、2（单位均为 mm）。一般粗实线宜在 0.5 ~ 2mm 之间选取，应尽量保证在图样中不出现宽度小于 0.18mm 的图线。

表 2-3　图线名称、线型及应用

代码 No.	名称	线型	一般应用
01.2	粗实线	——————————	可见棱边线、可见轮廓线、相贯线、螺纹牙顶线、螺纹长度终止线、齿顶圆(线)、表格图、流程图中的主要表示线、剖切符号用线等
01.1	细实线	——————————	过渡线、尺寸线、尺寸界线、剖面线、指引线和基准线、重合断面的轮廓线、短中心线、螺纹牙底线、表示平面的对角线等
01.1	波浪线	～～～～	断裂处的边界线、视图和剖视图的分界线
01.1	双折线	—／\—／\—	断裂处的边界线、视图和剖视图的分界线
02.1	细虚线	- - - - - -	不可见轮廓线、不可见棱边线
04.1	细点画线	—·—·—	轴线、对称中心线、分度圆(线)、孔系分布的中心线、剖切线
05.1	细双点画线	—··—··—	相邻辅助零件的轮廓线、可动零件极限位置的轮廓线、成形前轮廓线、剖切面前的结构轮廓线、轨迹线、中断线等

注：1. 表中粗、细线的宽度比例为 2:1。
　　2. 代码中的前两位数字表示基本线形，最后一位数字表示线宽种类，其中"1"表示细线，"2"表示粗线。
　　3. 波浪线和双折线在同一张图中一般采用一种。

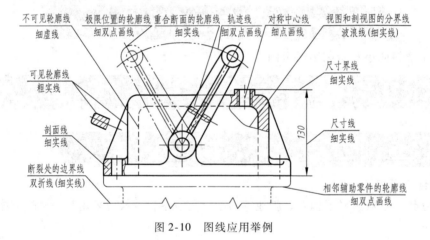

图 2-10　图线应用举例

2. 图线画法

1）在同一图样中，同类图线的宽度应一致。细虚线、细点画线、细双点画线的画线长度和间隔如图 2-11 所示。

2）两条平行线（包括剖面线）之间的距离最小不得小于 0.7mm。

3）绘制点画线的要求是：以画相交，以画为始尾，超出图形轮廓 2～5mm。在较小的图形上绘制细点画线或细双点画线有困难时，可用细实线代替，如图 2-12 所示。

4）当某些图线重合时，应按粗实

图 2-11　图线规格

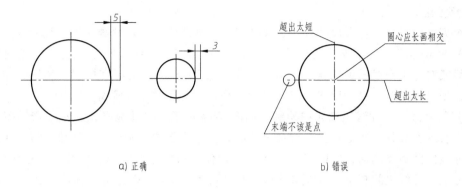

图 2-12　中心线的画法

线、细虚线、细点画线的顺序，只画前面的一种图线。

5）当图线相交时，应以画线相交，不留空隙；当细虚线是粗实线的延长线时，衔接处要留出空隙，如图 2-13 所示。

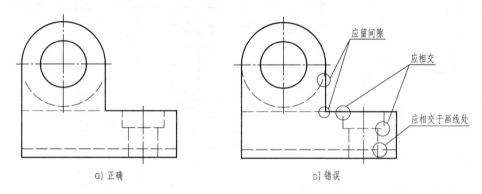

图 2-13　图线相交和衔接画法

2.1.6　尺寸注法（GB/T 4458.4—2003）

图形只能表达机件的形状，而机件的大小必须通过标注尺寸才能确定。标注尺寸是一项极为重要的工作，必须认真细致、一丝不苟。如果尺寸有遗漏或错误，会给生产带来困难和损失。

一张完整的图样，其尺寸标注应正确、完整、清晰、合理。本节仅介绍国标"尺寸注法"（GB/T 4458.4—2003）中有关如何正确标注尺寸的若干规定。有些内容将在后面的有关章节中讲述，其他的有关内容可查阅国标。

1. 基本规定

1）图样上所标注的尺寸数值是零件的真实大小，与图形大小及绘制的准确度无关。

2）图样中的尺寸一般以毫米为单位，当以毫米（mm）为单位时，不需注明计量单位代号或名称。若采用其他单位则必须标注相应计量单位或名称（如 2m、35°30′等）。

3）零件的每一个尺寸在图样中一般只标注一次，并应标注在反映该结构最清晰的视图上。

4）图样中所注尺寸是该零件最后完工时的尺寸，否则应另加说明。

2. 尺寸组成

一个完整的尺寸应包含尺寸界线、尺寸线、尺寸线终端、尺寸数字四个尺寸要素。

（1）尺寸界线　尺寸界线用细实线绘制，如图 2-14 所示。尺寸界线一般是图形轮廓线、轴线或对称中心线的延长线，超出尺寸线终端 2 ~ 3mm。也可直接用轮廓线、轴线或对称中心线做尺寸界线。尺寸界线一般与尺寸线垂直，必要时允许倾斜。

（2）尺寸线　尺寸线用细实线绘制，如图 2-14 所示。尺寸线必须单独画出，不能与其他图线重合或在其延长线上；标注线性尺寸时，尺寸线必须与所标注的线段平行；相同方向的各尺寸线的间距要均匀，间隔应大于 5mm，以便注写尺寸数字和有关符号；标注尺寸时，应尽量避免尺寸线之间相交，如图 2-15a 中的 18、50、28、20 为错误标注；相互平行的尺寸，小尺寸应在内侧即靠近图形，大尺寸应在外侧即依次等距离的平行外移，如图 2-15b 中的 18、28、20 为错误标注。

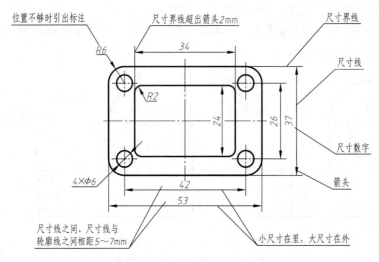

图 2-14　尺寸的组成及标注示例

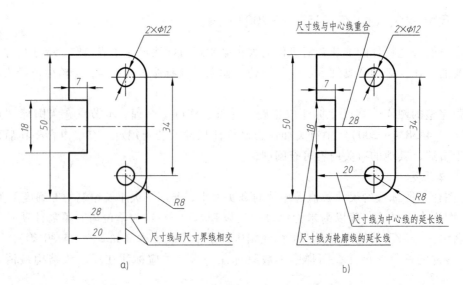

图 2-15　标注尺寸的常见错误

（3）尺寸线终端　尺寸线终端有两种形式，箭头或细斜线，如图 2-16 所示。箭头适用于各种类型的图形，箭头尖端与尺寸界线接触，不得超出也不得离开（图 2-16a）；当尺寸线终端采用斜线形式时，尺寸线与尺寸界线必须相互垂直（图 2-16b）。当尺寸线与尺寸界线垂直时，同一图样中只能采用一种尺寸线终端形式。细斜线的方向和箭头画法如图 2-17所示。图 2-18 为尺寸线终端常见的错误画法。

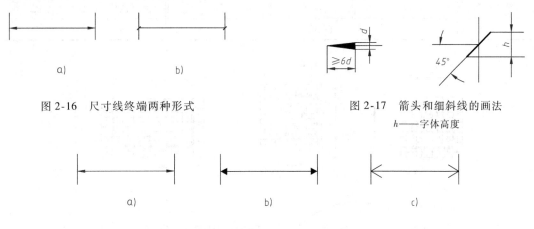

图 2-16　尺寸线终端两种形式　　　　　　　图 2-17　箭头和细斜线的画法

h——字体高度

图 2-18　箭头常见的错误画法

（4）尺寸数字及符号和缩写词　线性尺寸的数字一般注写在尺寸线上方（一般采用此种方法）或尺寸线中断处。同一图样内尺寸数字的字号大小应一致，位置不够可引出标注。

当尺寸线呈铅垂方向时，尺寸数字在尺寸线左侧，字头朝左，其余方向时，字头有朝上趋势。尺寸数字不可被任何图线通过。当尺寸数字不可避免被图线通过时，图线必须断开，如图2-19所示。

尺寸数字前的符号是用来区分不同类型的尺寸：ϕ 表示直径，R 表示半径，S 表示球

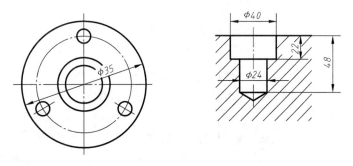

图 2-19　图线通过尺寸数字时的处理

面，t 表示板状零件厚度，□表示正方形，×表示乘号等。图 2-14 中 $4 \times \phi6$ 表示四个直径为6mm 的圆形。

国标中还规定了表示特定意义的符号和缩写词，见表 2-4。符号的比例画法，如图 2-20所示。标注尺寸的符号及缩写词应符合表 2-4 和 GB/T 18594—2001 中的有关规定。表 2-4中有些符号和缩写词，将在后续相关章节中讲述其含义和应用。

3. 各种尺寸注法示例

（1）线性尺寸的标注　标注线性尺寸时，线性尺寸的数字应按图 2-21a 中所示的方向注写，并尽可能避免在图示 30°的范围内标注尺寸，当无法避免时，可按图 2-21b 所示的方法进行标注。

表 2-4　尺寸符号和缩写词

名称	符号或缩写词	名称	符号或缩写词	名称	符号或缩写词
直径	ϕ	均布	EQS	埋头孔	⌄
半径	R	45°倒角	C	弧长	⌒
球直径	$S\phi$	正方形	□	展开长	◠
球半径	SR	深度	↧	斜度	∠
厚度	t	沉孔或锪平	⊔	锥度	◁

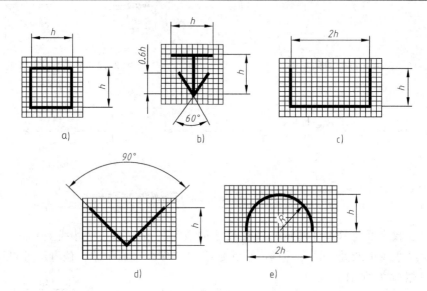

图 2-20　标注尺寸用符号的比例画法（线宽为 $h/10$）

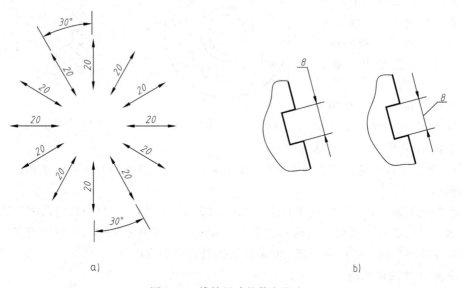

图 2-21　线性尺寸的数字注法

（2）角度尺寸注法　标注角度尺寸时，尺寸界线应沿径向引出，尺寸线画成圆弧，圆心是角的顶点，如图 2-22a 所示；尺寸数字一律水平书写，即字头永远朝上，一般注在尺寸

线的中断处，必要时也可注写在
圆弧内侧或外侧或引出标注，如
图 2-22b 所示；标注角度尺寸时，
必须注明单位。

（3）圆、圆弧及球面尺寸的
注法

1）标注圆的直径时，应在尺
寸数字前加注符号"ϕ"；标注圆
弧半径时，应在尺寸数字前加注
符号"R"。圆的直径和圆弧半径

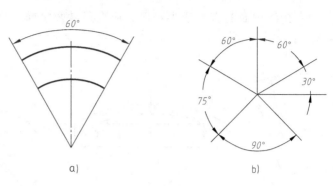

图 2-22　角度尺寸的注法

的尺寸线指向圆弧的终端应画成箭头，并按图 2-23 所示的方法标注。当圆弧大于 180°时应
在尺寸数字前加注符号"ϕ"；当圆弧小于或等于 180°时应在尺寸数字前加注符号"R"。

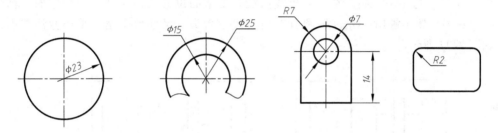

图 2-23　圆及圆弧尺寸的注法

2）半径尺寸必须注在投影为圆弧处，且尺寸线应通过圆心，如图 2-24 所示。

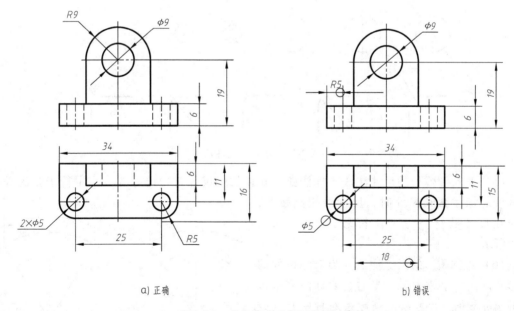

a) 正确　　　　　　　　　　　　　　　b) 错误

图 2-24　半径尺寸正误标注对比

3）当圆弧的半径过大或在图纸范围内无法按常规标出其圆心位置时，可按图 2-25a 的
形式标注；若不需要标出其圆心位置时，可按图 2-25b 的形式标注。

4）标注球面的直径或半径时，应在尺寸数字前分别加注符号"$S\phi$"或"SR"，如图2-26所示。

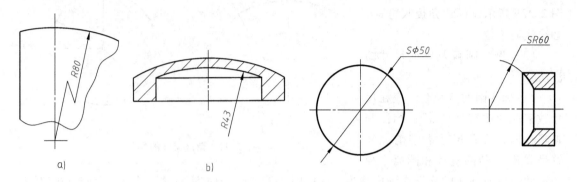

图 2-25　大圆弧尺寸的注法　　　　　图 2-26　球面尺寸的注法

（4）小尺寸的注法　如果在尺寸界线内没有足够的位置画箭头或注写数字时，箭头可画在外面；当位置不够时，允许用圆点或斜线代替箭头，尺寸数字也可采用旁注或引出标注，如图 2-27 所示。

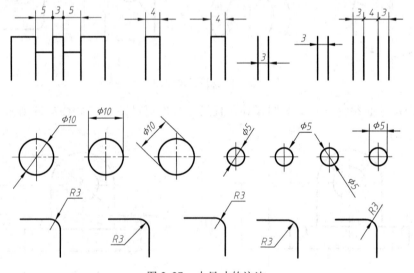

图 2-27　小尺寸的注法

（5）弦长和弧长的尺寸注法　标注弦长和弧长的尺寸时，尺寸界线应平行于弦的垂直平分线。标注弧长尺寸时，尺寸线用圆弧线，并应在尺寸数字左方加注符号"⌒"，如图2-28所示。

（6）对称图形的尺寸注法　当对称机件的图形只画出一半或大于一半时，要标注完整机件的尺寸数值。尺寸线应略超过对称中心线或断裂处的边界线，此时仅在尺寸线的一端画出箭头，如图 2-29 所示。图 2-29 中四个对称的圆，只需在一个圆上标注直径尺寸，但必须注

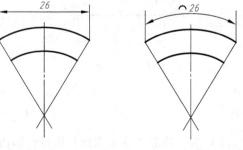

图 2-28　弦长和弧长的尺寸注法

明数量，如 4 × ϕ5；四个对称的圆弧，只需在一个圆弧处标注 R5，不注数量。

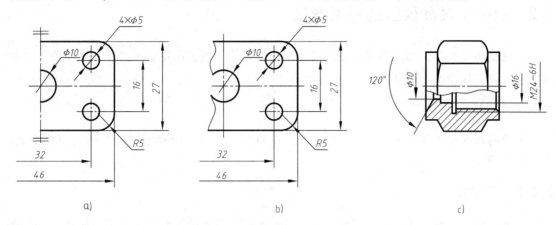

a)   b)   c)

图 2-29　对称图形的尺寸注法

（7）其他结构尺寸的注法

1）光滑过渡处的尺寸注法。如图 2-30 所示，在光滑过渡处，必须用细实线将轮廓线延长相交，并从它们的交点引出尺寸界线。尺寸界线一般应与尺寸线垂直，必要时允许倾斜。尺寸线应平行于两交点的连线。

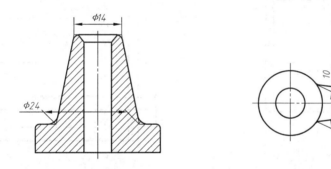

图 2-30　光滑过渡处的尺寸注法

2）板状零件和正方形结构的注法。标注板状零件的尺寸时，应在厚度的尺寸数字前加注符号"t"，如图 2-31 所示。标注机件的断面为正方形结构的尺寸时，可在边长尺寸数字前加注符号"□"，或用"14 × 14"代替"□14"。图 2-32 中相交的两条细实线是平面符号（当图形不能充分表达平面时，可用这个符号表达平面）。

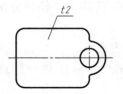

图 2-31　板状零件厚度的尺寸注法

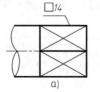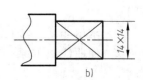

a)   b)

图 2-32　正方形结构尺寸注法

2.2　绘图工具和仪器的使用方法

正确使用绘图工具和仪器是保证绘图质量、提高绘图速度的重要因素。本节主要介绍常用绘图工具和仪器的使用方法。

2.2.1　图板

图板的板面应平整，工作边应平直。绘图时将图纸用胶带纸固定在图板的适当位置上，如图 2-33 所示。

2.2.2　丁字尺

丁字尺由尺头和尺身两部分组成，尺身带有刻度，便于画线时直接度量。使用时，必须将尺头靠紧图板左侧的工作边，上下移动丁字尺，并利用尺身的工作边画出水平线，如图2-34 所示。

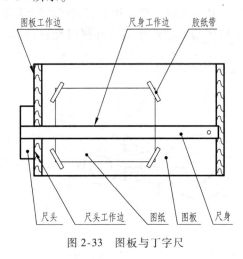

图 2-33　图板与丁字尺　　　　　　　　图 2-34　图板与丁字尺配合画水平线

2.2.3　三角板

一副三角板有两块，一块是 45°三角板，另一块是 30°和 60°三角板。三角板和丁字尺配合使用，可画垂直线和 30°、45°、60°以及 $n \times 15°$ 的各种斜线，如图 2-35 所示。此外，利用一副三角板，还可以画出已知直线的平行线或垂直线，如图 2-36 所示。

2.2.4　曲线板

曲线板是用来光滑连接非圆曲线上诸点时使用的工具，如图 2-37 所示。使用方法步骤如下：

1）求出非圆曲线上各点，并用铅笔徒手轻轻地将各点连成光滑曲线。

2）使曲线板的某一段尽量与曲线吻合并用此段曲线板描曲线，末尾留一段待下次描绘。

3）描下一段曲线，使该段曲线的开头与上段曲线的末尾重合，依次连续描绘出一条光

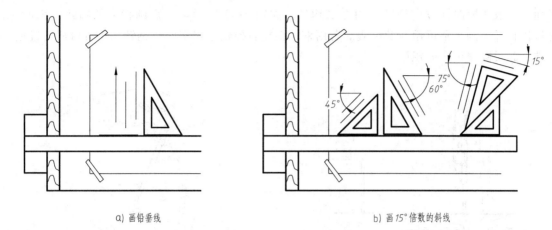

a) 画铅垂线   b) 画15°倍数的斜线

图 2-35 三角板与丁字尺配合使用画线

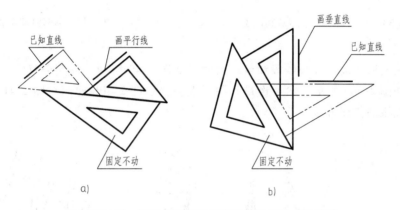

a)   b)

图 2-36 用一副三角板画已知直线的平行线或垂直线

滑曲线。

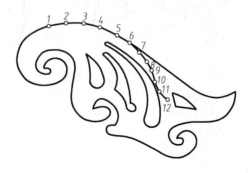

图 2-37 曲线板使用方法

2.2.5 绘图仪器

1. 圆规

圆规的钢针两端有两种不同的针尖。画圆时，将带台肩的一端插入图板中，钢针应调整到比铅芯稍长一些，如图 2-38 所示。画圆时应根据圆的直径，尽力使钢针和铅芯接腿垂直纸面，一般按顺时针方向旋转，用力要均匀，如图 2-39 所示。若需画特大的圆或圆弧时，可接加长杆。画小圆可用弹簧圆规。若用钢针接腿替换铅芯接腿时，钢针用不带台肩的锥形一端，此时圆规可作分规用。

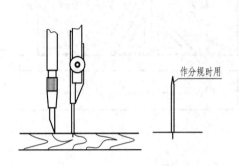

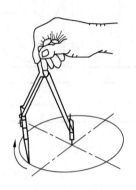

图 2-38　圆规钢针、铅芯及其位置　　　　图 2-39　画圆时的手势

2. 分规

分规用来截取线段、等分线段和量取尺寸，如图 2-40 所示。先用分规在三棱尺上量取所需尺寸，如图 2-40a 所示，然后再量到图样上去，如图 2-40b 所示。图 2-41 为用分规截取若干等分线段的作图方法。

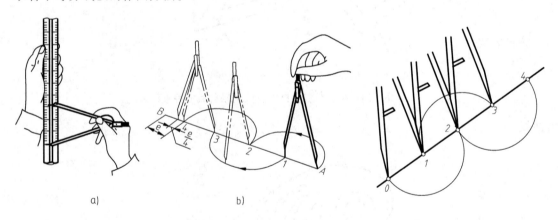

a)　　　　　　　　　　b)

图 2-40　分规的用法　　　　　　　　图 2-41　等分线段

2.3　几何作图

根据图形的几何条件，用绘图工具绘制图形，称为几何作图。虽然机件的轮廓形状各不相同，但大都由基本几何图形组成。因此，熟练掌握基本几何图形的作图方法，有利于提高画图质量和速度。下面介绍几种常见几何图形的作图方法。

2.3.1　正六边形的画法

正六边形的画法及作图步骤如下（图 2-42）。

方法一：以六边形对角线 D 为直径作圆，以圆的半径等分圆周，连接各等分点即得正六边形，如图 2-42a 所示。

方法二：以六边形对角线 D 为直径作圆，再用 30°、60° 三角板与丁字尺配合，作出正六边形，如图 2-42b 所示。

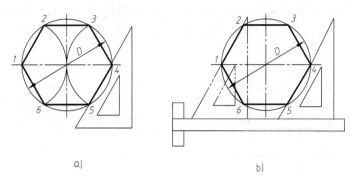

图 2-42　正六边形的作图

2.3.2　椭圆的画法

椭圆的画法很多，在此只介绍四心圆弧的椭圆的近似画法。图 2-43 是利用四心圆弧近似画椭圆的方法：

1）连接长、短轴的端点 A、C，取 $CE_1 = CE = OA - OC$，如图 2-43a 所示。

2）作 AE_1 的中垂线与两轴分别交于点 1、2，分别取 1、2 对轴线的对称点 3、4，连接 12、14、23、34 并延长，如图 2-43b 所示。

3）分别以点 1、2、3、4 为圆心，$1A$、$2C$、$3B$、$4D$ 为半径作圆弧，这四段圆弧就近似的连接成椭圆，圆弧间的连接点为 K、N、N_1、K_1，如图 2-43c 所示。

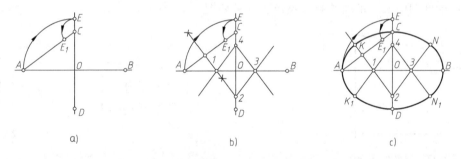

图 2-43　用四心圆弧法近似画椭圆

2.3.3　斜度与锥度

1. 斜度

一直线对另一直线或一平面对另一平面的倾斜程度称为斜度，斜度大小就是它们之间夹角的正切值。图 2-44 中，直线 CD 对直线 AB 的斜度 $= (T - t)/l = T/L = \tan\alpha$。

（1）斜度符号及其标注　斜度符号的线宽为字高 h 的 1/10，其高度为 h。斜度的大小

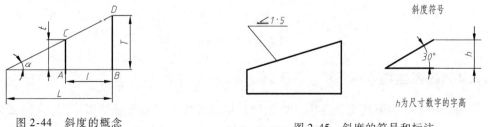

图 2-44　斜度的概念　　　　　　　　图 2-45　斜度的符号和标注

以 1:n 的形式表示。标注时应注意：符号的方向应与所画的斜度方向一致，如图 2-45 所示。

（2）斜度的画法　斜度的画法及作图步骤如图 2-46 所示。

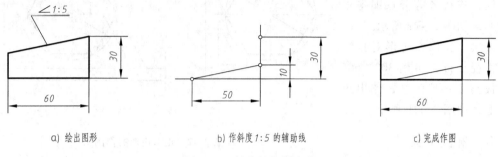

a) 绘出图形　　　　　b) 作斜度1:5 的辅助线　　　　　c) 完成作图

图 2-46　斜度的作图步骤

2. 锥度

两个垂直圆锥轴线截面的圆锥直径差与两截面间的轴向距离之比称为锥度；其锥度 = $(D - d)/l = 2\tan\alpha$（α 为半锥角），如图 2-47 所示。

（1）锥度符号及其标注　锥度符号的线宽为字高 h 的 1/10，其高度为 1.4h 高，锥度大小以 1:n 的形式表示。标注时应注意：符号的方向应与所画的锥度方向一致，如图 2-48 所示。

（2）锥度的画法　锥度的画法及作图步骤如图 2-49 所示。

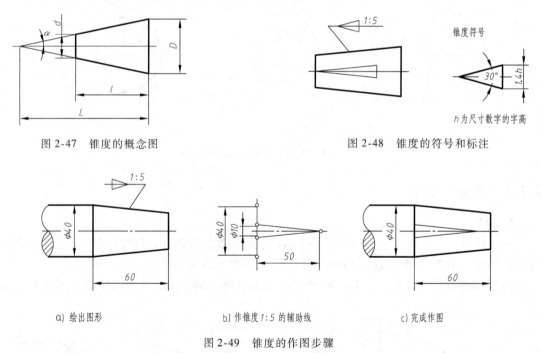

图 2-47　锥度的概念图　　　　　　　　图 2-48　锥度的符号和标注

a) 绘出图形　　　　　b) 作锥度1:5 的辅助线　　　　　c) 完成作图

图 2-49　锥度的作图步骤

2.3.4　圆弧连接

用已知半径的圆弧光滑连接（即相切）两已知线段（直线或圆弧），称为圆弧连接。在绘制工程图样时，经常遇到用圆弧来光滑连接已知直线或圆弧的情况。为了保证相切，在作图时就必须准确地作出连接圆弧的圆心和切点。

圆弧连接有三种情况：用半径为 R 的圆弧连接两条已知直线；用半径为 R 的圆弧连接两已知圆弧（分为外连接和内连接）；用半径为 R 的圆弧连接一已知直线和一已知圆弧。下面就各种情况做简要的介绍。

1. 圆弧与已知直线连接的画法

已知两直线以及连接圆弧的半径 R，求作两直线的连接弧，作图过程如图 2-50 所示。

要画一段圆弧，必须知道圆弧的半径和圆心的位置，如果只知道圆弧半径，圆心要用作图法求得，这样画出的圆弧为连接弧。

1）作与已知两直线分别相距为 R 的平行线，交点 O 即为连接弧的圆心，如图 2-50a 所示。

2）从圆心 O 分别向两直线作垂线，垂足 M、N 即为切点，如图 2-50b 所示。

3）以 O 为圆心，R 为半径，在两切点 M、N 之间画圆弧，即为所求圆弧，如图 2-50c 所示。

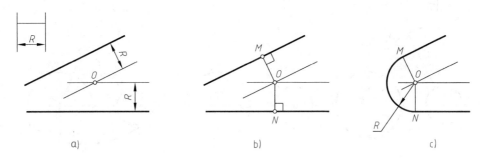

图 2-50　圆弧连接两直线的画法

2. 圆弧与已知两圆弧外连接的画法

已知圆心为 O_1、O_2 及半径分别为 $R_1 = 5\,\mathrm{mm}$、$R_2 = 10\,\mathrm{mm}$ 的两圆，用半径为 $R = 15\,\mathrm{mm}$ 的圆弧外连接两圆，作图过程如图 2-51 所示。

1）以 O_1 为圆心、$R_1 + R = 5\,\mathrm{mm} + 15\,\mathrm{mm} = 20\,\mathrm{mm}$ 为半径画弧，以 O_2 为圆心、$R_2 + R = 10\,\mathrm{mm} + 15\,\mathrm{mm} = 25\,\mathrm{mm}$ 为半径画弧，两圆弧的交点 O 即为连接弧的圆心，如图 2-51a 所示。

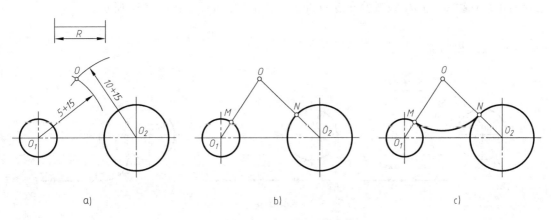

图 2-51　圆弧与已知两圆弧外连接画法

2）连接 OO_1、OO_2 与两已知圆分别相交于点 M、N，点 M、N 即为切点，如图2-51b 所示。

3）以 O 为圆心、$R = 15\text{mm}$ 为半径画弧 MN，MN 即为所求连接弧，如图 2-51c 所示。

3. 圆弧与已知两圆弧内连接的画法

已知圆心为 O_1、O_2 及半径分别为 $R = 5\text{mm}$、$R = 10\text{mm}$ 的两圆，用半径为 $R = 30\text{mm}$ 的圆弧内连接两圆，作图过程如图 2-52 所示。

1）以 O_1 为圆心、$R_1 = 30\text{mm} - 5\text{mm} = 25\text{mm}$ 为半径画弧，以 O_2 为圆心、$R_2 = 30\text{mm} - 10\text{mm} = 20\text{mm}$ 为半径画弧，两弧的交点 O 即为连接弧的圆心，如图 2-52a 所示。

2）连接 OO_1、OO_2 并延长，与两已知圆分别相交于点 M、N，点 M、N 即为切点，如图 2-52b 所示。

3）以 O 为圆心，$R = 30\text{mm}$ 为半径画弧 $\overset{\frown}{MN}$，$\overset{\frown}{MN}$ 即为所求连接弧，如图 2-52c 所示。

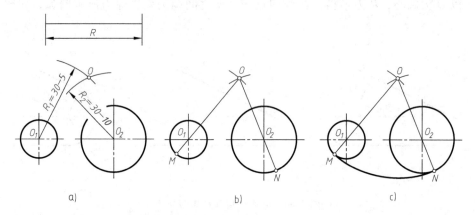

图 2-52　圆弧与已知两圆弧内连接画法

4. 圆弧与已知圆弧、直线连接的画法

已知圆心为 O_1、半径为 R_1 的圆弧和直线 L_1，用半径为 R 的圆弧连接已知圆弧和直线，作图过程如图 2-53 所示。

1）作直线 L_1 的平行线 L_2，两平行线之间的距离为 R；以 O_1 为圆心，$R_2 = R_1 + R$ 为半径画圆弧，直线 L_2 与 R_2 圆弧的交点 O 即为连接弧的圆心，如图 2-53a 所示。

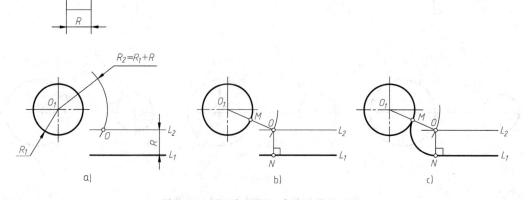

图 2-53　圆弧与圆弧、直线连接的画法

2）从点 O 向直线 L_1 作垂线得垂足 N，连接 OO_1 与已知弧相交得交点 M，点 M、N 即为切点，如图 2-53b 所示。

3）以 O 为圆心，R 为半径作圆弧 $\overparen{MN}$，$\overparen{MN}$ 即为所求连接弧，如图 2-53c 所示。

2.3.5　平面图形的分析与作图步骤

1. 平面图形的尺寸分析

平面图形中所注尺寸，按其作用有以下两类。

（1）定形尺寸　定形尺寸是确定平面图形上几何要素大小的尺寸。例如，直线的长短、圆或圆弧的大小等，如图 2-54 中的 15、$\phi5$、$\phi20$、$R12$、$R15$ 等尺寸。

（2）定位尺寸　定位尺寸是确定平面图形上几何要素相对位置的尺寸。如圆心、线段在图样中的相对位置等，如图 2-54 中的 8、75 等尺寸。在标注定位尺寸时，要先选定一个尺寸基准，通常以图中的对称线、较大圆的中心线、较长的直线为尺寸基准。对于平面图形有水平及铅直两个方向的尺寸基准，即 X 方向和 Y 方向的尺寸基准。图 2-54 是以水平对称轴线作为 Y 方向（铅直方向）的尺

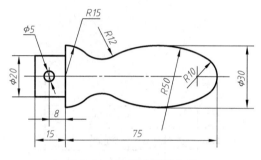

图 2-54　手柄的图形分析

寸基准，以距左端 15mm 的铅直线作为 X 方向（水平方向）的尺寸基准。图 2-54 中 $\phi5$ 的 X 方向的定位尺寸为 8，其圆心在 Y 方向基准线上，因此，Y 方向定位尺寸为零，不标注。$R10$ 的 X 方向的定位尺寸为 75，Y 方向的定位尺寸为零，不标注。图 2-54 中的其他定位尺寸，读者可自行分析。

2. 平面图形的图线分析

平面图形中的图线主要为线段、圆或圆弧，现以圆弧为例进行分析，平面图形中的圆弧可分为三类。

（1）已知弧　圆弧的半径（或直径）尺寸以及圆心的位置尺寸（两个方向的定位尺寸）均为已知的圆弧称为已知弧，如图 2-54 中的 $\phi5$、$R15$、$R10$。

（2）中间弧　圆弧的半径（或直径）尺寸以及圆心的一个方向的定位尺寸为已知的圆弧称为中间弧，如图 2-54 中的 $R50$。

（3）连接弧　圆弧的半径（或直径）尺寸为已知，而圆心的两个定位尺寸均没有给出的圆弧称为连接弧。连接弧的圆心位置，需利用与其两端相切的几何关系才能定出。如图 2-54 中的 $R12$，必须利用其他圆弧 $R50$ 及 $R15$ 外切的几何关系才能画出。

3. 平面图形的作图步骤

在画平面图形时，应根据图形中所给的各种尺寸，确定作图步骤。对于圆弧连接图形，应按已知弧、中间弧、连接弧的顺序依次画出各段圆弧。以图 2-54 的手柄图形为例，其作图步骤如下：

1）画基准线 A、B，作距离基准线 A 为 8mm、15mm、75mm 的三条垂直于 B 的直线，如图 2-55a 所示。

2）画已知弧 $R15$mm、$R10$mm 及圆 $\phi5$mm，再画左端矩形，如图 2-55b 所示。

3）按所给尺寸及相切条件求出中间弧 $R50$ 的圆心 O_1、O_2 及切点 1、2，画出两段 $R50$ 的中间弧，如图 2-55c 所示。

4）按所给尺寸及外切几何条件，求出连接弧 $R12$ 的圆心 O_3、O_4 及切点 3、4、5、6，画出两段连接弧，完成手柄底稿，如图 2-55d 所示。

5）画完底稿后，标注尺寸、校核、擦去多余作图线、描深图线即完成全图（图 2-54）。

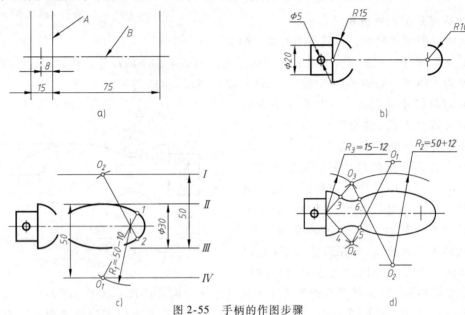

图 2-55　手柄的作图步骤

2.3.6　平面图形的尺寸注法

常见平面图形的尺寸注法见表 2-5。

表 2-5　常见平面图形的尺寸注法

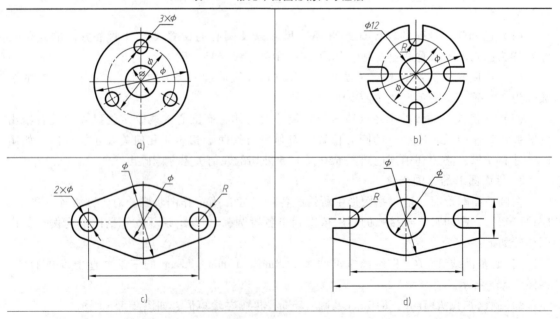

（续）

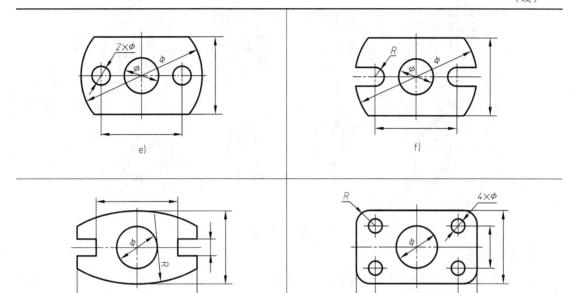

2.4　徒手画草图的方法

2.4.1　草图的概念

草图是通过目测估计图形与实物的比例，按一定画法要求徒手（或部分使用绘图仪器）绘制的图。由于绘制草图迅速简便，有很大的实用价值，常用于创意设计、测绘机件和技术交流。

草图不要求按照国家标准规定的比例绘制，但要求正确目测实物形状及大小，基本上把握住形体各部分间的比例关系。判断形体间比例要从整体到局部，再由局部返回整体，相互比较。如一个物体的长、宽、高之比为 4:3:2，画此物体时，就要保持物体自身的这种比例。

草图不是潦草的图，除比例和徒手外，其余必须遵守国标规定，要求做到图线清晰，粗细分明、字体工整等。

为便于控制尺寸大小，经常在网格纸上画草图，网格纸不要求固定在图板上，为了作图方便可任意转动和移动。

2.4.2　草图的绘制方法

1. 直线的画法

水平直线应自左向右，铅垂线应自上而下画出，眼视终点，小指压住纸面，手腕随线移动。画水平线和铅垂线时，要充分利用坐标纸的方格线，画 45°斜线时，应利用方格的对角线方向，如图 2-56 所示。

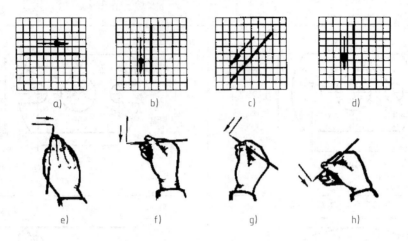

图 2-56　草图画线

2. 圆的画法

画小圆时可按半径目测，在中心线上定出四点，然后徒手连线，如图 2-57a 所示。画直径较大的圆时，则可过圆心画几条不同方向的直线，按半径目测出一些点再徒手画成圆，如图 2-57b 所示。

画圆角、椭圆等曲线时，同样用目测定出曲线上的若干点，光滑连接即可。

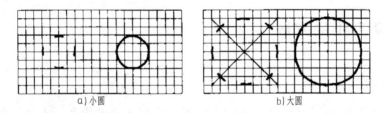

a) 小圆　　　　　　　　　　　　b) 大圆

图 2-57　草图圆的方法

3. 草图示例

图 2-58 为一草图示例。

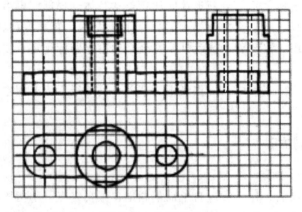

图 2-58　草图示例

第3章　正投影法基础

本章学习指导

【目的与要求】　工程图样是按照正投影法绘制的，掌握正投影法的基本理论，并能熟练的应用，才能为读图和绘图打好理论基础。

【主要内容】　本章主要介绍正投影法的基本知识；点、线、面、体的投影和位置关系分析；基本体的尺寸标注。

【重点与难点】　重点是直线和平面的投影特性和规律。难点是立体表面取点作图。

3.1　正投影法

3.1.1　投影法

在日常生活中，经常见到投影现象。例如，建筑物在阳光照射下，地面上会出现它的影子；一块三角板在白炽灯光照射下，在墙上也会有三角板的影子，这些均是投影现象。投影法就是根据这一自然现象，并经过科学抽象总结出来的。如图 3-1 所示，P 为一平面，S 为平面外一定点，AB 为空间一直线段。连接 SA、SB 并延长，使其与平面 P 分别交于 a、b 两点，连接 ab，直线段 ab 即为直线段 AB 投射在平面 P 上的图形。这种投射线通过物体向选定的面进行投射，并在该面上得到图形的方法称为投影法。其中定点 S 称为投射中心；直线 SA、SB 称为投射线；平面 P 称为投影面；线段 ab 称为空间直线段 AB 在平面 P 上的投影。

3.1.2　投影法分类

根据投射线的类型（汇交或平行），投影法分为中心投影法和平行投影法。

1. 中心投影法

投射线汇交于一点的投影法称为中心投影法，如图 3-2 所示。过投射中心 S 与 $\triangle ABC$ 各顶点连直线 SA、SB、SC 并将它们延长，交于投影平面 P，得到 a、b、c 三点。连接点 a、

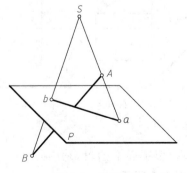

图 3-1　投影法

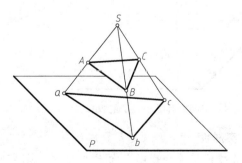

图 3-2　中心投影法

b、c，所得 △abc 就是空间 △ABC 在投影面 P 上的中心投影。

中心投影的大小与物体相对投影面的远近有关，因此投影不能反映物体表面的真实形状和大小，但图形具有立体感，直观性强。

2. 平行投影法

投射线相互平行的投影法称为平行投影法。当投射中心 S 沿某一不平行于投影面的方向移至无穷远处时，投射线被视为互相平行，此时投射线的方向为投射方向，如图 3-3 所示。按投射线与投影面的相对位置不同，平行投影法又分为斜投影法和正投影法两类。

（1）斜投影法　投射线（投射方向 S）倾斜于投影面 P 的平行投影法称为斜投影法，由斜投影法获得的投影称为斜投影，如斜轴测投影（图 3-3a）。

（2）正投影法　投射线（投射方向 S）垂直于投影面 P 的平行投影法称为正投影法，由正投影法获得的投影称为正投影，如多面正投影、正轴测投影（图 3-3b）。

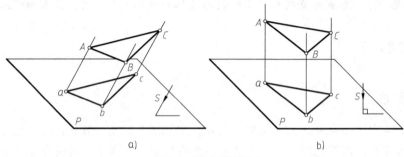

a)　　　　　　　　　　　　　b)

图 3-3　平行投影法

3.1.3　正投影法的投影特性

1. 空间点有唯一确定的投影

在正投影法中，空间的每一点在投影面上各有其唯一的投影。反之，若只知空间点在一个投影面上的投影，则不能确定该点在空间的位置，如图 3-4 所示。

2. 积聚性

当直线或平面与投影平面 P 垂直时，则它们在该投影平面上的投影分别积聚为点或直线。这种投影特性称为积聚性，如图 3-5 所示。

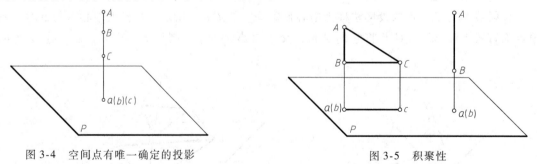

图 3-4　空间点有唯一确定的投影　　　　　　图 3-5　积聚性

3. 实形性

当直线或平面与投影平面 P 平行时，则它们在该投影平面上的投影分别反映线段的实长或平面图形的实形，这种投影特性称为实形性，如图 3-6 所示。

4. 类似性

当直线或平面与投影平面 P 既不平行也不垂直时，则它们在该投影平面上的投影分别为小于线段实长的直线段或与平面图形相似的平面图形，这种投影特性称为类似性，如图 3-7 所示。

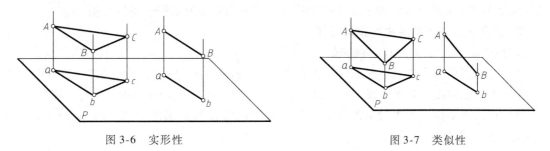

图 3-6　实形性　　　　　　　　　　　　图 3-7　类似性

3.2　点的投影

点是组成立体的最基本的几何元素。为了正确的画出物体的三视图，必须首先掌握点的投影规律。

3.2.1　点在三投影面体系中的投影

1. 三投影面体系的建立

一般情况下，一个投影不能确定物体的形状和大小。为了完整清晰地表达物体的形状和结构，工程上常用三面投影。三投影面体系是由水平投影面（简称水平面或 H 面）、正投影面（简称正面或 V 面）、侧投影面（简称侧面或 W 面）面构成。H、V 和 W 三个投影面两两垂直相交，得到的三条交线称为投影轴。其中 H 面与 V 面的交线为 X 轴；H 面与 W 面的交线为 Y 轴；V 面与 W 面的交线为 Z 轴。由于 H、V 和 W 面互相垂直，所以 X、Y 和 Z 轴也互相垂直，且交于一点，该点称为原点 O，如图 3-8a 所示。

2. 点在三投影面体系中的投影

如图 3-8a 所示，空间点 A 处于三投影面体系中，过点 A 分别向 H、V、W 面引垂线，则垂足 a、a'、a'' 即为点 A 的三面投影。

为了把上述空间的三面投影表示在同一平面上，需要将投影面展开摊平。展开摊平的方法为：V 面不动，H 面绕 X 轴向下旋转 90° 与 V 面重合；W 面绕 Z 轴向右旋转 90° 与 V 面重

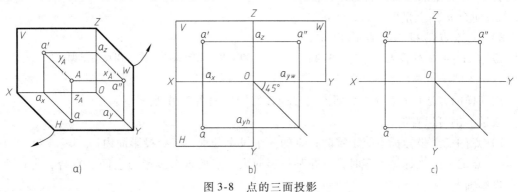

a)　　　　　　　　　b)　　　　　　　　　c)

图 3-8　点的三面投影

合，如图 3-8b 所示。不画投影面边框线，即得到点的三面投影图，如图 3-8c 所示。

投影面展平后，由于 V 面不动，所以 X 轴和 Z 轴的位置不变。而 Y 轴被分为两支，一支随 H 面向下旋转与 Z 轴重合在一条直线上，另一支随 W 面向右旋转与 X 轴在一条直线上。需要强调的是：Y 轴在投影图上虽有两个位置，但它们在空间是同一条投影轴。

3. 点在三投影面体系中的投影规律

如图 3-8c 所示，点的投影规律如下：

1）点的正面投影与水平投影的连线垂直于 OX 轴，即 $aa' \perp OX$，因此又称"长对正"。

2）点的正面投影与侧面投影的连线垂直于 OZ 轴，即 $a'a'' \perp OZ$，因此又称"高平齐"。

3）点的水平投影到 X 轴的距离等于该点的侧面投影到 Z 轴的距离，即 $aa_x = a''a_z$，因此又称"宽相等"。

4. 点的三面投影与直角坐标的关系

如图 3-8a 所示，三投影面体系相当于空间坐标系，其中 H、V 和 W 投影面相当于三个坐标面，投影轴相当于坐标轴，投影体系原点相当于坐标原点。并规定 X 轴由原点 O 向左为正向；Y 轴由原点 O 向前为正向；Z 轴由原点 O 向上为正向。所以点 A 到三投影面的距离反映该点 X、Y、Z 的坐标，即

1）点 A 到 W 面距离反映该点的 x 坐标，且 $Aa'' = aa_y = a'a_z = a_xO = x_A$。

2）点 A 到 V 面距离反映该点的 y 坐标，且 $Aa' = aa_x = a''a_z = a_yO = y_A$。

3）点 A 到 H 面距离反映该点的 z 坐标，且 $Aa = a'a_x = a''a_y = a_zO = z_A$。

点的位置可由其坐标 $(x_A、y_A、z_A)$ 唯一地确定，其投影与坐标的关系为：

1）点 A 的水平投影 a 由 x_A、y_A 两坐标确定。

2）点 A 的正面投影 a′ 由 x_A、z_A 两坐标确定。

3）点 A 的侧面投影 a″ 由 y_A、z_A 两坐标确定。

【例 3-1】 已知空间点 A (12，10，16)、点 B (10，12，0)、点 C (0，0，14)，试作 A、B、C 三点的三面投影图。

作图：

1）作 X、Y、Z 轴得原点 O，然后在 OX 轴上自 O 向左量 12mm，确定 a_x。

2）过 a_x 作 OX 轴垂线，沿着 Y 轴方向自 a_x 向下量取 10mm 得 a，再沿 OZ 轴方向自 a_x 向上量取 16mm 得 a′。

3）按照点的投影规律作出 a″，即完成点 A 的三面投影，如图 3-9a 所示。

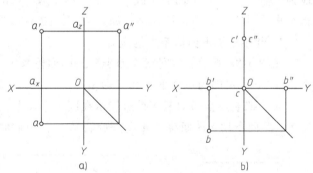

图 3-9　已知点的坐标求作点的三面投影

用同样的方法可作出 B、C 两点的三面投影图，如图 3-9b 所示。

通过上例可以看出：

1）点的三个坐标都不等于零时，点的三个投影分别在三个投影面内。

2）点的一个坐标等于零时，点在某投影面内，点的这个投影与空间点重合，另两个投影在投影轴上。

3）点的两个坐标等于零时，点在某投影轴上，点的两个投影与空间点重合，另一个投影在原点。

4）点的三个坐标等于零时，点位于原点，点的三个投影都与空间点重合，即都在原点。

【例 3-2】　已知点 A 的正面投影 a' 和水平投影 a，如图 3-10a 所示，求作该点的侧面投影 a''。

作图：

由点的投影规律可知，$a'a'' \perp OZ$，$a''a_z = aa_x$，故过 a' 作直线垂直于 OZ 轴，交 OZ 轴于 a_z，在 $a'a_z$ 的延长线上量取 $a''a_z = aa_x$，如图 3-10b 所示，也可以利用 45°斜线作图，如图 3-10c 所示。

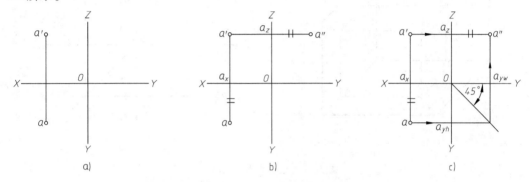

图 3-10　已知点的两个投影求点的第三投影

3.2.2　两点的相对位置及重影点

1. 两点的相对位置

两点在空间的相对位置可以通过比较两点的相应坐标值的大小来确定。用坐标值判定两点的相对位置的方法如下：

1）比较两点的 x 坐标值大小，判定两点的左右位置，x 坐标值大的点在左，小的在右。

2）比较两点的 y 坐标值大小，判定两点的前后位置，y 坐标值大的点在前，小的在后。

3）比较两点的 z 坐标值大小，判定两点的上下位置，z 坐标值大的点在上，小的在下。

如图 3-11 中有两个点 A、B。由于 $x_A > x_B$，所以点 A 在点 B 的左方；由于 $y_A > y_B$，所

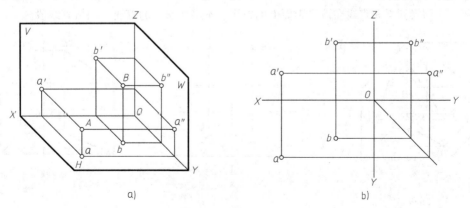

图 3-11　两点间的相对位置

以点 A 在点 B 的前方；由于 $z_A < z_B$，所以点 A 在点 B 的下方。

2. 重影点及其可见性

当空间两点位于某一投影面的同一条投射线上时，则两点在该投影面上的投影重合为一点，称这两点为对该投影面的重影点。显然，两点在某投影面上的投影重合时，它们必有两对相等的坐标。如图 3-12 所示，点 A 和点 C 在 X 和 Z 方向的坐标值相同，点 A 在点 C 正前方，故 A、C 两点的正面投影重合。这种同面投影重合的空间点称为该投影面的重影点。

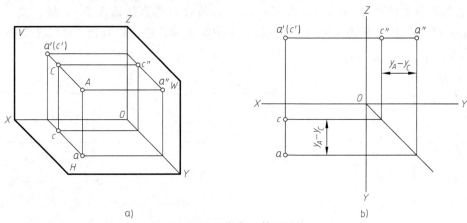

a)　　　　　　　　　　　　　　　　b)

图 3-12　重影点及其可见性

同理，若一点在另一点的正下方或正上方，此时两点的水平投影重影；若一点在另一点的正右方或正左方，则两点的侧面投影重影。对于重影点的可见性判别应该是前遮后、上遮下、左遮右。图 3-12 中，在正面投射方向点 A 遮住点 C，a' 可见，c' 不可见。需要表明可见性时，对不可见投影符号需加上括号，如（c'）。

3.3　直线的投影

不重合的两点决定一条直线。因此，直线的投影可由该直线上任意两点的投影确定，如图 3-13a 所示。在投影图中，各几何元素在同一投影面上的投影称为同面投影。要确定直线的投影，只要作出直线上两点的投影，如图 3-13b 所示，并将两个点的同面投影用粗实线连接起来，如图 3-13c 所示，即得到空间直线在该投影面上的投影。本书所研究的直线，均指直线段。

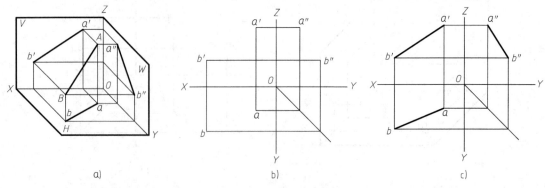

a)　　　　　　　　　　b)　　　　　　　　　　c)

图 3-13　直线的投影

3.3.1 各种位置直线的投影特征

在三投影面体系中，直线对投影面的相对位置有一般位置直线、投影面的垂直线和投影面的平行线三类，其中后两类直线统称为特殊位置直线。

1. 一般位置直线

一般位置直线是指对三个投影面均倾斜的直线，如图 3-14 所示，直线与该线在某个投影面投影的夹角，称为直线对此投影面的倾角。直线对 H、V、W 面的倾角分别为 α、β、γ。一般位置直线的倾角 α、β 和 γ 均不为 0。由图 3-14a 可知，一般位置直线 AB 的实长与投影的关系为：$ab = AB\cos\alpha$；$a'b' = AB\cos\beta$；$a''b'' = AB\cos\gamma$。

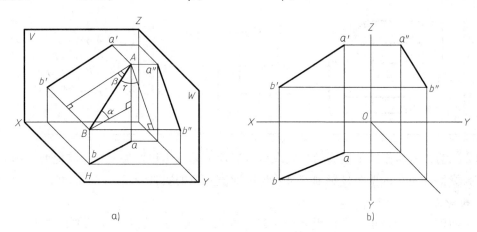

图 3-14 一般位置直线的投影

如图 3-14b 所示，一般位置直线的投影特性可归纳为三点。

1）一般位置直线的三个投影对三个投影轴既不垂直也不平行。

2）一般位置直线的任何一个投影均小于该直线的实长。

3）任何一个投影与投影轴的夹角，均不真实反映空间直线与任何投影面间的倾角。

2. 投影面的垂直线

投影面的垂直线是指垂直于某一个投影面的直线。这类直线有三种：垂直于 H 面的直线称为铅垂线；垂直于 V 面的直线称为正垂线；垂直于 W 面的直线称为侧垂线。

各种投影面垂直线的投影特征见表 3-1。

表 3-1 投影面的垂直线

名称	立体图	投影图	投影特点
铅垂线			1. ab 积聚为一点 2. $a'b' \perp OX$，$a'b' = AB$ 3. $a''b'' \perp OY$，$a''b'' = AB$ 4. $\alpha = 90°$，β、γ 均为 0°

（续）

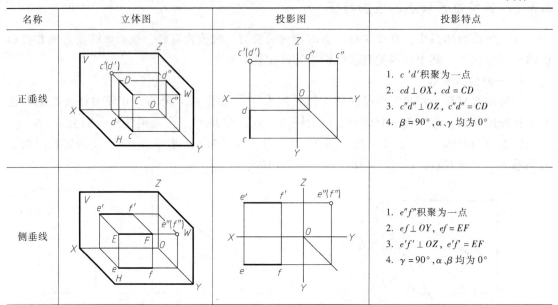

名称	立体图	投影图	投影特点
正垂线			1. $c'd'$ 积聚为一点 2. $cd \perp OX$, $cd = CD$ 3. $c''d'' \perp OZ$, $c''d'' = CD$ 4. $\beta = 90°$, α、γ 均为 $0°$
侧垂线			1. $e''f''$ 积聚为一点 2. $ef \perp OY$, $ef = EF$ 3. $e'f' \perp OZ$, $e'f' = EF$ 4. $\gamma = 90°$, α、β 均为 $0°$

总之，直线垂直于某个投影面，它在该投影面上的投影积聚为一点，其他两投影分别垂直于该投影面所包含的两个投影轴，且均反映此直线段的实长。

3. 投影面的平行线

投影面的平行线是指只平行于某一个投影面的直线。这类直线有三种：只平行于 H 面的直线称为水平线；只平行于 V 面的直线称为正平线；只平行于 W 面的直线称为侧平线。各种投影面垂直线的投影特征见表 3-2。

表 3-2　投影面的平行线

名称	立体图	投影图	投影特点
水平线			1. $ab = AB$ 2. $a'b' \parallel OX$, $a''b'' \parallel OY$ 3. $\alpha = 0°$, ab 反映 β、γ
正平线			1. $c'd' = CD$ 2. $cd \parallel OX$, $c''d'' \parallel OZ$ 3. $\beta = 0°$, $c'd'$ 反映 α、γ

（续）

名称	立体图	投影图	投影特点
侧平线			1. $e''f'' = EF$ 2. $ef \parallel OY$，$e'f' \parallel OZ$ 3. $\gamma = 0°$，$e''f''$反映 α、β

总之，直线平行某个投影面，它在该投影面上的投影为倾斜线，且反映线段实长和直线对其他两投影面的倾角；直线的其他两投影均小于线段的实长，且分别平行该投影面所包含的两个投影轴。

【例 3-3】　根据三棱锥的三面投影图，判别棱线 SB、SC、CA 的位置，如图 3-15 所示。图 3-15a 中的细虚线表示不可见的轮廓线。

分析：SB 的三面投影 sb、$s'b'$、$s''b''$，因为 $sb \parallel OX$、$s''b'' \parallel OZ$、$s'b'$ 倾斜于投影轴，所以 SB 是正平线。SC 的三面投影 sc、$s'c'$、$s''c''$ 都倾斜于投影轴，所以 SC 是一般位置直线。CA 的正面投影 $c'a'$ 积聚为一点，水平投影 $ca \perp OX$，侧面投影 $c''a'' \perp OZ$，所以 CA 是正垂线。

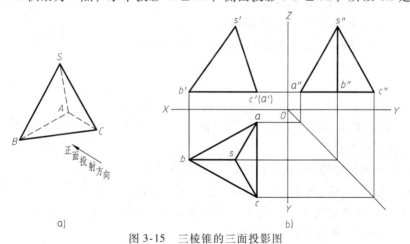

图 3-15　三棱锥的三面投影图

3.3.2　点与直线的相对位置

点与直线的相对位置有两种情况，即点在直线上或点不在直线上。

1. 点在直线上

在三投影面体系中，若点在直线上，则有以下投影特性：

1）若点在直线上，则点的各投影必在该直线的同面投影上。

2）若点在直线上，则点分割直线的比例投影后保持不变，可简称定比不变。

如图 3-16 所示，点 K 在直线 AB 上，则水平投影 k 在 ab 上，正面投影 k' 在 $a'b'$ 上。反之，k 在 ab 上，k' 在 $a'b'$ 上，且 $ak:kb = a'k':k'b'$，则点 K 必在直线 AB 上，且 $AK:KB = ak:kb = a'k':k'b'$。

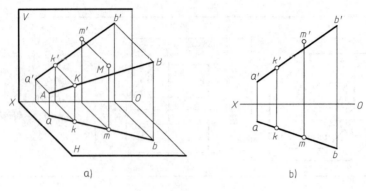

图 3-16　点与直线的相对位置

2. 点不在直线上

若点不在直线上，则点的各投影不符合点在直线上的投影特性。反之，点的各投影不符合点在直线上的投影特性，则该点不在直线上。如图 3-16 所示，点 M 不在直线 AB 上，虽然其水平投影 m 在 ab 上，但其正面投影 m' 并不在 $a'b'$ 上。

一般情况下，根据两面投影即可判定点是否在直线上。当直线为投影面平行线，且两投影都平行于投影轴时，可用定比关系或该直线所平行的投影面投影判定。

【例 3-4】　已知直线 AB 的两面投影 ab 和 $a'b'$，如图 3-17 所示，试在该线上取点 K，使 $AK:KB = 1:2$。

分析：点 K 在直线 AB 上，则有 $AK:KB = a'k':k'b' = ak:kb = 1:2$，

作图：

1）过 a'（或 a）作任一直线 $a'B_0$。取任意单位长度，在该线上截取 $a'K_0:K_0B_0 = 1:2$，连接 $b'B_0$。再过 K_0 作直线 $K_0k' /\!/ B_0b'$，交 $a'b'$ 于 k'。

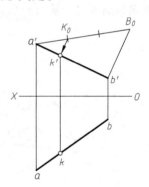

2）过 k' 作 X 轴的垂线交 ab 于 k，则 k'、k 即为所求。

图 3-17　在直线上求定比分点

【例 3-5】　如图 3-18a 所示，已知侧平线 AB 的 V、H 面投影，直线上点 K 的正面投影 k'，点 M 的两面投影 m、m' 分别在 ab、$a'b'$ 上。试作点 K 的水平投影 k，并判断点 M 是否在直线 AB 上。

分析：由于点 K 在直线 AB 上，并将其分为定比，为此可以直接利用定比分段法作图。

作图：

解法 1：根据定比不变作图判断，如图 3-18b 所示。

1）过点 a 画任一直线 aB_0，且截取 $aK_0 = a'k'$、$K_0B_0 = k'b'$，连接 B_0b。

2）过点 K_0 作直线 $K_0k /\!/ B_0b$，且交 ab 于 k，则 k 即为所求。

3）过点 a 取 $aM_0 = a'm'$，由于连线 M_0m 不平行于 B_0b，判定点 M 不在线段 AB 上。

解法 2：补画点和直线的侧面投影，如图 3-18c 所示。由于 m'' 不在 $a''b''$ 上，所以判定点 M 不在 AB 直线上。由于 k'' 在 $a''b''$ 上，所以判定点 K 在 AB 直线上。

3.3.3　两直线的相对位置

空间两直线的相对位置有三种情况，平行、相交和交叉。其中平行和相交两直线均在同

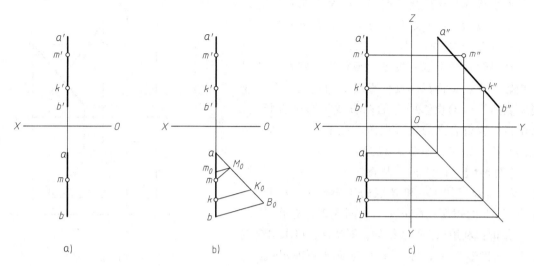

图 3-18　判断点与直线的相对位置

一平面上为共面两直线，交叉两直线不在同一平面上，为异面直线，它们的投影特性如下。

1. 平行两直线

若空间两直线相互平行，则两直线的同面投影也相互平行，且投影长度之比相等，字母顺序相同。反之，若两直线的同面投影都平行，则两直线在空间也平行。如图 3-19 所示，若 $AB /\!/ CD$，则 $ab /\!/ cd$，$a'b' /\!/ c'd'$，且 $ab:cd = a'b':c'd' = AB:CD$。如果从投影图上判别一般位置的两条直线是否平行，只要看它们的两个同面投影是否平行即可。如图 3-19 所示，因为 $ab /\!/ cd$，$a'b' /\!/ c'd'$，所以 $AB /\!/ CD$。

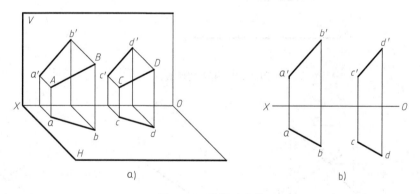

图 3-19　平行两直线

两直线为投影面平行线时，则要看反映实长的投影；或看投影长度之比和字母顺序是否相同。例如，图 3-20 中 AB、CD 是两条侧平线，它们的正面投影及水平投影均相互平行，即 $a'b' /\!/ c'd'$、$ab /\!/ dc$，但它们反映实长的侧面投影并不平行，也可根据 $a'b':c'd' \neq ab:cd$，或根据 $a'b'$、$c'd'$ 与 ab、dc 字母顺序不同，确定 AB、CD 两直线的空间位置并不平行。

2. 相交两直线

空间相交两直线的交点是两直线的共有点，所以若空间两直线相交，则它们的同面投影亦分别相交，且交点的投影一定符合点的投影规律，如图 3-21a 所示。

两直线 AB、CD 交于点 K，点 K 是两直线的共有点，所以 ab 与 cd 交于 k，$a'b'$ 与 $c'd'$ 交于 k'，kk' 连线必垂直于 OX 轴，如图 3-21b 所示。

如果两直线中有一投影面平行线，则要看其同面投影的交点是否符合点在直线上的定比关系；或是看其所平行的投影面上的两直线投影是否相交，且交点是否符合点的投影规律。如不符合，则可判定两直线不相交，如图 3-22 所示。

【例 3-6】 已知相交两直线 AB、CD 的水平投影 ab、cd 及直线 CD 和 B 点的正面投影 $c'd'$ 和 b'，求直线 AB 的正面投影 $a'b'$，如图 3-23a 所示。

分析：利用相交两直线的投影特性，可求出交点 K 的两面投影 k、k'；再运用相交原理即可得 $a'b'$。

作图：如图 3-23b 所示，作图步骤如下。

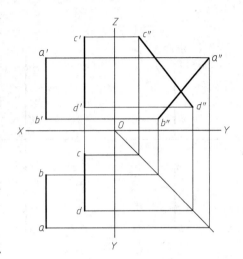

图 3-20 两直线不平行

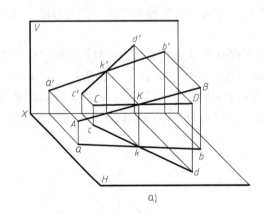

a)

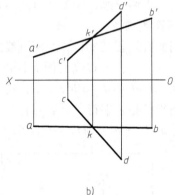

b)

图 3-21 相交的两直线

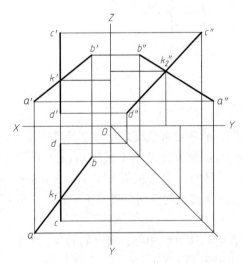

图 3-22 两直线不相交

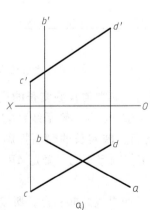

a)

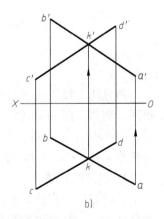

b)

图 3-23 求与另一直线相交直线的投影

1）两直线的水平投影 ab 与 cd 相交于 k，k 即交点 K 的水平投影。

2）过 k 作 OX 轴的垂线，求得 c'd' 上的 k'。

3）连接 b' 和 k' 并将其延长。

4）再过 a 作 OX 轴垂直线与 b'k' 延长线相交于 a'，a'b 即为所求。

3. 交叉两直线

空间既不平行又不相交的两直线为交叉两直线（或称异面直线），它们在投影图上，既不符合两直线平行，又不符合两直线相交的投影特性。交叉两直线的某一同面投影或两个同面投影可能会有平行的情况，但不可能出现三个同面投影都平行的情况，如图 3-24 所示。图 3-20 中所示的两侧平线 AB、CD 也属两交叉直线。

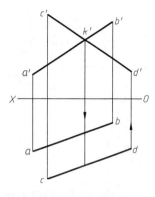

图 3-24　交叉两直线的投影

交叉两直线在空间不相交，其同面投影的交点是两直线对该投影面的重影点。在图 3-25 中，分别位于交叉两直线 AB 和 CD 上的点 I 和 II 的正面投影 1' 和 2' 重合，所以点 I 和 II 为交叉两直线对 V 面的重影点，利用该重影点的不同坐标值 y_I 和 y_{II} 决定其正面投影的可见性。由于 $y_I > y_{II}$，所以，1' 为可见点的投影、2' 为不可见点的投影，并需加注括号。

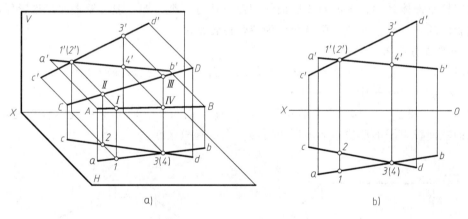

图 3-25　交叉两直线

同理，若水平面投影有重影点需要判别其可见性，只要比较其 z 坐标即可。显然 $z_{III} > z_{IV}$，所以，3 为可见点的投影，4 为不可见点的投影，不可见点的投影需加括号。

3.4　平面的投影

3.4.1　平面的几何元素表示法

空间一平面可以用确定该平面的几何元素的投影来表示，图 3-26 是表示平面最常见的五种形式。

1）不在同一直线上的三个点，如图 3-26a 所示。

2）一直线与该直线外的一点，如图 3-26b 所示。

3）相交两直线，如图 3-26c 所示。

4）平行两直线，如图 3-26d 所示。

5）一有限的平面图形（如三角形、圆等），如图 3-26e 所示。

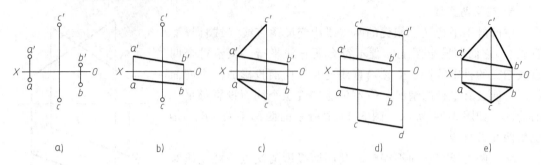

图 3-26　用几何元素表示平面

一般，平面的投影只用来表达平面的空间位置，并不限制平面的空间范围。因此，没加特别说明时，平面都是可无限伸展的。

3.4.2　各种位置平面的投影特征

在三投影面体系中，平面对投影面的相对位置有三类：即一般位置平面、投影面的垂直面、投影面的平行面，其中后两类统称为特殊位置平面。

1. 一般位置平面

一般位置平面是指对三个投影面都倾斜的平面。平面与投影面的夹角称为倾角，平面对 H、V 和 W 面的倾角分别用 α、β 和 γ 表示。

如图 3-27 所示，$\triangle ABC$ 为一般位置平面，该平面对 H、V 和 W 面既不垂直也不平行，所以它的三面投影既不反映平面图形的实形，也没有积聚性。

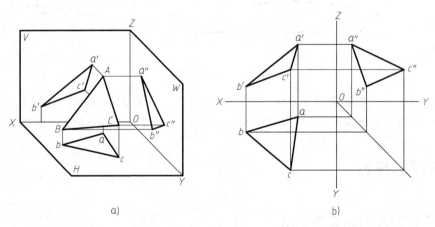

图 3-27　一般位置平面

2. 投影面的垂直面

投影面的垂直面是指只垂直于某一投影面的平面。它有三种情况：垂直于 H 面的铅垂面，垂直于 V 面的正垂面，垂直于 W 面的侧垂面。各种投影面垂直面的投影特征见表 3-3。

表 3-3 投影面的垂直面

名称	立体图	投影图	投影特点
铅垂面 （⊥H 面）	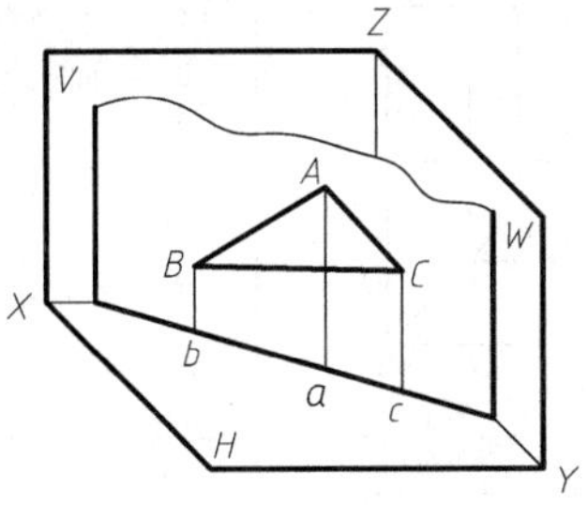	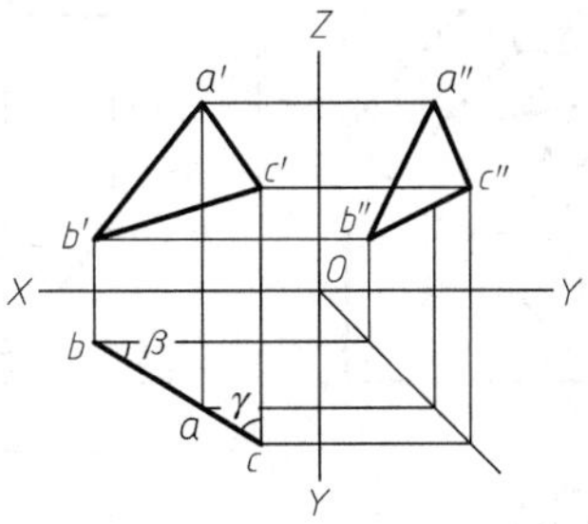	1. 水平投影为倾斜线，有积聚性 2. 其余两面投影为类似形 3. $\alpha = 90°$，水平投影反映 β、γ
正垂面 （⊥V 面）	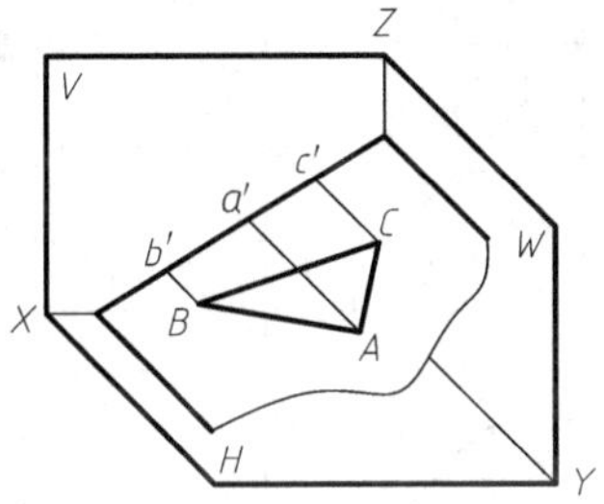	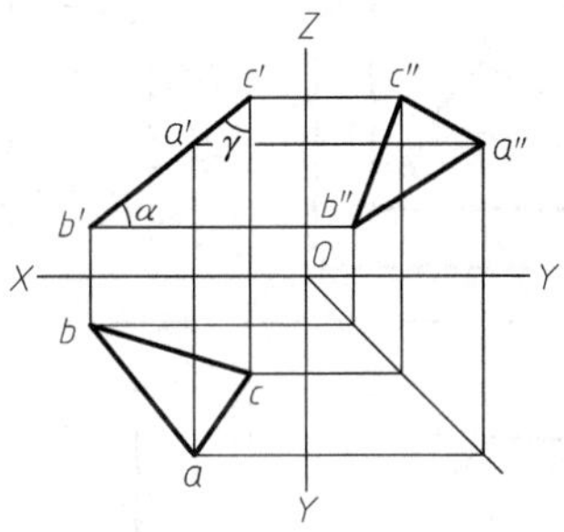	1. 正面投影为倾斜线，有积聚性 2. 其余两面投影为类似形 3. $\beta = 90°$，正面投影反映 α、γ
侧垂面 （⊥W 面）	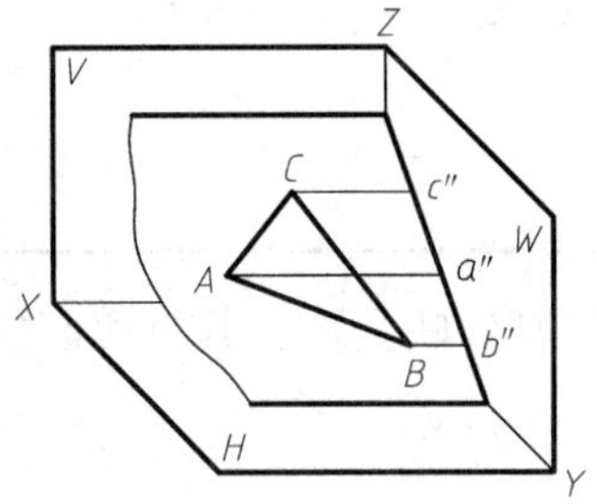	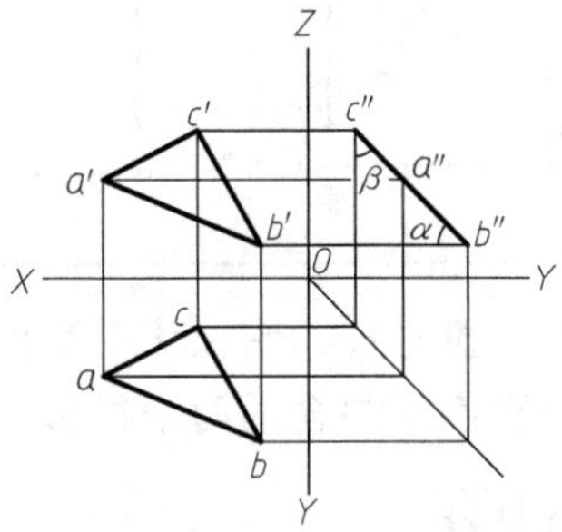	1. 侧面投影为倾斜线，有积聚性 2. 其余两面投影为类似形 3. $\gamma = 90°$，侧面投影反映 α、β

总之，平面垂直于某一投影面，它在该投影面上的投影为倾斜线，有积聚性；其他两面投影为相同边数的平面图形，且不反映该平面实形；平面对该投影面倾角为 90°，另两倾角由有积聚性的投影来反映。

3. 投影面的平行面

投影面的平行面是指平行于某一个投影面的平面。它有三种情况：平行于 H 面的水平面；平行于 V 面的正平面；平行于 W 面的侧平面。

在三投影面体系中，投影面的平行面平行于某一个投影面，它必然同时垂直于其他两个投影面。所以，这类平面的投影具有反映该平面实形和有积聚性的特点。各种位置投影面的平行面的投影特性见表 3-4。

表 3-4　投影面的平行面

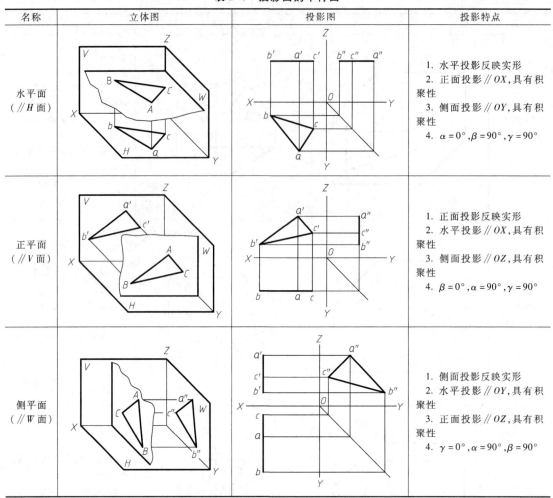

名称	立体图	投影图	投影特点
水平面 (// H 面)			1. 水平投影反映实形 2. 正面投影 // OX,具有积聚性 3. 侧面投影 // OY,具有积聚性 4. $\alpha = 0°, \beta = 90°, \gamma = 90°$
正平面 (// V 面)			1. 正面投影反映实形 2. 水平投影 // OX,具有积聚性 3. 侧面投影 // OZ,具有积聚性 4. $\beta = 0°, \alpha = 90°, \gamma = 90°$
侧平面 (// W 面)			1. 侧面投影反映实形 2. 水平投影 // OY,具有积聚性 3. 正面投影 // OZ,具有积聚性 4. $\gamma = 0°, \alpha = 90°, \beta = 90°$

　　总之,平面平行于某一投影面,它在该投影面的投影反映实形,其余两面投影均积聚为直线,且分别平行于该投影面所包含的两个投影轴。

3.4.3　平面内的点和直线

1. 在平面内取点和直线

点和直线在平面内的几何条件如下:

1) 若点在平面内,则该点必在这个平面内的一直线上。因此,只要在平面内的任一直线上取点,所取点就必在平面内,如图 3-28 中的点 M 和 N。

2) 直线在平面内,则该直线必通过这个平面内的两个点;或通过平面内一点且平行于平面内一直线。因此,作直线通过平面内两已知点或作直线过平面内一已知点且平行于平面内一已知直线,则所作直线必在该平面内,如图 3-29、图 3-30 所示。

【例 3-7】　试判断点 M 和 N 是否在平面 △ABC 上,如图 3-31a 所示。

分析:若点在平面上,则点必定在平面的一直线上。由图可知,点 M 和 N 均不在平面

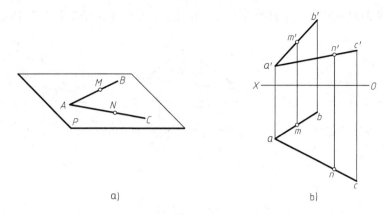

图 3-28　平面上取点

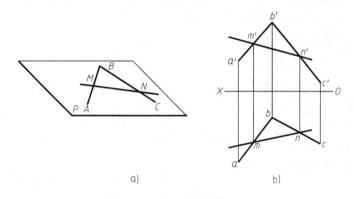

图 3-29　平面上的直线（一）

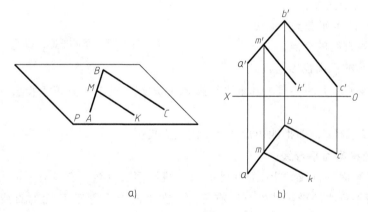

图 3-30　平面上的直线（二）

△ABC 的已知直线上，所以过点 M 和 N 作平面△ABC 上的直线来判断。

作图：如图 3-31b 所示，作图步骤如下。

1）过点 m′作直线 a′1′，即连接 a′m′并延长交 b′c′交于 1′。

2）点 Ⅰ 在 BC 上，可由 1′作图得 1，再连接 a1，直线 A Ⅰ 在平面△ABC 上。

3）由于 a1 不通过 m，即点 M 不在 A Ⅰ 上，所以判断点 M 不在平面△ABC 上。

同理，作直线 C Ⅱ，判断点 N 在平面△ABC 上。

思考：如图 3-31c 所示，作直线Ⅲ Ⅳ，判断点 N 在平面△ABC 上，点 M 不在。

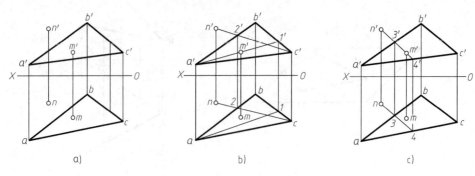

图 3-31　判断点是否属于平面

【例 3-8】　已知四边形 $ABCD$ 的水平投影 $abcd$ 和 AB、BC 两边的正面投影 $a'b'$、$b'c'$，如图 3-32a 所示，试完成该平面图形的正面投影。

分析：四边形 $ABCD$ 四个顶点均在同一平面上。由已知三个顶点 A、B 和 C 的两个投影可确定平面 △ABC，点 D 必在该平面上，所以由已知 d，用平面上取点的方法求得 d'，再依次连线即为所求。

作图：如图 3-32b 所示，作图步骤如下。

1）连接 AC 的同面投影 $a'c'$、ac，得△ABC 的两个投影。

2）连接 BD 的水平投影 bd 交 ac 于 e，E 即为两直线的交点。

3）作出点 E 的正面投影 e'。

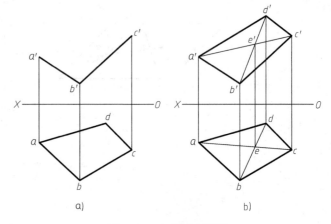

图 3-32　完成平面投影

4）D 点为该平面上的一点，其水平投影 d 在 be 延长线上，其正面投影 d' 必在 $b'e'$ 的延长线上。

5）连接 $a'd'$、$c'd'$，即得四边形 $ABCD$ 的正面投影。

2. 平面上的投影面平行线

平面上的投影面平行线是指平面上平行某一投影面的直线。它既有平面上直线的投影特性，又有投影面平行线的投影特性。它有三种，在平面上平行于 H 面的直线称为平面上的水平线；平面上平行于 V 面的直线称为平面上的正平线；平面上平行于 W 面的直线称为平面上的侧平线。

如图 3-33a 所示，在平面△ABC 上作一水平线 CD。CD 的正面投影 $c'd'$ 平行于 OX，又因为它在平面上，即过平面上两点 C、D。因此，由正面投影 $c'd'$ 求得水平投影 cd。同样，可作平面上的水平线 MN，即作 $m'n' \parallel OX$，与 $a'b'$、$b'c'$ 交于 $1'$、$2'$，此时需在已知直线 AB、BC 上分别取Ⅰ、Ⅱ两点，画出水平投影 mn。由图 3-33 可知 $m'n' \parallel c'd'$，$mn \parallel cd$，所以 $MN \parallel CD$，即同一平面内的水平线必互相平行。平面上的正平线如图 3-33b 所示，平面上的侧平线也有类似的投影特性和作图步骤。

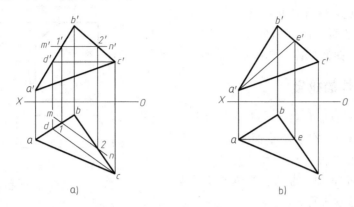

图 3-33　作平面上的投影面平行线

思考：由上可知，一般位置平面上，可作出三种投影面平行线，在投影面平行面和投影面垂直面上可分别作出哪种投影面平行线呢？

3.5　基本立体的投影

基本立体的投影，实际就是围成立体各表面的投影的总和，其投影图如图 3-34 所示。

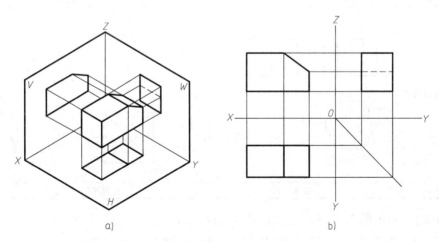

图 3-34　立体的三面投影

画图时，投影轴省略不画，三面投影之间按投影方向配置。正面投影反映物体上下、左右的位置关系，表示物体的长度和高度；水平投影反映物体左右、前后的位置关系，表示物体的长度和宽度；侧面投影反映物体的上下、前后的位置关系，表示物体的高度和宽度，如图 3-35 所示。

三面投影之间的投影规律为：正面投影与水平投影之间——长对正；正面投影与侧面投影之间——高平齐；水平投影与侧面投影之间——宽相等。

画物体的三面投影时，物体的整体或局部结构的投影都必须遵循上述投影规律。需要注意，在确定"宽相等"时，一定要分清物体的前后方向，即在水平投影和侧面投影中，以远离正面投影的方向为物体的前面。

　　基本体有平面立体和曲面立体两类。表面都是平面的立体称为平面立体，如棱柱、棱锥；表面含有曲面的立体称为曲面立体，如圆柱、圆锥、圆球。

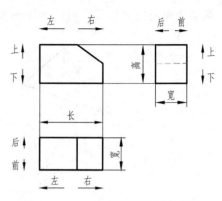

图 3-35　三面投影之间的对应关系

3.5.1　平面立体的投影

　　根据平面立体的形状特征，平面立体可分为棱柱和棱锥，见表 3-5。在绘制平面立体三面投影时，只要将组成表面的平面、棱线和顶点绘制出来，立体的三面投影即可完成。为此，绘制平面立体的三面投影可按下列过程进行：

　　1）分析形体，若有对称面，绘制对称面有积聚性的投影——用细点画线表示。

　　2）对于棱柱，绘制顶面、底面的三面投影。

　　3）对于棱锥，绘制底面、锥顶的三面投影。

　　4）绘制棱柱（锥）棱线的三面投影。

　　5）整理图线。

表 3-5　平面立体（棱柱、棱锥）的投影及投影特性

名　　称	正六棱柱	正四棱锥
平面立体及其投影	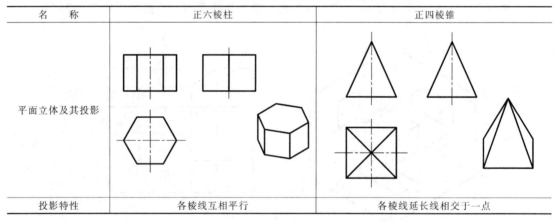	
投影特性	各棱线互相平行	各棱线延长线相交于一点

　　【例 3-9】　画出图 3-36 所示正六棱柱的三面投影。

　　分析作图：先分析各表面以及棱线对投影面的相对位置。它的表面由六个棱面和顶面、底面组成。顶面和底面为水平面，在水平投影上反映实形，正面投影和侧面投影分别积聚为直线；棱面中的前、后两面为正平面，正面投影反映实形，水平投影和侧面投影分别积聚为直线；其余四个棱面均为铅垂面，水平投影积聚为直线，其他投影为小于实形的矩形。

　　再分析形体前后、左右、上下是否对称。如图 3-36 所示，正六棱柱在前后、左右方向对称。前后的对称面为正平面，左右的对称面为侧平面，分别作出它们有积聚性

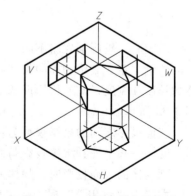

图 3-36　正六棱柱的空间分析

的投影，用细点画线表示。按上述分析，其作图过程如图 3-37 所示。

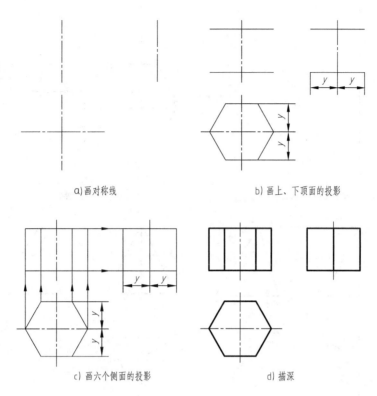

a) 画对称线　　　　　　　　　　　b) 画上、下顶面的投影

c) 画六个侧面的投影　　　　　　　　d) 描深

图 3-37　正六棱柱三面投影的作图过程

作图时，顶面和底面先画反映实形的水平投影——正六边形。应特别注意面与面的重影问题，只有准确地判断各表面投影的可见性，才能正确地表示立体各表面的相互位置关系。在图 3-37 中，除顶面和底面在水平投影重影以外，前棱面和后棱面在正面投影也重影，其余棱面的重影情况请自行分析。

【例 3-10】　画出图 3-38 所示的正三棱锥的投影。

分析作图：图 3-38 为一正三棱锥，它的表面由底面 ABC 和三个棱面 SAB、SBC、SAC 组成。底面 ABC 为一水平面，水平投影反映实形，其他两面投影积聚为一直线；后棱面 SAC 为侧垂面，在侧面投影上积聚成直线，其他两面投影为不反映实形的相似三角形；棱面 SAB 和 SBC 为一般位置平面，所以在三面投影上既没有积聚性，也不反映实形；底面三角形各边中 AB、BC 边为水平线，CA 边为侧垂线，棱线 SA、SC 为一般位置直线，SB 为侧平线。作图过程如图 3-39 所示，值得注意的是，锥顶的正面和侧面投影根据棱锥的高度确定，锥顶的水平投影是根据相对于底面中距 AC 宽度尺寸确定。

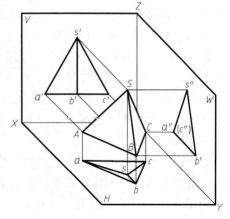

图 3-38　正三棱锥的空间分析

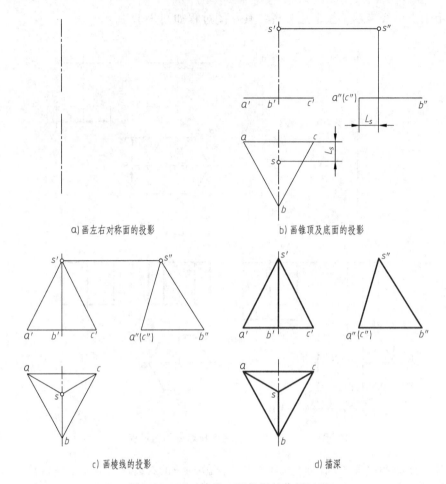

图 3-39　正三棱锥三面投影的作图过程

3.5.2　平面立体的表面取点

由于平面立体的表面均为平面，故立体表面取点可用平面上取点的方法来解决。

组成立体的平面有特殊位置平面，也有一般位置平面，特殊位置平面上点的投影可利用平面积聚性作图，一般位置平面上点的投影可选取适当的辅助直线作图。因此，作图时，首先要分析点所在平面的投影特性。

【例 3-11】　如图 3-40a 所示，已知正六棱柱棱面上点 M、N 的正面投影 m' 和 n'，P 点的水平投影 p，分别求出点 M、N、P 另外两面投影，并判断其可见性。

分析作图：由于 m' 可见，故点 M 在棱面 $ABCD$ 上，此面为铅垂面，水平投影有积聚性，m 必在面 $ABCD$ 有积聚性的投影 $a(b)(c)d$ 上。所以，按照投影规律由 m' 可求得 m，再根据 m' 和 m 求得 m''。

判断可见性的原则：若点所在面的投影可见，则点的投影也可见。注意，若点所在的面为投影面的垂直面，则在有积聚性的投影上不必判断可见性。

由于点 M 位于左前棱面上，所以 m'' 可见。

因为 p 可见，所以点 P 在顶面上，棱柱顶面为水平面，其正面投影和侧面投影都有积聚性，所以由 p 可求得 p' 和 p''。同理可分析 N 点的其他两面投影。作图过程如图 3-40b 所示。

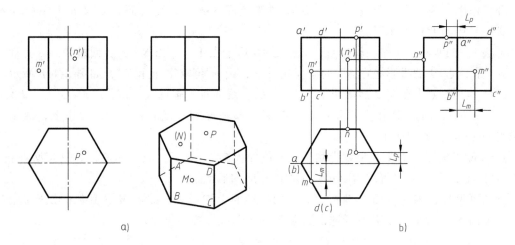

图 3-40　棱柱表面上取点

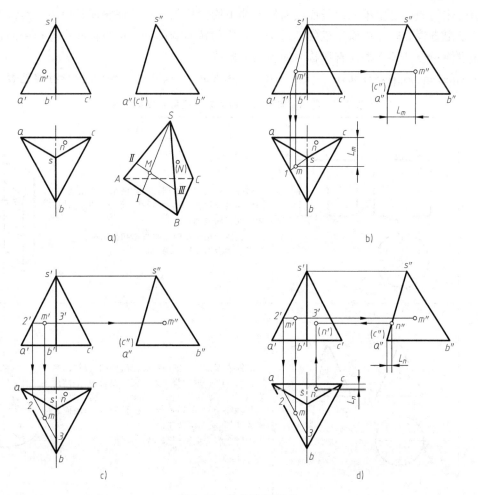

图 3-41　棱锥表面取点

【例 3-12】 已知正三棱锥棱面上点 M 的正面投影 m' 和点 N 的水平投影 n，求出点 M、N 的其他两面投影，如图 3-41a 所示。

分析作图：因为点 m' 可见，所以点 M 位于棱面 SAB 上，而棱面 SAB 又处于一般位置，因而必须利用辅助直线作图。

解法 1：过点 S、M 作一辅助直线 SM 交 AB 边于点 Ⅰ，作出 SⅠ 的各面投影。因点 M 在直线 SⅠ 上，点 M 的投影必在 SⅠ 的同面投影上，由 m' 可求得 m 和 m''，如图 3-41b 所示。

解法 2：过点 M 在 SAB 面上作平行于 AB 的直线 Ⅱ Ⅲ 为辅助线，即作 $2'3' /\!/ a'b'$、$23 /\!/ ab$ （$2''3'' /\!/ a''b''$），因点 M 在直线 Ⅱ Ⅲ 上，点 M 的投影必在直线 Ⅱ Ⅲ 的同面投影上，故由 m' 可求得 m 和 m''，如图 3-41c 所示。

点 N 位于棱面 SAC 上，SAC 为侧垂面，侧面投影 $s''a''$ （c''）具有积聚性，故 n'' 必在直线 $s''a''$ （c''）上，由 n 和 n'' 可求得 （n'），如图 3-41d 所示。

判断可见性：因为棱面 SAB 在 H、W 两投影面上均可见，故点 M 在其他两投影面上也可见。棱面 SAC 的正面投影不可见，故点 N 的正面投影亦不可见。

3.5.3　回转体的投影

回转体的表面是由单一回转面或回转面和平面围成的立体。回转面是由一动线绕与它共面的一条定直线旋转一周而形成的。这条动线称回转面的母线，母线在回转过程中的任意位置称为素线；与其共面的定直线称为回转面的轴线。

常见的回转体主要有圆柱、圆锥、球等，其表面形成、三面投影及投影特性见表 3-6。

表 3-6　常见回转体表面的形成、投影及投影特性

名　称	投　影	形成及投影特性
圆柱	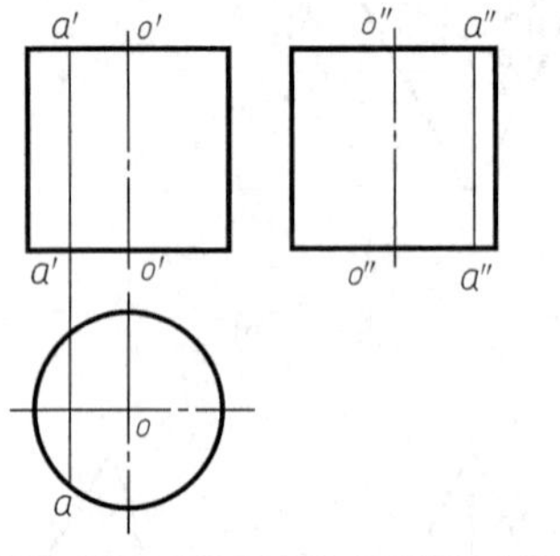	圆柱体的表面是由圆柱面和两个底面组成的；圆柱面是以直线 AA_1 为母线，绕与其平的轴线 OO_1 旋转而成的； 其轴线为铅垂线时水平投影积聚为圆； 正面和侧面投影均为矩形
圆锥	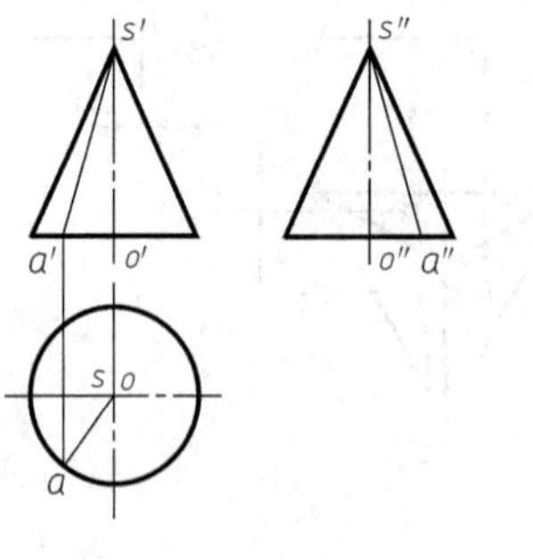	圆锥表面是由圆锥面和底面组成的；圆锥面是以直线 SA 为母线，绕与其相交的轴线 SO 旋转而成的； 其轴线为铅垂线时，水平投影为圆，即底面轮廓线，圆锥面无积聚性； 正面和侧面投影均为等腰三角形

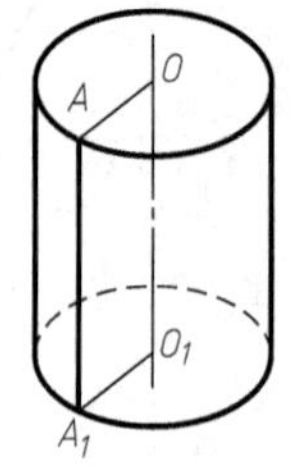

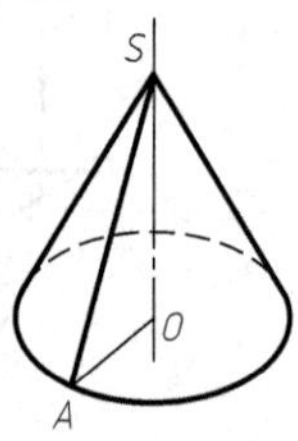

（续）

名　称	投　影	形成及投影特性
球		球的表面是由单一球面组成的；球面是以半圆为母线，绕其直径旋转而成的； 三面投影均为等大的圆 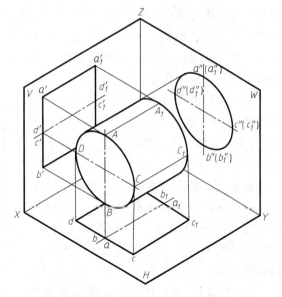

　　组成回转体的基本面是回转面，在绘制回转面的投影时，首先用点画线画出轴线的投影，然后分别画出相对于某一投射方向转向线的投影。所谓转向线一般是回转面在该投射方向上可见部分与不可见部分的分界线，其投影称为轮廓线。为此，常见回转体的三面投影的作图过程如下：

　　1）分析形体，找出对称面，绘制对称面有积聚性的投影和轴线的投影——用细点画线表示。

　　2）对于圆柱，绘制顶面、底面的三面投影。

　　3）对于圆锥，绘制底面和锥顶的三面投影。

　　4）绘制相对于某一投射方向转向线的投影。

　　5）整理图线。

　　【例 3-13】　画出图 3-42 所示圆柱的三面投影。

　　分析作图：图 3-42 所示圆柱的轴线为侧垂线。圆柱体上下、前后对称，对称面分别为水平面和正平面；圆柱的两端面为侧平面，侧面投影反映圆的实形，在正面和水平投影面上，两端面的投影积聚成直线，其长度为圆的直径。圆柱面对 V 面的转向线为最上、最下素线 AA_1 和 BB_1，均为侧垂线，正面投影为 $a'a_1'$ 和 $b'b_1'$，水平投影 aa_1 和 bb_1 与轴线的水平投影重合，不再画出；圆柱面对 H 面的转向线为最前、最后素线 CC_1 和 DD_1，水平投影为 cc_1 和 dd_1，正面投影 $c'c_1'$ 和 $d'd_1'$ 与轴线的正面投影重合，所以也不画出。注意，圆柱面的侧面投影有积聚性，积聚在两端面在侧面投影的圆上。按上述分析，其作图过程如图3-43所示。

　　在正面投影中以 AA_1 和 BB_1 为界，前半圆柱面可见，后半圆柱面不可见；水平投影中以 CC_1 和 DD_1 为界，上半圆柱面可见，下半圆柱面不可见，据此可以判别圆柱面上的点的可见性。

图 3-42　圆柱的空间分析

a)画回转轴线的投影

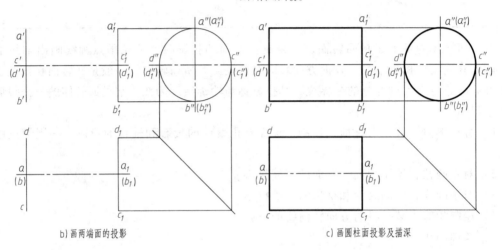

b) 画两端面的投影　　　　　　　　　　c)画圆柱面投影及描深

图 3-43　圆柱三面投影的作图过程

【例 3-14】　画出图 3-44 所示的圆锥的三面投影。

分析：图 3-44 所示为一正圆锥，前后、左右对称，对称面分别为正平面和侧平面；其轴线为铅垂线，底面为水平面，其水平投影反映圆的实形，同时，圆锥面的水平投影与圆的水平投影重合；回转面对 V 面的转向线为最左、最右素线 SA、SB，且为正平线，其投影 $s'a'$ 和 $s'b'$ 为圆锥面正面投影的轮廓线；回转面对 W 面的转向线为最前、最后素线 SC、SD，且为侧平线，其投影 $s''c''$ 和 $s''d''$ 为圆锥面侧面投影的轮廓线。其作图过程如图 3-45 所示。

在正面投影中以 SA 和 SB 为界，前半圆锥面可见，后半圆锥面不可见；侧面投影中以 SC 和 SD 为界，左半圆锥面可见，右半圆锥面不可见，圆锥面在水平投影上均可见。

【例 3-15】　画出图 3-46a 所示的球的三面投影。

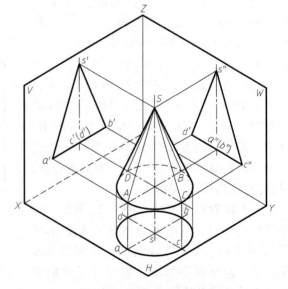

图 3-44　圆锥的空间分析

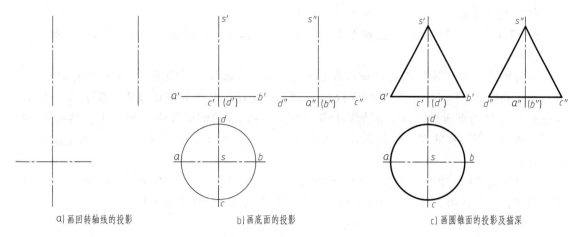

a) 画回转轴线的投影　　　　　b) 画底面的投影　　　　　c) 画圆锥面的投影及描深

图 3-45　圆锥三面投影的作图过程

分析作图：球上下、左右、前后均对称。回转面对 V 面的转向线为一正平大圆 A；对 H 面的转向线为一水平大圆 B；对 W 面的转向线为一侧平大圆 C。所以，球的三面投影均为圆，圆的直径与球的直径相等。作图过程如图 3-46b 所示。

作图时注意，正平大圆 A 的水平投影和侧面投影均与前后的对称面（细点画线）重合，故其投影不再画出。同理，水平大圆 B 的正面投影和侧面投影以及侧平大圆 C 的正面投影和水平投影也不画出。

正面投影以 A 圆为界，前半球面可见，后半球面不可见；水平投影以 B 圆为界，上半球面可见，下半球面不可见；侧面投影以 C 圆为界，左半球面可见，右半球面不可见。

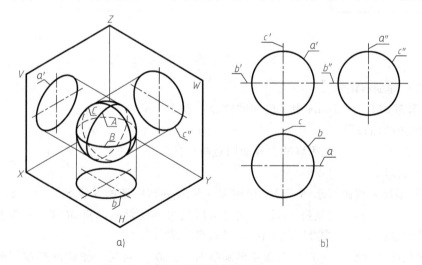

图 3-46　球三面投影的作图过程

3.5.4　回转体的表面取点

回转体表面取点主要是求回转面上点的投影，因此应首先分析回转面的投影特性，若其投影有积聚性，可利用积聚性法求解，若回转面投影没有积聚性，则需用辅助素线法或辅助圆法求解。

（1）积聚性法

【例3-16】 图3-47a中，已知点 M、E 的正面投影 m'、e' 和点 N 的水平投影 n，求其余两面投影。

分析作图：由于图3-47中的圆柱面上的每一条素线都垂直于侧面，侧面投影有积聚性，故凡是在圆柱面上的点，它们的侧面投影一定在圆柱有积聚性的侧面投影（圆）上。已知圆柱面上点 M 的正面投影 m'，其侧面投影 m'' 必定在圆柱的侧面投影（圆）上，再由 m' 和 m'' 可求得 m。用同样的方法可先求点 N 的侧面投影 n''，再由 n 和 n'' 求得 n'，E 点请读者自行分析。

可见性的判断：因 m' 可见，且位于轴线上方，故 M 位于前、上半圆柱面上，则 m 可见。同理，可分析出点 N、E 的位置和可见性，其作图过程如图3-47b所示。

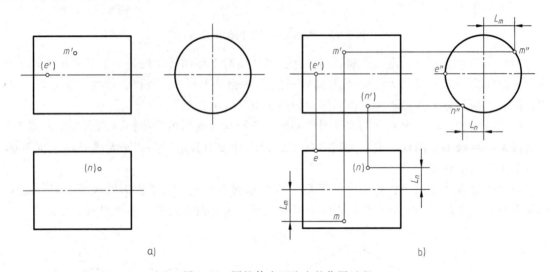

图 3-47　圆柱体表面取点的作图过程

（2）辅助线法

【例3-17】 图3-48a中，已知圆锥面上点 M、N 的正面投影 m'、n'，点 P 的水平投影 p，求其余两面投影。

圆锥面各投影均无积聚性，表面取点时可选取适当的辅助线作图。

分析作图：

1）辅助素线法（求 M 点）。过锥顶 S 和点 M 作一辅助素线 $S\,\mathrm{I}$，$S\,\mathrm{I}$ 的正面投影为 $s'1'$（连 s'、m' 并延长，交锥底于 $1'$），然后求出其水平投影 $s1$。点 M 在 $S\,\mathrm{I}$ 线上，其投影必在该线的同面投影上，按投影规律由 m' 可求得 m 和 m''。

可见性的判断：由于 M 点在左半圆锥面上，故 m'' 可见；按此例圆锥摆放的位置，圆锥表面上所有的点在水平投影上均可见，所以 m 点也可见。因为 p 点不可见，故 P 点应在圆锥的底面上，而底面的正面、侧面投影均有积聚性，按投影规律可直接求出 p'、p''。作图过程如图3-48b所示。

2）辅助圆法（求 N 点）。在图3-48b中，过点 N 作一平行于圆锥底面的水平辅助圆，其正面投影为过 n' 且平行于底圆的直线 $2'3'$，其水平投影为直径等于 $2'3'$ 的圆，n 必在此圆上。由 n' 求出 n，再由 n 和 n' 求得 n''。

可见性的判断：N 点在右半圆锥面上，故 n'' 不可见。

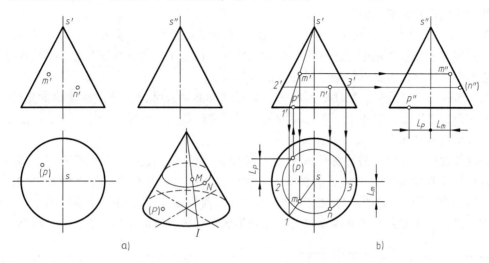

图 3-48　圆锥表面取点的作图过程

【例 3-18】　图 3-49a 中，已知球面上点 M、N 的水平投影 m、n，求其余两面投影。

球面上取点只能用辅助圆法作图。

分析作图：过点 M 作平行水平面的辅助圆，其水平投影为圆的实形，正面投影为直线 $1'2'$，m' 必在该直线上，由 m 求得 m'，再由 m 和 m' 作出 m''。当然，过点 M 也可作一侧平圆或正平圆求解。

可见性的判断：因 M 点位于球的右前方，故 m' 可见，m'' 不可见。n 点位于前后的对称面上，故 N 点在正平的大圆上，由此可直接求出 n'、n''。作图过程如图 3-49b 所示。

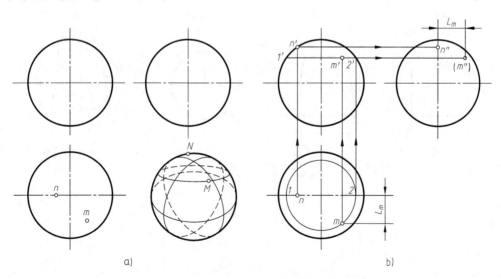

图 3-49　球表面取点的作图过程

3.5.5　基本体的尺寸标注

基本立体一般应标注它的长、宽、高三个方向的定形尺寸。定形尺寸是确定基本立体形状大小的尺寸。值得注意的是，并不是每一个基本立体都必须注出三个方向的尺寸，还应注意有些方向的尺寸具有双向性。

图 3-50a、b 是棱柱，其长、宽尺寸注在反映底面实形的水平投影中，高度尺寸注在反映棱柱高度的正面投影图中。图 3-50b 为正六棱柱，只需注对边和高度尺寸，对角尺寸为制造工艺的参考尺寸，若要标注参考尺寸需加圆括号。

图 3-50c 为正三棱锥，除注底面的长、宽尺寸和高度尺寸外，还应注锥顶的定位尺寸。图 3-50d 为四棱锥台，需注上、下底面的长、宽尺寸以及高度尺寸。如锥台上、下底面为正方形，可用符号"×"将长、宽连接起来。

标注圆柱的尺寸时，需要标注底圆的直径和高度尺寸。直径尺寸一般注在非圆投影图中，且在直径数值前加注"φ"，如图 3-50e 所示。圆锥台需注出上、下底圆直径和高度尺寸，如图 3-50f 所示。球的尺寸须在"φ"或"R"前面注"S"，如图 3-50g 所示。一般回转体需注出上、下底圆直径和高度尺寸，以及形成回转体母线的半径，如图 3-50h 所示。

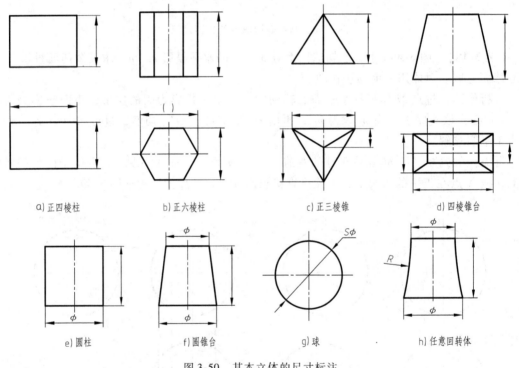

a) 正四棱柱　　　　b) 正六棱柱　　　　c) 正三棱锥　　　　d) 四棱锥台

e) 圆柱　　　　f) 圆锥台　　　　g) 球　　　　h) 任意回转体

图 3-50　其本立体的尺寸标注

第4章 截切立体与相贯立体

本章学习指导

【目的与要求】 熟练掌握立体截切、相贯的基本形式和截交线、相贯线的投影特点、形状及求截交线、相贯线的作图方法；熟练掌握截切立体、相贯立体的尺寸标注方法。

【主要内容】 学习求平面截切立体时所产生的截交线投影的方法和步骤；学习求相交立体所产生相贯线投影的方法和步骤；学习截切立体、相贯立体的尺寸注法。

【重点与难点】 重点是要熟记不同位置截平面与圆柱、圆锥相交时所产生的截交线的形状；掌握两圆柱正交的基本形式和相贯线的变化趋势；掌握截切立体、相贯立体的尺寸注法。难点是求各种截交线、相贯线的作图，以及整理几何体截切、相贯后轮廓线的投影。

4.1 截切立体的投影

4.1.1 基本概念

在机器零件上经常见到一些立体被平面截去某一部分，即平面与立体相交。截交时，与立体相交的平面称为截平面，该立体称为截切体，截平面与立体表面产生的交线称为截交线，如图4-1所示。

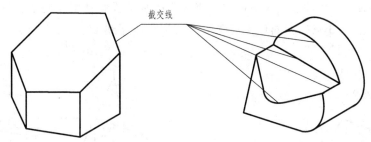

图 4-1 平面与立体相交

1. 截交线的性质

（1）公有性 截交线是平面截切立体表面形成的，因此它是平面和立体表面的公有线，既属于截平面，又属于立体表面。截交线上的点也是它们的公有点。

（2）封闭性 由于立体具有一定的大小和范围，所以截交线一般都是由直线、曲线或直线和曲线围成的封闭的平面图形。

2. 求截交线的方法

根据截交线的性质，截交线是由一系列公有点组成的，故求截交线的方法可归结为上章介绍的立体表面取点的方法。

3. 求截交线投影的步骤

1）进行截交线的空间及投影的形状分析，找出截交线的已知投影。

2）求出截平面与立体表面的一系列公有点，判断可见并性，并依次连接成截交线的同面投影，加深立体的轮廓线到与截交线的交点处，完成全图。

4.1.2　平面与平面立体相交

平面与平面立体相交，截交线是由直线围成的平面图形。多边形的各边是截平面与平面立体各表面的交线，其各顶点是平面立体的棱线与截平面的交点或两条截交线的交点。求平面与平面立体的截交线有两种方法：棱线法——求各棱线与截平面的交点；棱面法——求各棱面与截平面的交线。

1. 棱线法

当平面与平面立体的棱线相交时，截交线的顶点即为截平面与棱线的交点。

【**例 4-1**】　求三棱锥 S-ABC 被正垂面 P 截切后的投影，如图 4-2a 所示。

分析：截平面 P 与三棱锥的各个棱线均相交，其截交线为三角形，三角形的三个顶点 Ⅰ、Ⅱ、Ⅲ 即为三棱锥的三条棱线与截平面的交点。因为截平面为正垂面，所以截交线的正面投影为积聚的直线，为已知投影；其水平投影和侧面投影均为三角形。

作图：如图 4-2b 所示。

1）画出三棱锥的侧面投影。

2）标出截交线顶点 Ⅰ Ⅱ Ⅲ 的正面投影 1′、2′、3′。

3）按照投影规律求出截交线顶点的水平投影 1、2、3 和侧面投影 1″、2″、3″。

4）1、2、3 和 1″、2″、3″均可见，所以三角形 123 和 1″2″3″连成粗实线。

5）整理轮廓线，因棱线上段被截去，将棱线的水平投影从下端向上加深到与截交线水平投影的交点 1、2、3 点处；同理，棱线的侧面投影加深到 1″、2″、3″点处。棱线侧面投影 c″3″不可见，画虚线。

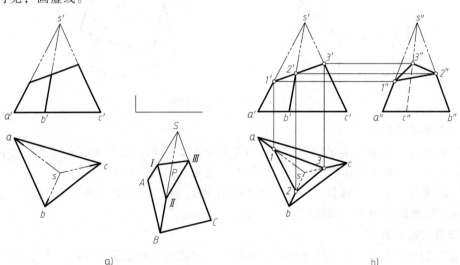

a)   b)

图 4-2　三棱锥的截交线及其投影

2. 棱面法

当平面与平面立体的棱线不相交时，需逐步分析截平面与棱面、截平面与截平面的交线。

【例 4-2】　求作带切口五棱柱的投影，如图 4-3a 所示。

分析：五棱柱被正平面 P 和侧垂面 Q 截切，与 P 平面的交线为 $BAGF$，与 Q 平面的交线为 $BCDEF$，P 与 Q 的交线为 BF。正平面与五棱柱的各棱线均不相交，侧垂面也只与三条棱线相交，因此，截交线的各顶点不能仅用棱线法求出。

由于截交线 $BAGF$ 在正平面 P 上，故正面投影为反映实形的四边形，水平和侧面投影均为积聚的直线；截交线 $BCDEF$ 既属于五棱柱的棱面，也属于侧垂面 Q，所以其水平投影在五棱柱棱面积聚的水平投影上，侧面投影为积聚的直线；P、Q 两截平面的交线是侧垂线 BF，侧面投影积聚成点。

作图：如图 4-3b 所示。

1）画出五棱柱的正面投影。

2）在已知的侧面投影上标明截交线上各点的投影 a''、b''、c''、d''、e''、f''、g''。

3）由五棱柱的积聚性，求出各点的水平投影 a、b、c、d、e、f、g。

4）由各点的水平投影和侧面投影求出其正面投影 a'、b'、c'、d'、e'、f'、g'。

5）截交线的三面投影均可见，按顺序连接各点的同面投影，并画出交线 BF 的三面投影。

6）整理轮廓线。

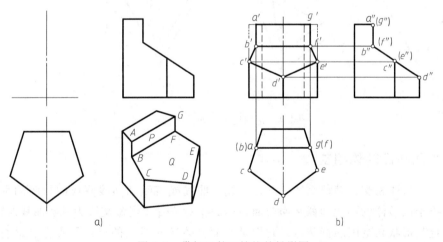

图 4-3　带切口的五棱柱的投影图

【例 4-3】　求正三棱锥被两个截平面截切后的水平投影和侧面投影，如图 4-4a 所示。

分析：正三棱锥被正垂面 P 和水平面 Q 截切，正垂面与棱线交于 Ⅰ 点，水平面与棱线分别交于 Ⅳ、Ⅴ 两点；两截平面的交线为正垂线 Ⅱ Ⅲ。因为两截平面都垂直于正面，所以截交线的正面投影为积聚的直线；截平面 Q 与三棱锥的底面平行，故截交线是与底面各边平行的正三角形的一部分，其侧面投影为积聚的直线。

作图：如图 4-4b 所示。

1）画出正三棱锥的侧面投影。

2）在已知的正面投影上标出截交线上各点的投影 1′、2′、3′、4′、5′。

3）作截交线的水平投影。由 1′、5′求出 1、5；过点 5 分别作与底面三角形两边平行的直线，其中一条与前棱线交于点 4，过 4 引另一底边的平行线，由点 2′、3′向下投射，在与底边平行的两条线上求出 2、3，分别连接 2453、12、13 和 23 即求得截交线的水平投影；其中 23 是两截平面交线的水平投影。

4）作截交线的侧面投影。由 1′、5′、3′、4′可求出 1″、5″、3″、4″，根据"宽相等"的投影规律，由 2 求出 2″。连接 5″4″2″3″，即为截平面 Q 与三棱锥截交线的侧面投影；3″1″2″即为截平面 P 与三棱锥截交线的侧面投影，2″3″为两截平面交线的侧面投影。

5）判别可见性，整理轮廓线。截交线的三个投影均可见，画成粗实线。可见轮廓线画粗实线。由于三条棱线分别在交点Ⅰ、Ⅳ、Ⅴ以上被截掉，不应画出它们的投影，为便于看图，可用细双点画线表示它们的假想轮廓。

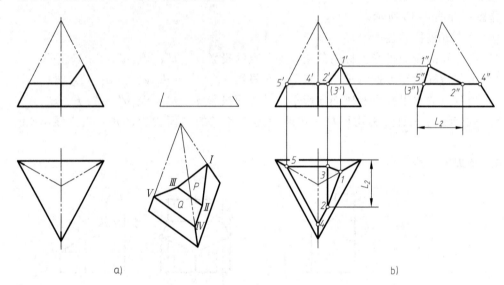

图 4-4　正三棱锥被两截平面截切

4.1.3　平面与回转体相交

平面与回转体相交，其截交线一般是直线、曲线或直线和曲线围成的封闭的平面图形，这主要取决于回转体的形状和截平面与回转体的相对位置。当截交线为一般曲线时，应先求出能够确定其形状和范围的特殊点，它们是曲面立体转向线上的点以及最左、最右、最前、最后、最高和最低等极限位置点。然后再按需要作适量的一般位置点，并标明投影的可见性，连成截交线。下面研究几种常见回转体的截交线，并举例说明截交线投影的作图方法。

1. 平面与圆柱相交

平面与圆柱相交，由于截平面与圆柱轴线的相对位置不同，截交线有三种形状：矩形、圆以及椭圆，见表 4-1。

【例 4-4】　求正垂面 P 截切圆柱的侧面投影，如图 4-5a 所示。

分析：圆柱轴线为铅垂线，截平面 P 倾斜于圆柱轴线，故截交线为椭圆，其长轴为Ⅰ Ⅱ，短轴为Ⅲ Ⅳ。因截平面 P 为正垂面，故截交线的正面投影在 p' 上；又因为圆柱轴线垂

表 4-1　平面截切圆柱的截交线

截平面位置	平行于圆柱轴线	垂直于圆柱轴线	倾斜于圆柱轴线
立体图			
截交线	平行于轴线的矩形	垂直于轴线的圆	椭圆
投影图			

直于水平面，圆柱面的水平投影积聚成圆，而截交线又是圆柱表面上的线，所以截交线的水平投影也在此圆上；截交线的侧面投影为不反映实形的椭圆。

截交线上的特殊点包括确定其范围的极限点，即最高、最低、最前、最后、最左、最右各点，以及投射方向上可见与不可见的分界点，截交线为椭圆时还需求出其长短轴的端点。点 I 、II 、III 、IV 即为特殊点，其中，I 、II 分别为最低点（最左点）和最高点（最右点），同时也是长轴的端点，正面投影轮廓线上的点；III 、IV 分别为最前、最后的点，也是椭圆短轴上的点，侧面投影轮廓线上的点。若要光滑地将椭圆画出，还需在特殊点之间选取一般位置点 V 、VI 、VII 、VIII 。截交线有可见与不可见部分时，分界点一般在轮廓线上，其判别方法与曲面立体表面上点的可见性判别相同。

作图：如图 4-5b 所示。

1）画出截切前圆柱的侧面投影，再求截交线上特殊点的投影。在已知的正面投影和水

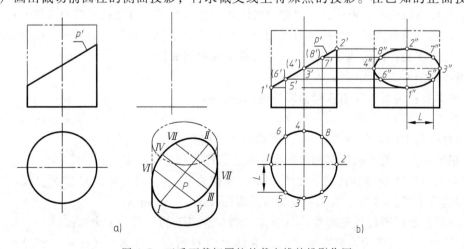

图 4-5　正垂面截切圆柱的截交线的投影作图

平投影上标明特殊点的投影 1'、2'、3'、4'和 1、2、3、4，然后再求出其侧面投影 1"、2"、3"、4"，它们确定了椭圆投影的范围。

2）求适量一般位置点的投影。选取一般位置点的正面投影和水平投影为 5'、6'、7'、8'和 5、6、7、8，按投影规律求得侧面投影 5"、6"、7"、8"。

3）判别可见性，光滑连线。椭圆上所有点的侧面投影均可见，按照水平投影上各点的顺序，用粗实线光滑连接 1"、5"、3"、7"、2"、8"、4"、6"、1"各点，即为所求截交线的侧面投影。

4）整理并加深轮廓线，因轮廓线的上部分被截掉，所以点 3"、4"以上不应画出。

当截平面与圆柱轴线相交的角度 α 发生变化时，其侧面投影上椭圆的形状也随之变化。当角度为 45°时，椭圆的侧面投影为圆，如图 4-6 所示。

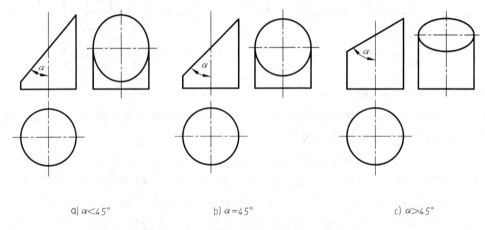

a) α<45°　　　　　　　　b) α=45°　　　　　　　　c) α>45°

图 4-6　截平面倾斜角度对截交线投影的影响

【例 4-5】　补全圆柱被平面截切后的水平投影和侧面投影，如图 4-7a 所示。

分析：圆柱上端的通槽是由两个平行于圆柱轴线的侧平面和一个垂直于圆柱轴线的水平面截切而成的。两侧平面与圆柱面的交线均为两条铅垂直素线，与圆柱顶面的交线分别是两条正垂线；水平面与圆柱面的交线是两段圆弧；三个截平面的交线是两条正垂线。因为三个截平面的正面投影均有积聚性，所以截交线的正面投影为三条直线；又因为圆柱的水平投影有积聚性，四条与圆柱轴线平行的直线和两段圆弧的水平投影在积聚的圆上，四条正垂线的水平投影反映实长；由这两个投影即可求出截交线的侧面投影。

作图：如图 4-7b 所示。

1）根据投影关系，作出截切前圆柱的侧面投影。

2）在正面投影上标出特殊点的投影 1'、2'、3'、4'、5'、6'，按投影关系从水平投影的圆上找出对应点 1、2、3、4、5、6。（对称位置点略）

3）根据特殊点的正面投影和水平投影求出其侧面投影 1"、2"、3"、4"、5"、6"。

4）判断可见性按顺序连线。水平投影：连接直线 34，同时画出对称的直线。侧面投影：连粗实线 1"2"3"4"5"6"，两截平面交线的侧面投影 2"5"画细虚线。

5）整理并加深圆柱面轮廓线。只加深 1"和 6"点以下的一段，上边被截掉。

若圆柱上端左右两边均被一水平面 P 和侧平面 Q 所截，其截交线的形状和投影请读者自行分析，其作图过程见图 4-8 所示。要注意 1"到最前轮廓线、4"到最后轮廓线之间不应有线。

在圆柱上切槽、钻孔是机械零件上常见的结构，应熟练地掌握其投影的画法。图 4-9 在空心圆柱（即圆筒）的上端开槽的投影图，其截交线在外圆柱面上的画法与图 4-7 相同，截交线在内圆柱表面上的画法与外圆柱面截交线的画法相似，但各截平面与圆柱孔的交线的侧面投影均不可见，应画成细虚线；还应注意在中空部分不应画线，圆柱孔的轮廓线均不可见，应画成细虚线。

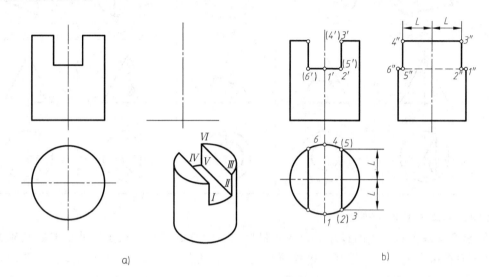

图 4-7　圆柱切槽的三面投影图

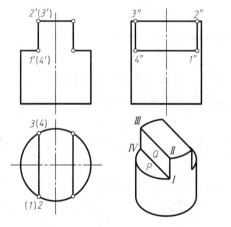

图 4-8　截切圆柱的三面投影

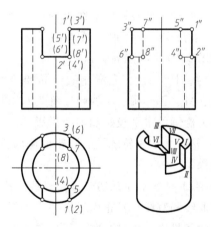

图 4-9　切槽空心圆柱的三面投影图

2. 平面与圆锥相交

当截平面与圆锥轴线的相对位置不同时，其截交线有五种基本形式，见表 4-2。

【例 4-6】　求正垂面截切圆锥的投影，如图 4-10a 所示。

分析：正垂面倾斜于圆锥轴线，且 $\theta > \alpha$，截交线为椭圆，其长轴是 Ⅰ Ⅱ，短轴是 Ⅲ Ⅳ。截平面的正面投影有积聚性，故利用积聚性可直接找到截交线的正面投影；截交线的水平投影和侧面投影仍为椭圆，但不反映实形。

表 4-2　平面与圆锥相交的截交线

截平面位置	过锥顶	与轴线垂直 $\theta = 90°$	与轴线倾斜 $\alpha < \theta < 90°$	与一条素线平行 $\theta = \alpha$	与轴线平行或倾斜 $0° \le \theta < \alpha$
立体图					
截交线	过锥顶的三角形	圆	椭圆	抛物线和直线	双曲线和直线
投影图					

作图：如图 4-10b、c 所示。

1）求截交线上特殊点的投影。首先求椭圆长、短轴的端点：点 Ⅰ、Ⅱ 是椭圆长轴的端点，其正面投影为 1′、2′，利用轮廓线的对应关系，直接求出 1、2 和 1″、2″；椭圆的长轴 Ⅰ Ⅱ 与短轴 Ⅲ Ⅳ 互相垂直平分，由此可求出短轴端点的正面投影 3′、4′，利用圆锥表面取点的方法求出 3、4 和 3″、4″。这四个点也分别是截交线的最前、最后和最右、最左点。点 Ⅴ、Ⅵ 是圆锥侧面投影轮廓线上的点，也属于特殊点，求各面投影的方法与点 Ⅰ、Ⅱ 相同。

2）求截交线上一般位置点的投影。利用圆锥表面取点的方法求适当数量的一般位置点，如图 4-10 中的点 Ⅶ、Ⅷ。

3）判别可见性，光滑连线。椭圆的水平投影和侧面投影均可见，分别按 Ⅰ、Ⅶ、Ⅲ、Ⅴ、Ⅱ、Ⅵ、Ⅳ、Ⅷ、Ⅰ 的顺序将其水平投影和侧面投影光滑连接成椭圆曲线，并画成粗实线，即为椭圆的水平投影和侧面投影。

4）整理并加深轮廓线。圆锥面侧面投影轮廓线只加深点 5″、6″之下的一段，上段被截掉不加深。

图 4-11 是侧平面截切圆锥截交线的投影作图。截平面平行于圆锥轴线（$\theta = 0°$），截交线是双曲线和直线。其正面投影和水平投影都有积聚性，侧面投影反映实形。作图时先求出特殊点的各投影，再求一些一般位置点的投影。

图 4-11 中 1″、2″、3″是截交线上特殊点的侧面投影，4″、5″是一般位置点的侧面投影，光滑连接 2″、4″、3″、5″、1″各点，即为截交线的侧面投影。截平面与圆锥侧面投影的轮廓线没有交点，应完整画出。

3. 平面与球相交

平面与球相交，不论截平面位置如何，其截交线都是圆；圆的直径随截平面距球心的距离不同而改变：当截平面通过球心时，截交线圆的直径最大，等于球的直径；截平面距球心越远，截交线圆的直径越小。当截平面相对于投影面的位置不同时，截交线圆的投影可能是

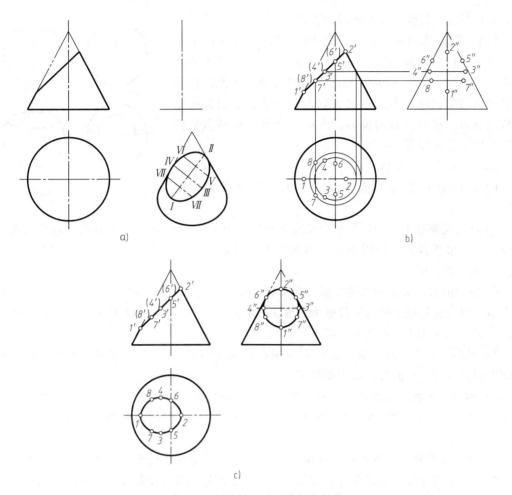

图 4-10　圆锥被正垂面截切的投影

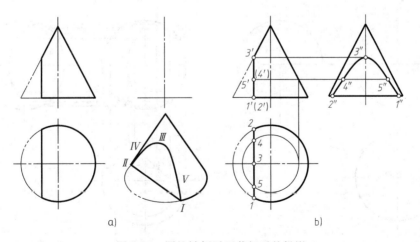

图 4-11　圆锥被侧平面截切后的投影

圆、直线或椭圆。

图 4-12 所示为用水平面截切球，截交线的水平投影反映圆的实形，正面投影和侧面投

影都是直线段，且长度等于该圆的直径。

【例 4-7】　求铅垂面截切球的投影，如图 4-13a 所示。

分析：铅垂面截切球，截交线的形状为圆，其水平投影积聚成直线 12，长度等于截交线圆的直径；正面投影和侧面投影均为椭圆，利用球表面取点的方法，求出椭圆上的特殊点和一般位置点的投影，按顺序光滑连接各点的同面投影成为椭圆即可。

作图：如图 4-13b 所示。

1) 求出截切前球的投影，再求截交线上特殊点的投影。

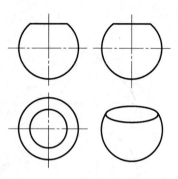

图 4-12　水平面截切球

① 求球轮廓线上点的投影。截交线水平投影中 1、2、5、6、7、8 分别是球面各投影轮廓线上点的水平投影，利用轮廓线的对应关系可以直接求出 1′、2′、5′、6′、7′、8′和 1″、2″、5″、6″、7″、8″。

② 求椭圆长、短轴端点的投影。椭圆短轴端点的投影为 1′、2′、1、2、和 1″、2″，前面已求出。椭圆长轴端点的水平投影为直线 12 的中点 3 (4)，利用球表面取点的方法（作辅助正平圆）可求出 3′、4′和 3″、4″。

2) 求截交线上一般位置点的投影。根据连线的需要，在 12 上取适当数量的点，再利用辅助圆法求出其正面投影和侧面投影。

3) 判别可见性，光滑连线。截交线的正面投影以 5′、6′为界，5′、1′、6′可见，加深成粗实线；5′、3′、7′、2′、8′、4′、6′不可见，画成细虚线。侧面投影均可见用粗实线光滑连接，即得所求。

4) 整理轮廓线。正面投影的轮廓线加深到与截交线的切点 5′、6′处，其左边部分被切去；侧面投影的轮廓线加深到与截交线的切点 7″、8″处，其后面部分被切去；被切去部分轮廓线的投影不应画出。

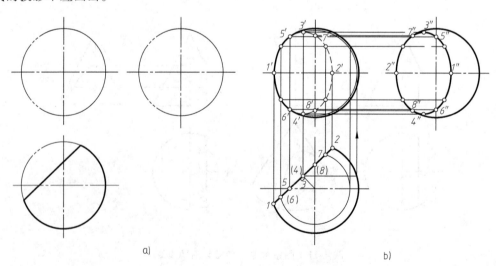

图 4-13　铅垂面截切圆球的投影

【例 4-8】　补全半球切槽的水平投影和侧面投影，如图 4-14a 所示。

分析：半球被两个侧平面和一个水平面截切，与球面交线的空间形状均为圆弧。水平面与半球面交线的水平投影反映实形，正面投影和侧面投影为直线；两侧平面与半球面交线的侧面投影反映实形，正面投影和水平投影积聚成直线。三个截平面的交线为两条正垂线。

作图：如图 4-14b 所示。

1）画出半球的侧面投影。

2）在正面投影上标出 1′、2′、3′、4′、5′、6′、7′、8′各点。

3）求水平面截半球面交线投影。交线的水平投影是 174 和 286，其半径可由正面投影上 7′（8′）至轮廓线的距离得到；侧面投影是直线 1″7″4″和 2″8″6″。

4）求侧平面截半球面交线投影。交线的侧面投影是圆弧 1″3″2″（4″5″6″与 1″3″2″重合），其半径可由 3′至半球底面的距离得到；水平投影是直线 1 2 和 4 6。

5）求截平面之间交线的投影。交线的水平投影 1 2、4 6 两直线已求出，连接 1″2″（4″6″与其重合）即为侧面投影，且不可见，画成细虚线。

6）整理轮廓线。开槽后没有影响水平投影的轮廓线，故水平投影的轮廓线应正常画出；侧面投影的轮廓线加深到点 7″、8″处，其上部被切去部分的轮廓线不应画出。

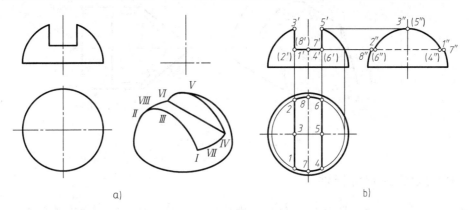

图 4-14 开槽半球的投影

4. 平面与组合回转体相交

组合回转体由几个回转体组合而成。求平面与组合回转体相交时，若求其截交线的投影，首先分析它由哪些基本回转体组成，根据截平面与各个回转体的相对位置确定截交线的形状及结合部位的连接形式，然后将各段截交线分别求出，并顺序连接，即可求出截交线的投影。

【例 4-9】 求顶尖头部的水平投影，如图 4-15a 所示。

分析：顶尖头部的圆锥、圆柱为同轴回转体，且圆锥底圆的直径与圆柱的直径相等。左边的圆锥和圆柱同时被水平面 Q 截切，而右边的圆柱不仅被 Q 截切，还被侧平面 P 截切。Q 与圆锥面的交线是双曲线，与圆柱的交线是与其轴线平行的两条直线；截平面 Q 的正面、侧面投影均积聚成直线，故只需求出截交线的水平投影。侧平面 P 只截切一部分圆柱，其交线是一段圆弧；截平面 P 的正面和水平投影积聚成直线，侧面投影反映实形。两截平面的交线是正垂线。

作图：如图 4-15b 所示。

1）作出截切前顶尖头部的水平投影，求截交线上特殊点的投影。在正面投影上标出

$1'$、$2'$、$3'$、$4'$、$5'$、$6'$，利用表面取点的方法求出其侧面投影 $1''$、$2''$、$3''$、$4''$、$5''$、$6''$和水平投影 1、2、3、4、5、6。

2）求截交线上一般位置点的投影。根据连线的需要，在 $1'2'$、$1'3'$ 之间确定两个一般位置点 $7'$、$8'$，利用辅助圆法分别求出其侧面投影 $7''$、$8''$和水平投影 7、8。

3）判别可见性，光滑连线。截交线的水平投影可见，画成粗实线。

4）整理轮廓线。顶尖头部水平投影的轮廓线不受影响，画成粗实线。锥、柱的交线圆在水平投影上为直线，注意 2、3 之间上部被 Q 面截去，下部被遮住，应画成细虚线；P、Q 的交线 4、5 加深成粗实线。

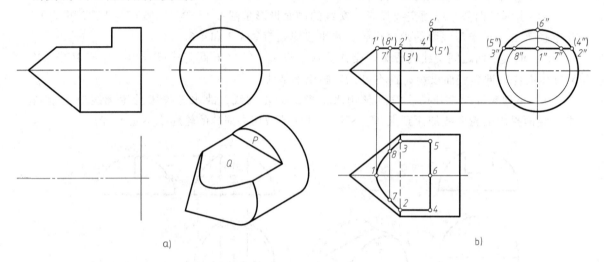

a)　　　　　　　　　　　　　　　　　　　b)

图 4-15　顶尖头部的投影

4.1.4　截切立体的尺寸标注

标注截切立体的尺寸，除注出完整基本立体的定形尺寸外，还应注出截平面的定位尺寸，定位尺寸应从尺寸基准出发进行标注。截切立体的尺寸基准一般选择对称面、回转体轴线、底面、端面。值得注意的是，当立体大小和截平面的位置确定以后，截交线也就确定，所以不应标注截交线的尺寸。表 4-3 为常见截切立体的尺寸标注。

表 4-3　截切立体的尺寸标注

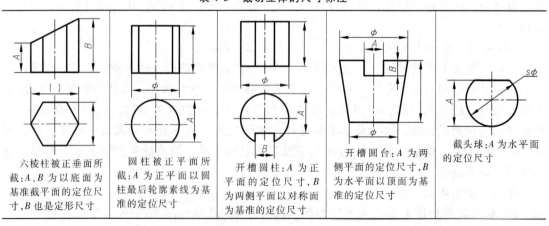

| 六棱柱被正垂面所截：A、B 为以底面为基准截平面的定位尺寸，B 也是定形尺寸 | 圆柱被正平面所截：A 为正平面到圆柱最后轮廓素线为基准的定位尺寸 | 开槽圆台：A 为正平面的定位尺寸，B 为两侧平面以对称面为基准的定位尺寸 | 开槽圆台：A 为两侧平面的定位尺寸，B 为水平面以顶面为基准的定位尺寸 | 截头球：A 为水平面的定位尺寸 |

从表4-3可以看出，当立体被投影面平行面截切，需注一个定位尺寸；当立体被投影面的垂直面截切，需注两个定位尺寸；当立体被一般位置平面截切，需注三个定位尺寸。图4-16为截切立体尺寸标注的正、误对照，图4-16a为正确注法，图4-16b左视图中尺寸14是错误的标注。

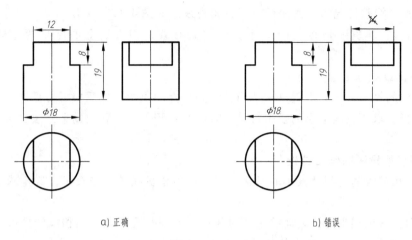

a) 正确　　　　　　　　　　　　　　　　b) 错误

图 4-16　截切立体尺寸标注的正误对照

4.2　相贯立体的投影

4.2.1　概念与术语

在机器上常出现两立体相交的情况。两立体相交称为相贯，相贯时两立体表面产生的交线称为相贯线，参与相贯的立体称为相贯体，如图4-17所示。相贯线也为两立体的分界线。

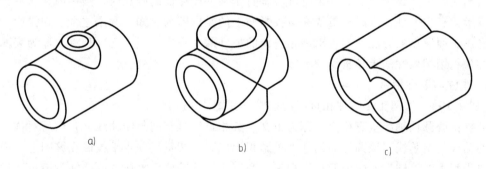

a)　　　　　　　　　　b)　　　　　　　　　　c)

图 4-17　立体表面的相贯线

1. 相贯的基本形式
按照立体的类型不同，立体相贯有三种情况：
1）平面立体与平面立体相贯。
2）平面立体与曲面立体相贯。
3）曲面立体与曲面立体相贯。
由于平面立体是由平面组成的，故前两种情况可利用平面与立体相交求交线的方法求出交线，在此重点讨论两回转体相贯。

2. 相贯线的性质

1）表面性：相贯线位于两相贯立体的表面。

2）封闭性：由于立体具有一定的大小和范围，所以相贯线一般是封闭的空间曲线，如图 4-17a 所示，特殊情况为平面曲线或不封闭直线，如图 4-17b、c 所示。

3）共有性：相贯线是相交两立体表面的共有线，相贯线上的点是两立体表面的共有点。

3. 求相贯线的方法

求相贯线的投影，实际上就是求适当数量共有点的投影，然后根据可见性，按顺序光滑连接同面投影。求相贯线上点的投影常见的方法有：积聚性法和辅助平面法，本书只介绍积聚性法。

4. 求相贯线投影的作图过程

1）进行相贯线的空间及投影的形状分析，找出相贯线的已知投影，确定求相贯线投影的方法。

2）作图：求出相贯立体表面的一系列共有点，判断可见性，用相应的图线依次连接成相贯线的同面投影，并加深各立体的轮廓线到与相贯线的交点处，完成全图。

为了准确地画出相贯线，一般先作出相贯线上的一些特殊点，即确定相贯线投影的范围和变化趋势的点，如曲面立体轮廓线上的点，相贯线在其对称平面上的点以及最高、最低、最左、最右、最前、最后等极限位置点；然后按需要再作适量的一般位置点，从而较准确地连线，作出相贯线的投影，并标明可见性。只有同时位于两立体可见表面上的一段相贯线的投影才可见，否则不可见。

4.2.2　利用积聚性法求相贯线的投影

当相交的两立体中只要有一个是轴线垂直于某一投影面的圆柱时，圆柱面在这一投影面上的投影就有积聚性，因此相贯线在该投影面上的投影即为已知。利用这个已知投影，按照曲面立体表面取点的方法，即可求出相贯线的另外两个投影。通常把这种方法称为表面取点法或称为利用积聚性法求相贯线的投影。

1. 圆柱与圆柱相贯

【例 4-10】　求两正交圆柱相贯线的投影，如图 4-18a 所示。

分析：两圆柱轴线垂直相交，称为正交。其相贯线是空间封闭曲线，且前后对称。直立圆柱的轴线是铅垂线，该圆柱面的水平投影积聚成圆，相贯线的水平投影在该圆上。横圆柱的轴线是侧垂线，圆柱面的侧面投影积聚成圆，相贯线的侧面投影在两圆柱侧面投影重叠区域内的一段圆弧上。因此，只需作出相贯线的正面投影。

作图：如图 4-18b 所示。

1）求相贯线上特殊点（轮廓线上的点）的投影。在相贯线的水平投影上标出最左、最右、最前、最后点 Ⅰ、Ⅱ、Ⅲ、Ⅳ 的水平投影 1、2、3、4，在侧面投影上相应地作出 1″、2″、3″、4″，由 1、2、3、4 和 1″、2″、3″、4″作出其正面投影 1′、2′、3′、4′。可以看出，点 Ⅰ、Ⅱ 和Ⅲ、Ⅳ 又分别是相贯线上的最高点和最低点。

2）求相贯线上一般位置点的投影。根据连线需要，在相贯线的水平投影上作出前后对称的四个点 V 、 VI 、 VII 、 VIII 的水平投影，根据点的投影规律作出侧面投影，继而求出 5′、6′、7′、8′。

3) 判别可见性，光滑连线。相贯线的正面投影中，Ⅰ、Ⅴ、Ⅲ、Ⅵ、Ⅱ位于两圆柱的可见表面上，则前半段相贯线的投影 1′、5′、3′、6′、2′应用粗实线光滑连接；前后半段相贯线的投影重合。应注意，在 1′、2′之间不应画水平圆柱的轮廓线。

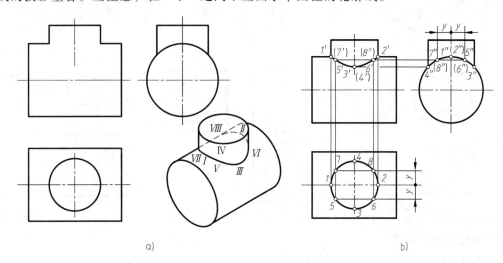

a)　　　　　　　　　　　　　　　b)

图 4-18　两正交圆柱的相贯线

两圆柱正交，在机械零件上最常见，其相贯线的变化趋势见表 4-4。

圆柱上钻孔及两圆柱孔相贯，都与内圆柱面形成相贯线，相贯线投影的画法与图 4-18 相同，只是可见性有些不同，见表 4-5。

表 4-4　正交两圆柱相贯线的变化趋势

两圆柱直径对比	直径不等		直径相等
	直立圆柱直径大	直立圆柱直径小	
立体图			
相贯线的形状	左右两条空间曲线	上下两条空间曲线	两条平面曲线——椭圆
投影图			
相贯线的投影	以小圆柱轴线投影为实轴的双曲线		相交两直线
特征	在与两圆柱轴线平行的投影面上的投影为双曲线,其弯曲趋势总是向大圆柱投影内弯曲		在与两圆柱轴线平行的投影面上的投影为相交两直线

表 4-5　圆柱孔的正交相贯形式

形式	圆柱与圆柱孔相贯	圆柱孔与内、外圆柱面相贯[1]	圆柱孔与圆柱孔相贯
立体图	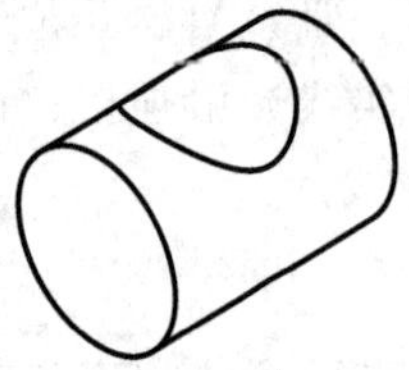	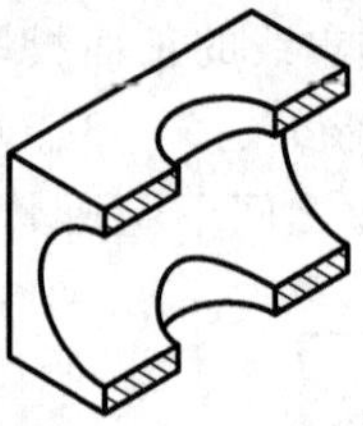	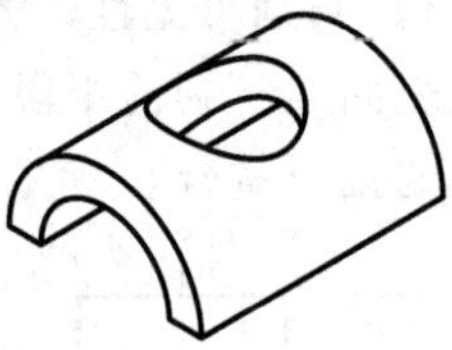
投影图	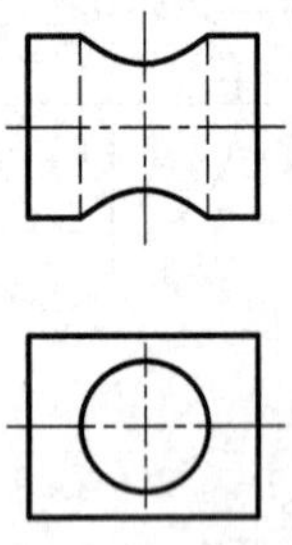	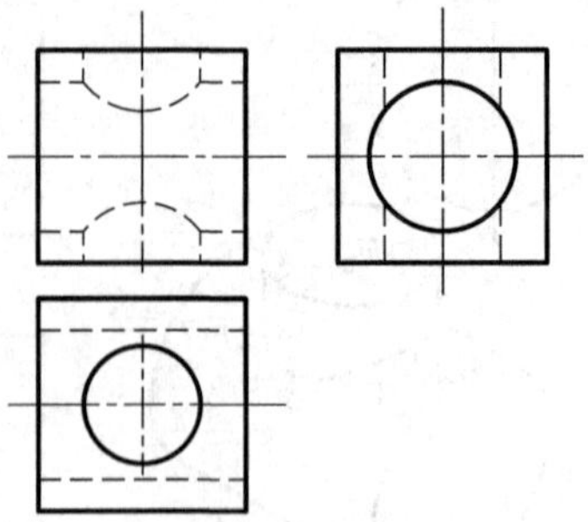	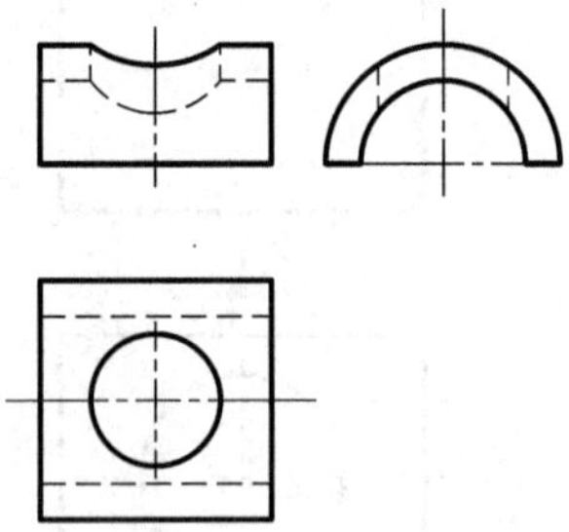

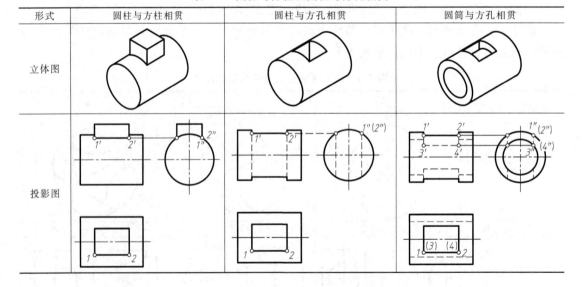

① 为清晰表达内部结构，此例的立体图只画出了一半。

2. 圆柱与方柱相贯

圆柱与方柱及圆柱与方孔相贯，可用求截交线的方法求出相贯线，见表 4-6。

表 4-6　圆柱与方柱及圆柱与方孔相贯

形式	圆柱与方柱相贯	圆柱与方孔相贯	圆筒与方孔相贯
立体图			
投影图			

4.2.3　相贯线的特殊情况

两曲面立体相交时，其相贯线在一般情况下是空间封闭曲线。在特殊情况下它们的相贯线是平面曲线或直线或不封闭。

1. 两同轴回转体的相贯线是垂直于轴线的圆

两同轴回转体相交时，它们的相贯线是垂直于回转体轴线的圆，当轴线平行于某一投影面时，则这些圆在该投影面上的投影是两回转体轮廓线交点间的直线，如图 4-19 所示。

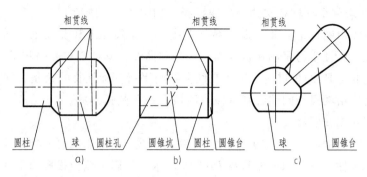

图 4-19　同轴回转体相贯线的投影

2. 两个回转面外切于同一球面的回转体相贯线是平面曲线

　　表 4-4 所列两等径正交圆柱的相贯线是椭圆，其正面投影是两回转体轮廓线交点间的相交直线；两圆柱或圆柱与圆锥轴线相交，只要它们外切于同一球面，其相贯线是平面曲线——椭圆，投影图如图 4-20 所示。图中圆柱、圆锥的轴线相交，且平行于正面，它们的相贯线是两个垂直于正面的椭圆，其正面投影为两条相交直线。

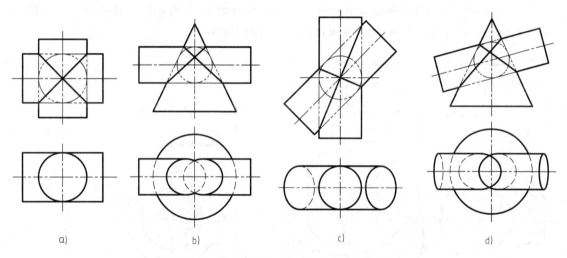

图 4-20　外切于同一球面的回转体的相贯线

3. 两正交圆柱相贯线投影的简化画法

　　两正交圆柱相贯线的投影可以用简化画法画出，如图 4-21 所示，以 1′（或 2′）为圆心、大圆柱半径 $R = D/2$，为半径画弧，与小圆柱轴线相交于一点，再以此交点为圆心、R 为半径，用圆弧连接 1′、2′即可。

4.2.4　多体相贯

　　前面，只介绍了两个立体相求其相贯线的方法，但许多机件上常常会出现多体相交的情况，如图 4-22 所示。在求相贯线时，应首先分析它是由哪些基本体构成及彼此间的相对位置关系，判断出每两个相交立体相贯线的形状，然后分别求出这些相贯线。在画图过程中，要注意相贯线之间的连接点。

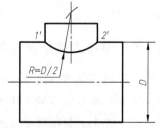

图 4-21　两正交圆柱相贯
线的简化画法

【例 4-11】 求三个圆柱相交的相贯线投影，如图 4-22a 所示。

分析：该立体由圆柱Ⅰ、Ⅱ、Ⅲ三部分组成。直立圆柱Ⅰ和Ⅱ同轴，横圆柱Ⅲ分别与圆柱Ⅰ、Ⅱ正交。圆柱Ⅰ与Ⅲ的相贯线为一段空间曲线；圆柱Ⅰ与Ⅱ的相贯线为垂直轴线的部分圆弧；圆柱Ⅱ与Ⅲ的相贯线是一段空间曲线与平行于圆柱Ⅲ的两条直线段。综上所述，三圆柱之间的交线由两段空间曲线和两段直线段及一条圆弧组成。

作图：如图 4-22b 所示。

1）求圆柱Ⅰ与圆柱Ⅲ、圆柱Ⅱ与圆柱Ⅲ的相贯线。由于圆柱Ⅰ的水平投影和圆柱Ⅲ的侧面投影均有积聚性，故它们的相贯线 *DBACE* 的水平投影和侧面投影分别在相应的圆弧上，按照投影规律求出正面投影 *d'*、*b'*、*a'*、*c'*、*e'*。其中，*d'*、*b'*、*a'* 可见，*c'*、*e'* 不可见，但两者重合，加深成粗实线；同理可求出空间曲线 *FHG* 的三面投影。

2）求圆柱Ⅱ的上表面与圆柱Ⅲ的截交线。由于圆柱Ⅲ的轴线为侧垂线，所以截交线 *DF*、*EG* 在侧面投影上积聚为点 *d"f"*、*e"g"*；水平投影和正面投影均为直线段 *df*、*eg* 和 *d'f'*、*e'g'*。其中 *df*、*eg* 为细虚线。圆柱Ⅱ的上面环形平面 *DFGE* 为水平面，其正面投影和侧面投影积聚成直线，且 *d"*、*e"* 之间不可见，为细虚线，水平投影为反映实形的环形 *dfge*。

3）整理轮廓线。圆柱Ⅲ的水平投影轮廓线应加深到 *b*、*c* 两点处，且可见，应为粗实线；圆柱Ⅱ的水平投影中，被圆柱Ⅲ遮住的部分应画成细虚线。

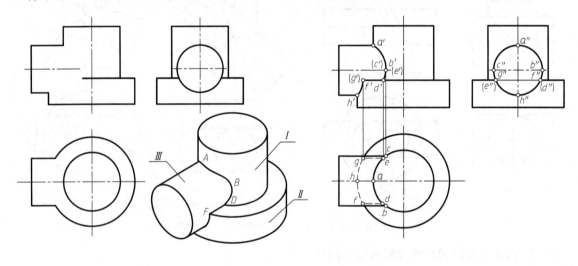

a)　　　　　　　　　　b)

图 4-22　三个圆柱相交的相贯线

4.2.5　相贯立体的尺寸标注

标注相贯立体的尺寸，首先要标注各相贯立体的定形尺寸，还要标注各基本立体之间的定位尺寸。参与相贯的立体大小和位置确定后，相贯线的形状也就确定了，切忌标注相贯线的尺寸。表 4-7 为相贯立体的尺寸标注。

图 4-23 为相贯立体尺寸标注的正误对照，图 4-23a 的尺寸标注是正确的，图 4-23b 中标注的相贯线定形尺寸 *R8*，是错误的，尺寸 7、3 也是错误的。

表 4-7　相贯立体的尺寸标注

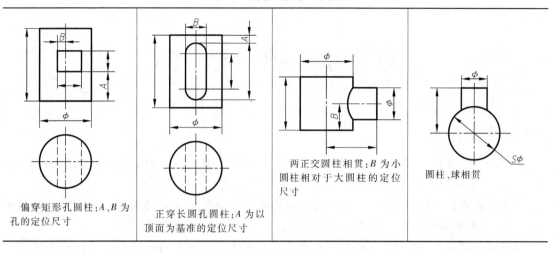

偏穿矩形孔圆柱:A、B 为孔的定位尺寸	正穿长圆孔圆柱:A 为以顶面为基准的定位尺寸	两正交圆柱相贯:B 为小圆柱相对于大圆柱的定位尺寸	圆柱、球相贯

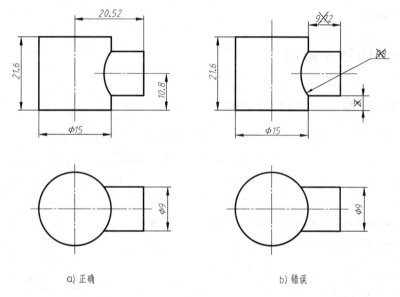

a) 正确　　　　　　　　　　　b) 错误

图 4-23　相贯立体尺寸标注的正误对照

第5章 轴 测 图

本章学习指导

【目的与要求】 了解轴测图的形成，画法及应用，熟悉轴测图的投影特点。掌握正等轴测图及斜二轴测图的画法。

【主要内容】 轴测图的形成及分类；轴间角与轴向伸缩系数的几何意义；正等轴测图和斜二轴测图的画法以及轴测图的剖切画法。

【重点与难点】 轴测图的投影特点，坐标定点法绘制轴测图；平行于坐标面的圆的正等轴测图的画法。

5.1 轴测图的基本知识

5.1.1 多面正投影图与轴测图的比较

一组正投影图可以完整、确切地表达物体的各部分形状特征，如图 5-1a 所示。尽管作图简便，标注尺寸方便，但是不够直观，缺乏立体感。轴测图是一种在二维平面里描述三维物体的最简单的方法。它以人们比较习惯的方式，直观、清晰地反映零件的形状和特征，但是不便于度量，且作图较复杂，因此轴测图常作为辅助图样使用。图 5-1 是同一物体的两种投影图，其中图 5-1a 为多面正投影图，图 5-1b 为轴测图。

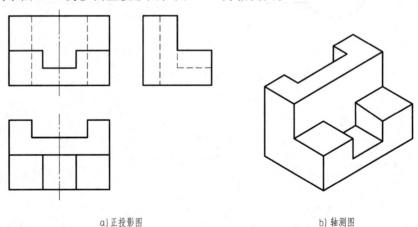

a) 正投影图   b) 轴测图

图 5-1 多面正投影图和轴测图的比较

5.1.2 轴测图的形成

将物体连同其直角坐标系，沿不平行于任一坐标平面的方向，用平行投影法将其投射在单一投影面上所得到的图形称为轴测投影，也称轴测图。单一投影面 P 称为轴测投影面，直角坐标轴的轴测投影称轴测投影轴，又称轴测轴，如图 5-2 所示。

按照投射线方向与轴测投影面的不同位置，轴测图分为正轴测图和斜轴测图两类。投射线垂直于轴测投影面所得到的轴测图称为正轴测图，投射线倾斜于轴测投影面所得到的轴测图称为斜轴测图。

5.1.3　轴间角及轴向伸缩系数

1. 轴间角

轴测图中两轴测轴之间的夹角称为轴间角。

2. 轴向伸缩系数

轴测轴的单位长度与相应投影轴上的单位长度的比值称为轴向伸缩系数。OX、OY、OZ 轴上的伸缩系数分别用 p、q 和 r 简化表示。

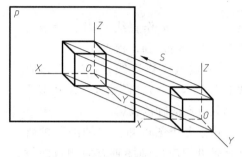

图 5-2　轴测图的形成

5.1.4　轴测图的分类

根据投射方向与轴向伸缩系数的不同将轴测图分类，如图 5-3 所示。工程上常用的轴测图是正等轴测图（简称正等测）和斜二等轴测图（简称斜二测）。

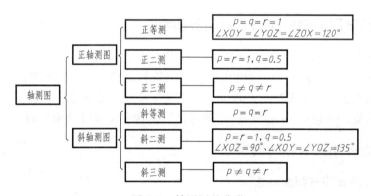

图 5-3　轴测图的分类

5.1.5　轴测图的投影特征

轴测图是用平行投影法得到的投影图，具有平行投影的特性，即：

1）线型不变。直线的轴测投影仍为直线。

2）平行性不变。空间相互平行线段的轴测投影仍平行，且长度比不变。

3）从属性不变。点、线、面的从属性不变。

4）相切性不变。

5.1.6　轴测图的基本作图方法

作轴测图时，应先选择恰当的轴测图种类（即确定轴间角和轴向伸缩系数）。为使轴测图清晰和作图方便，通常先将轴测轴 OZ 画成铅垂位置，再由轴间角画出其他轴测轴。在轴测图中，需用粗实线画出物体可见轮廓线。为了使物体的轴测图清晰，通常不画物体不可见轮廓线，必要时才用细虚线画出物体的不可见轮廓线。

图 5-4 为用坐标法求点的轴测投影。图 5-4a 为点的多面正投影图，用坐标法求点的轴测投影的作图步骤如图 5-4b 所示。

1）沿 OX 轴截取 $b_x O = x_B \cdot p$，得点 b_x。

2）过点 b_x 作直线 $// OY$，沿该直线截取 $b_x b = y_B \cdot q$，得点 b。

3）过点 b 作直线 $// OZ$，沿该直线截取 $bB = z_B \cdot r$，得点 B。点 B 即为空间相应点的轴测投影。

由以上作图可知，"轴测"的含义就是沿相应的轴测轴方向测量线段的长度。坐标法是作点、线、面和体的轴测投影的基本作图方法。

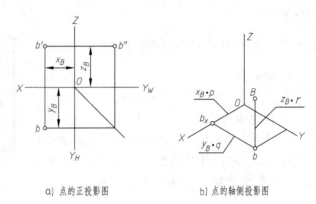

a) 点的正投影图　　　　b) 点的轴侧投影图

图 5-4　点的轴测投影的基本作图方法——坐标法

5.2　正等轴测图

5.2.1　正等轴测图的轴向伸缩系数和轴间角

当投射线垂直于轴测投影面 P，且平面 P 与物体上直角坐标轴之间的夹角相等时，三个轴向伸缩系数相等（$p = q = r$），这时在平面 P 上得到该物体的正等轴测图，简称正等测。

正等轴测图的轴间角 $\angle XOY = \angle YOZ = \angle ZOX = 120°$，轴向伸缩系数 $p = q = r = 1$。为便于作图，常采用简化系数 $p = q = r = 1$，作图时沿轴向按实际尺寸量取即可，如图 5-5 所示。

5.2.2　基本立体的正等轴测图画法

1. 正六棱柱的正等轴测图画法

1）如图 5-6a 所示，正六棱柱的顶面与底面是相同的正六边形水平面，选择顶面中心作为坐标原点 O，并确定坐标轴 OX、OY、OZ。

2）画出轴测投影轴 OX、OY、OZ，在 OX 轴上从 O 点量取 $O\text{Ⅰ} = O\text{Ⅳ} = a/2$，在 OY 轴上从 O 点量取 $O\text{Ⅶ} = O\text{Ⅷ} = b/2$，如图 5-6b 所示。

3）过点 Ⅶ、Ⅷ 作 OX 轴的平行线，并分别以 Ⅶ、Ⅷ 为中点、按长度 $c/2$ 量得 Ⅱ、Ⅲ 和 Ⅳ、Ⅴ 点，并连

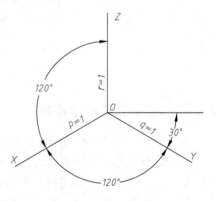

图 5-5　正等测图的基本参数

接成六边形；再过 Ⅵ、Ⅰ、Ⅱ、Ⅲ 各点向下作 OZ 轴的平行线，在各线上量取高 h 得到底面正六边形的可见点，如图 5-6c 所示。

4）连接底面各可见点，擦去多余作图线，加深可见轮廓线，完成正六棱柱的正等轴测图，如图 5-6d 所示。

由该例作图可知，将坐标系原点选在可见表面上，会使作图简化，可直接绘制可见轮廓线，不必绘制不可见的轮廓线。

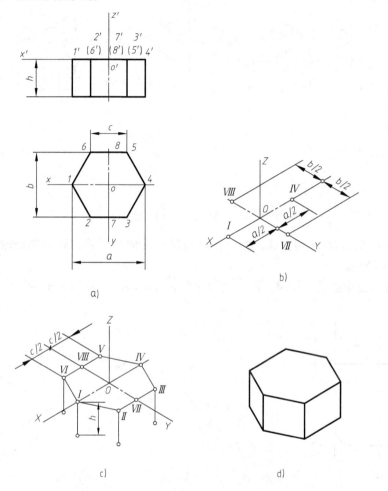

图 5-6　正六棱柱的正等轴测图画法

2. 圆柱的正等轴测图画法

1）在正投影图中选择顶面圆心为坐标原点 O，并确定直角坐标轴 OX、OY、OZ，如图 5-7a 所示。

2）画出轴测投影轴 OX、OY、OZ，画出顶圆的外切菱形，如图 5-7b 所示。

3）用四心近似画法画出顶面、底面菱形内切的椭圆，如图 5-7c 所示。

4）将与底面椭圆可见部分相关的圆心与切点下移高度 h，画出可见的底面椭圆弧以及两椭圆公切线，如图 5-7d 所示。

5）擦去多余作图线，加深，即完成圆柱正等轴测图，如图 5-7e 所示。

3. 圆角的正等轴测图近似画法

1）画直角坐标轴的轴测投影和长方体的正等轴测图。由尺寸 R 确定切点 A、B、C、D，再过 A、B、C、D 四点作相应边的垂线，其交点分别为 O_1、O_2。最后以 O_1、O_2 为圆心，OA、OC 为半径作弧线 AB、CD，如图 5-8b 所示。

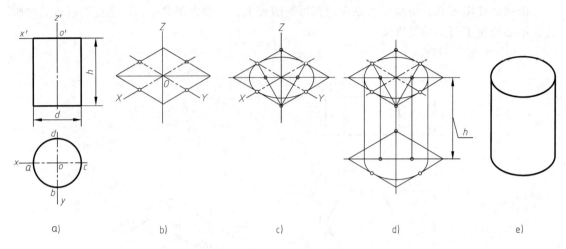

图 5-7　圆柱的正等轴测图画法

2）把圆心 O_1、O_2 和切点 A、B、C、D 按尺寸 h 向下平移，画出底面圆弧的正等轴测图，如图 5-8b 所示。

3）擦去多余作图线，加深，即完成圆角的正等轴测图，如图 5-8c 所示。

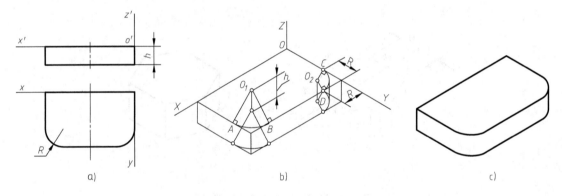

图 5-8　圆角的正等轴测图的画法

5.2.3　组合体正等轴测图画法

组合体大多是由几个基本立体以叠加、挖切等形式组合而成的。因此在画组合体的正等轴测图时，应首先对其进行形体分析，分析其形成方式，各组成部分的形状及相对位置，然后按相对位置逐个画出各组成部分的正等轴测图，再按组合方式完成其正等轴测图。

1. 挖切类组合体正等轴测图的画法

图 5-9 所示组合体的作图步骤如下：

1）在正投影图上选取坐标原点 O，并确定直角坐标轴 OX、OY、OZ，如图 5-9a 所示。

2）画轴测投影轴 OX、OY、OZ，并画出长方体的轴测图，如图 5-9b 所示。

3）按照正面投影从顶面向下切去四棱柱，如图 5-9c 所示。

4）按照正面、水平投影从左侧面向右开槽，如图 5-9d 所示。

5）按照正面、侧面投影从顶面向下切去四棱柱，如图 5-9e 所示。

6）擦去多余作图线，加深，完成轴测图，如图 5-9f 所示。

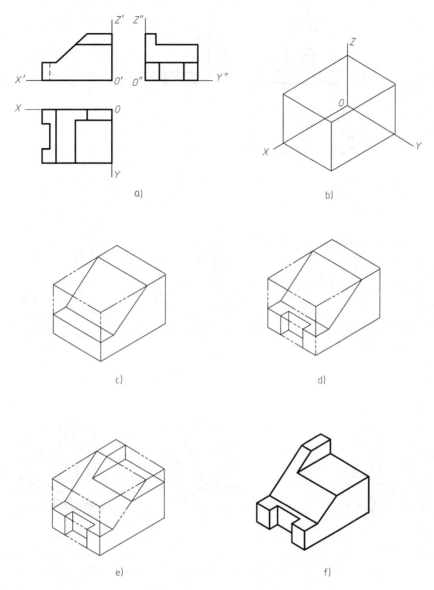

图 5-9 挖切类组合体的正等轴测图画法

2. 叠加类组合体正等轴测图的画法

图 5-10 所示轴承座的作图步骤如下：

1）在投影图上选取坐标原点 O，并确定直角坐标轴 OX、OY、OZ，如图 5-10a 所示。

2）画出轴测投影轴 OX、OY、OZ 及底板 Ⅰ，立板 Ⅱ，如图 5-10b 所示。

3）按四心近似画法画出立板 Ⅱ 的椭圆，如图 5-10c 所示。

4）画全支承板轴测图，按四心近似画法画出底板 Ⅰ 圆柱孔的轴测图，如图 5-10d 所示。

5）画出底板上的圆角，其作图方法如图 5-10e 所示。

6）在立板前面按照投影图画出肋板 Ⅲ，如图 5-10f 所示。

7）擦去多余作图线，加深，完成轴承座的正等轴测图，如图 5-10g 所示。

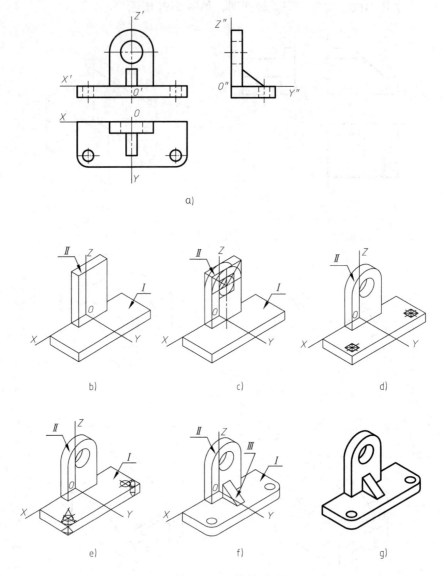

图 5-10　轴承座的正等轴测图的画法

5.3　斜二等轴测图

5.3.1　斜二等轴测图的轴向伸缩系数和轴间角

国家标准推荐的斜二等轴测图（简称斜二测）是：投射线倾斜于轴测投影面 P、轴测投影面 P 平行于物体上的坐标平面 XOZ、且属于该坐标平面的两个轴的轴向伸缩系数相等，$p_1 = r_1 = 1$、$q_1 = 0.5$，轴间角 $\angle XOZ = 90°$。如图 5-11 所示。

注意：因 $q_1 = 0.5$，所以平行于 OY 轴方向的线段的斜二轴测图长度是实长的一半。

5.3.2　组合体的斜二等轴测图的画法

图 5-12 所示组合体由一空心圆柱与一带圆孔的，两端为圆柱面，两侧为平面的平板叠加组合，两侧平面与圆柱面相切，切连接面平齐。其正面投影多为反映实形的圆及圆弧，宜采用斜二轴测图。作图步骤如下：

选取空心圆柱后面的圆心为坐标原点 O，并确定坐标轴 OX、OY、OZ，如图 5-12a 所示。

画出轴测投影轴 OX、OY、OZ，由 O 点沿 OY 作出 Ⅱ、Ⅰ点（$O\,Ⅱ = o''2''/2 = 4''3''/2$、$O\,Ⅰ = o''1''/2$），由 O 点向 OZ 轴下方作出Ⅳ点（$O\,Ⅳ = o''4''$）；由Ⅳ点作 OY 轴

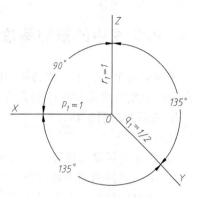

图 5-11　斜二轴测图的基本参数

的平行线，由 Ⅱ 点向下作 OZ 轴的平行线，两线交于Ⅲ点，如图 5-12b 所示。

分别以 O、Ⅱ、Ⅰ点为圆心，按正面投影图上的不同半径画空心圆柱轴测投影的各圆、圆弧，再以Ⅲ、Ⅳ点为圆心，按正面投影图上立板的圆柱孔及圆柱面的半径画圆、圆弧，如图 5-12c 所示。

作立板与空心圆柱各圆、圆弧的切线；擦去多余作图线，加深，即完成斜二轴测图，如图 5-12d 所示。

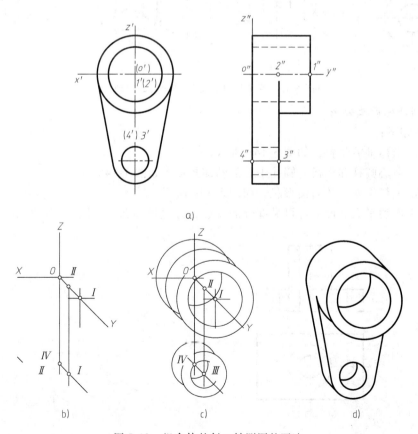

图 5-12　组合体的斜二轴测图的画法

5.4　轴测图中的剖切画法

在轴测图中，为了表达物体的内部形状，可假想用剖切平面将物体的一部分剖去，通常是沿着两个坐标平面将物体剖去四分之一，具体画法如下。

1. 先画外形后剖切

其画法如下：

1）确定坐标轴的位置，如图 5-13a 所示。

2）画圆筒的轴测图及剖切平面与圆筒内外表面、上下底面的交线，如图 5-13b 所示。

3）画出剖切平面后面零件可见部分的投影，如图 5-13c 所示。

4）擦掉多余的轮廓线及外形线，加深并画剖面线，如图 5-13d 所示。

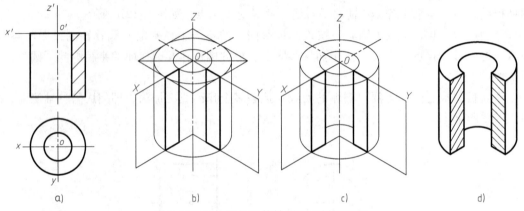

a)　　　　　　　　　b)　　　　　　　　　c)　　　　　　　　　d)

图 5-13　空心圆柱正等轴测图的剖视画法

2. 先画断面后画外形

其画法如下；

1）确定坐标轴的位置，如图 5-14a 所示。

2）画出空心圆柱和底板上圆孔中心的轴测投影，如图 5-14b 所示。

3）画出剖切平面上的断面形状，如图 5-14c 所示。

4）画出剖切平面后面零件可见部分的投影，并整理加深，如图 5-14d 所示。

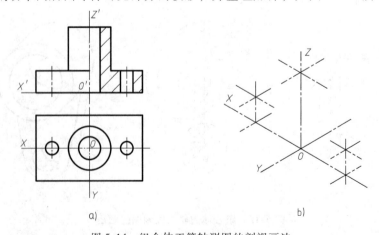

a)　　　　　　　　　　　　　　　　b)

图 5-14　组合体正等轴测图的剖视画法

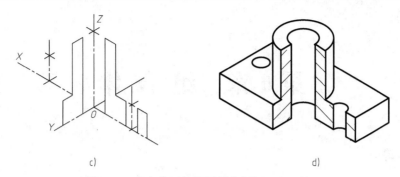

c)   d)

图 5-14　组合体正等轴测图的剖视画法（续）

第6章 组 合 体

本章学习指导

【目的与要求】 通过本章的学习，使学生在基本投影理论的基础上，实现从几何体到机件的顺利过渡，了解组合体的组合方式，掌握相邻表面之间各种位置关系的画图方法，熟练掌握用形体分析和线面分析的方法进行组合体的画图、读图和尺寸标注，并做到投影正确，能按照制图标准完整、清晰地进行尺寸标注，进一步培养对空间形体的形象思维能力和创造性构形设计能力。

【主要内容】 组合体的画图、读图和尺寸标注。

【重点与难点】 用形体分析和线面分析的方法读组合体的投影图。

6.1 概述

组合体是在学习画法几何的基础上，介绍以形体分析法为主、线面分析法为辅对其分析，并进行组合体的画图、读图和尺寸标注。学习组合体的目的在于进一步培养空间想象能力和构思能力，为绘制和阅读机械图样打下良好的基础，是本课程的重点。

6.2 组合体的组合方式和形体间相邻表面之间的关系

6.2.1 组合体的组合方式

就其形成而言，工程上常见的物体是由若干个形体按一定的组合方式组成的形体，如棱柱、棱锥、圆柱、圆锥、球等组合在一起称为组合体。按照各形体之间的组合方式，组合体大致可分为叠加型和切割型或两者的综合型。图 6-1 所示组合体，是由圆柱、带圆角棱柱和圆台叠加而成的。图 6-2 所示组合体，是由长方体经过切割而形成的。而叠加和切割的综合型组合体更为常见，如图 6-3 所示。

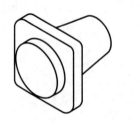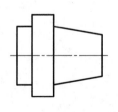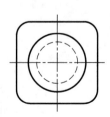

图 6-1 叠加型组合体

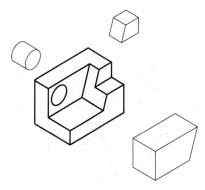

图 6-2　切割型组合体

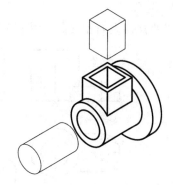

图 6-3　叠加与切割综合的组合体

6.2.2　形体间相邻表面的关系

无论组合体是由哪一种形式组合而成，画它们的投影时，都必须正确地表示各形体间相邻表面的关系。就叠加型组合体而言，两形体间相邻表面之间有平齐、相切和相交的情况。

1. 平齐

叠加组合的两形体，与贴合面相交的端面平齐（共面）时，分界处无线，其端面投影为一个封闭的线框；当两形体端面相错时，中间应有线隔开，其端面投影为两个封闭的线框，如图 6-4 所示。

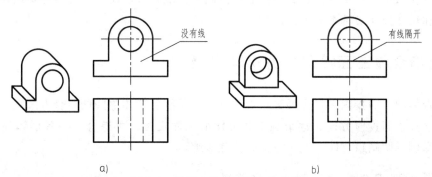

a)　　　　　　　　　　　　　　　　　b)

图 6-4　平面立体与平面立体叠加

2. 相切

两个形体的表面（平面与曲面、曲面与曲面）相切时，两立体表面在相切处光滑过渡，所以不画分界线，相切面的投影应画到切点处，如图 6-5 所示。

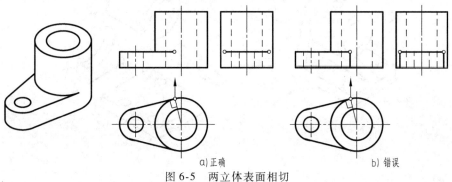

a) 正确　　　　　　　　　　　　b) 错误

图 6-5　两立体表面相切

3. 相交

当两立体表面相交时，其表面产生交线，如图 6-6 所示。

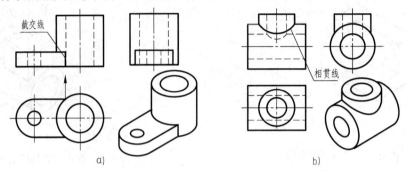

图 6-6　两立体相交

6.2.3　形体分析法

物体的形状多种多样，但经过分析，都可以看作是由一些简单立体组合而成的。所以，将组合体假想地分解成若干个简单形体，并确定它们之间的组合方式以及相邻表面之间关系的方法，称为形体分析法。

利用形体分析法可以将组合体化繁为简。只要掌握相邻两基本立体表面不同过渡关系的作图，无论多么复杂的组合体，其画图、读图问题都能解决。所以，形体分析法是组合体画图、读图和尺寸标注最基本的方法。

6.3　画组合体三面投影的方法和步骤

画组合体的三面投影图，先要进行形体分析，了解各形体之间的组合方式和表面之间的关系，再选择正面投射方向，逐个画出各形体的三面投影，再综合考虑各形体间的组合方式。下面举例说明画组合体三面投影的方法和步骤。

6.3.1　叠加型组合体的画图方法和步骤

【例 6-1】　画出图 6-7a 所示轴承座的三面投影。

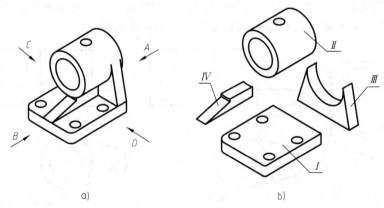

图 6-7　轴承座

1. 形体分析

（1）组合方式 如图 6-7b 所示，假想将轴承座分解为底板 Ⅰ、轴套 Ⅱ、支板 Ⅲ、肋板Ⅳ四个简单形体。其中 Ⅰ 为具有两个圆角、四个小圆孔的底板；Ⅱ 为上部有一小圆孔的轴套（空心圆柱）；Ⅲ 为上部有部分圆柱面的支板；Ⅳ 为上部有部分圆柱面的肋板。该组合体可以看作是由形体 Ⅰ、Ⅱ、Ⅲ、Ⅳ 叠加组合而成的，而每一形体又都经过了切割，所以轴承座也是叠加与切割综合的实例。

（2）各形体表面之间的关系 各形体前后对称地叠加组合在一起，形体 Ⅱ 与 Ⅲ、Ⅳ 间的贴合面是柱面，各形体间其余的贴合面都是平面。形体 Ⅱ 的外表面与 Ⅲ 的两个斜面相切；形体 Ⅰ、Ⅲ 的右端面平齐；其他各相邻表面均相交。

2. 正面投影投射方向的选择

正面投影是各投影中最主要的投影，选择投射方向时，首先要选择正面投射方向。应该考虑以下两个方面。

（1）安放位置 组合体的安放位置一般选择物体平稳时的位置。如图 6-7a 所示，轴承座的底板底面水平向下为安放位置。

（2）正面投影的投射方向 一般选择能够反应组合体各组成部分形状特征以及相互位置关系的方向作为正面投射方向，同时还应考虑到尽量使其他投影虚线较少和图幅的合理利用。如图 6-7a 所示，当轴承座安放位置确定后，一般会从 A、B、C、D 四个方向比较正面投射方向。图 6-8a 是以 A 向作为正面投射方向，正面投影虚线过多，显然没有 B 向清楚（图 6-8b）；若以 C 向作为正面投射方向，侧面投影会出现较多的虚线，如图 6-8c 所示；再比较 D 向与 B 向，若以 D 向作为正面投射方向，所得正面投影如图 6-8d 所示，它能反映肋板Ⅳ的实形，且能较清楚地反映四个组成部分的相对位置和组合方式；而 B 向反映支板Ⅲ的实形以及轴套 Ⅱ 与支板Ⅲ的相切关系和轴承座的对称情况。各有各的特点，所以 D 向与 B 向均可作为正面投射方向，但考虑图幅的合理利用，选择 D 向作为正面投射的方向。

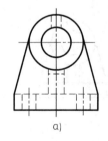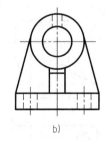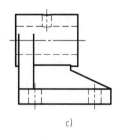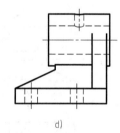

a) b) c) d)

图 6-8 轴承座正面投影的选择

3. 画图步骤

1）选比例、定图幅。根据组合体的大小和复杂程度确定画图比例和图幅大小，一般应采用标准比例和标准图幅，尽量采用 1:1 的比例。

2）布图、选择作图基准。根据组合体的总长、总宽、总高将三个视图布置在适当的位置。由于轴承座左右方向不对称，故以右端面为长度方向的作图基准；前后的对称面为宽度方向的作图基准；底面为高度方向的作图基准，如图 6-9a 所示。

3）画底图。画组合体三面投影要逐个基本立体画。对同一基本立体要三个投影同时画，先画反映实形的投影，以便提高作图速度。画图顺序如图 6-9b、c、d、e 所示，注意支板与轴套相切处不画线。

　　4）加深。综合考虑、检查 、校对，按各线型要求加深、完成三面投影，如图 6-9f 所示。

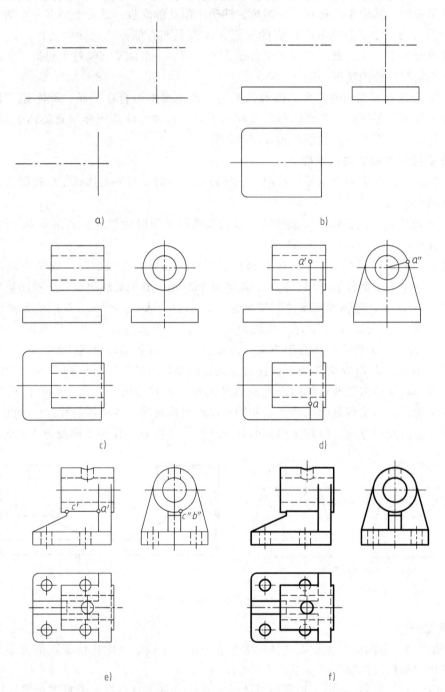

图 6-9　轴承座的画图步骤

6.3.2　切割型组合体的画图方法和步骤

【例 6-2】　画出图 6-10a 所示组合体的三面投影。

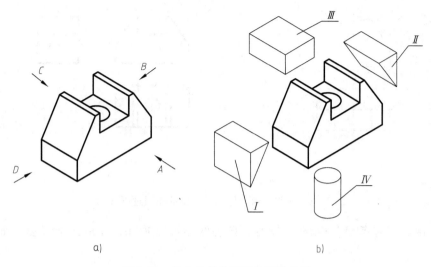

a)   b)

图 6-10 组合体的轴测图及形体分析

1. 形体分析

从轴测图可以看出,该形体是一个切割型的组合体。它可以看成是一个完整的长方体在左右对称的方向上依次切去Ⅰ、Ⅱ两个形体,再从上部切去形体Ⅲ,然后钻了一个圆柱孔形成的,如图 6-10b 所示。

2. 正面投影投射方向的选择

对该组合体同样也要从四个方向进行比较,找出一个最佳方向,比较过程同【例 6-1】,请读者自行分析。通过比较,可选定 A 作为正面投影的投射方向。

3. 画图步骤

1)选比例、定图幅:同【例 6-1】。

2)布图、选择作图基准。此形体前后、左右对称,选择左右方向的对称面作为长度方向上的作图基准;前后对称面作为宽度方向上的作图基准;底面作为高度方向上的作图基准。

3)画底图。画图时请注意,先画出切割前完整形状的三面投影,再按切割顺序依次画出切去每一部分后的三面投影。对于被切的形体,应先画出反映其形状特征的投影。例如,切去形体Ⅱ,应先画正面投影,再按投影规律,将其他两面投影画出。画图过程如图 6-11a、b、c 所示。

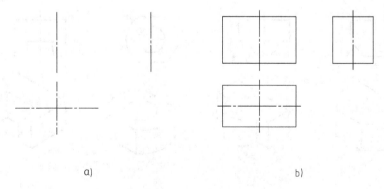

a)   b)

图 6-11 切割型组合体三面投影的作图过程

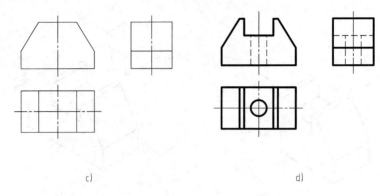

c)　　　　　　　　　　　　　　　d)

图 6-11　切割型组合体三面投影的作图过程（续）

4）加深。综合考虑、检查 、校对，按各线型要求加深，完成三面投影，如图 6-11d 所示。

6.4　组合体的读图

读图是画图的逆过程。画图是通过形体分析法，按照形体的投影特点，逐个画出各形体的三面投影，完成组合体的三面投影。读图是根据组合体的三面投影，首先利用形体分析法，分析、想象组合体的空间形状，对那些不易看懂的局部形状则应用线面分析法分析想象其局部结构。要能正确、迅速地读懂投影图，必须掌握一定的读图知识，反复练习。

6.4.1　组合体读图的基本知识

1. 几个投影要联系起来看

如图 6-12 所示 ，四个物体的正面投影完全相同，而水平投影不同，其形状则各不相同。因此通常物体的一个投影不能反映物体的确切形状。

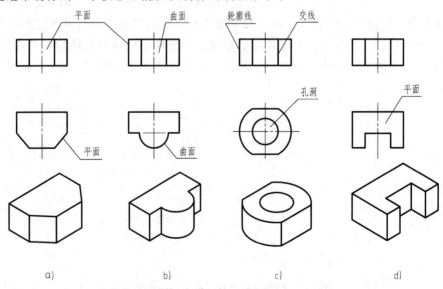

a)　　　　　　　b)　　　　　　　c)　　　　　　　d)

图 6-12　一个投影不能确定物体的空间形状

2. 要善于抓住特征投影

所谓特征投影是指形状特征投影和位置特征投影。

最能清晰地表达物体的形状特征的投影，称为形状特征投影，例如图 6-12 的水平投影明显地表达了物体的形状特征。

最能清晰地表达构成组合体各形体之间的相互位置关系的投影，称为位置特征投影。如图 6-13 所示，从正面投影看，封闭线框 A 内有两个封闭线框 B、C，而且从正面和水平投影比较明显地看出它们的形状特征，一个是孔，一个是凸出体，但并不能确定哪个是孔哪个是凸出体，而图 6-13a 的侧面投影却明显的反映出形体 B 是孔，形体 C 是凸出体，图 6-13b 则相反 。故侧面投影清晰地表达了物体间的位置特征。

可见，在读图时，首先从特征投影入手，再结合其他投影，就能比较快的想象出物体的空间形状。但要注意，物体的形状特征和位置特征并非完全集中在一个投影上，所以在读图时不但要抓住反映特征较多的投影（一般为正面投影），还要配合其他投影一起分析，想象形状。

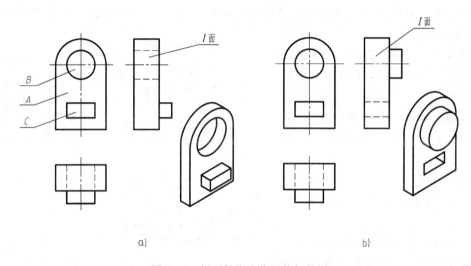

图 6-13 侧面投影为位置特征投影

3. 投影图上图线和线框的含义

投影图上一条图线（直线或曲线）、一个封闭线框要根据投影关系联想其空间形状。

1）投影中的图线可以表示如下内容：

① 表面有积聚性的投影，如图 6-12a、b 所示。

② 表面与表面交线的投影，如图 6-12c 所示。

③ 曲面转向线的投影——对某一投影面的轮廓线，如图 6-12c 所示。

2）视图中封闭线框可以表示如下内容：

① 平面的投影，如图 6-12a、d 所示。

② 曲面的投影，如图 6-12b 所示。

③ 曲面与相切平面的投影，如图 6-13a、b 中的 I 面。

④ 截交线 、相贯线的投影。

⑤ 孔洞的投影，如图 6-12c 所示。

6.4.2　组合体读图的基本方法

组合体读图的基本方法有形体分析法和线面分析法。

1. 形体分析法读图

用形体分析法读图，首先从正面投影入手划分出代表各形体的封闭线框，再分别将每个封闭线框根据投影规律找出其他投影，想象出其形状，最后根据各部分的组合方式和相对位置，综合想象出组合体的整体形状。下面举例说明用形体分析法读图的基本方法与步骤。

【例 6-3】　读图 6-14 所示支架的三面投影，试想象其形状。

分析：

（1）分解形体　从正面投影入手，划分封闭线框。图 6-14 所示正面投影，支架可分为四个封闭线框 Ⅰ 、Ⅱ（理论上的切线使其封闭）、Ⅲ 、Ⅳ。

（2）对投影，想形体　根据投影关系，分别找出线框 Ⅰ 、Ⅱ 、Ⅲ 、Ⅳ 所对应的其他两面投影，并想象其形状，如图 6-15 所示。

形体 Ⅰ 是左底板，可看成圆柱，前后对称截切、左端开一 U 形槽，右端与圆柱相交，如图 6-15a 所示。

形体 Ⅱ 是右底板，右端两个圆角及两个圆柱孔、左端与圆柱相切，如图 6-15b 所示。

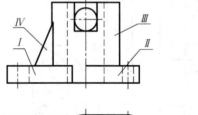

形体 Ⅲ 可看作前上方开一长方槽、后上方开一圆孔的空心圆柱，如图 6-15c 所示。

形体 Ⅳ 是前后表面为直角三角形的肋板，右端与圆柱相交，如图 6-15d 所示。

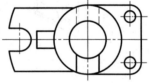

（3）对位置，想整体　根据对上述各形体的分析，明确它们之间的相对位置及组合方式，此形体为前后对称、

图 6-14　支架的三面投影

叠加与切割混合而成的组合体，其形状如图 6-16 所示。

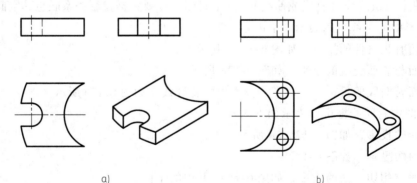

a)　　　　　　　　　　　　　　　　　b)

图 6-15　形体分析法读图举例

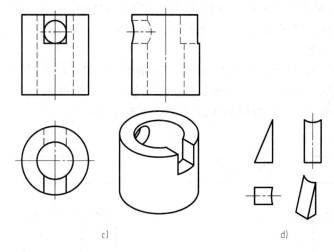

c)　　　　　　　　　　d)

图 6-15　形体分析法读图举例（续）

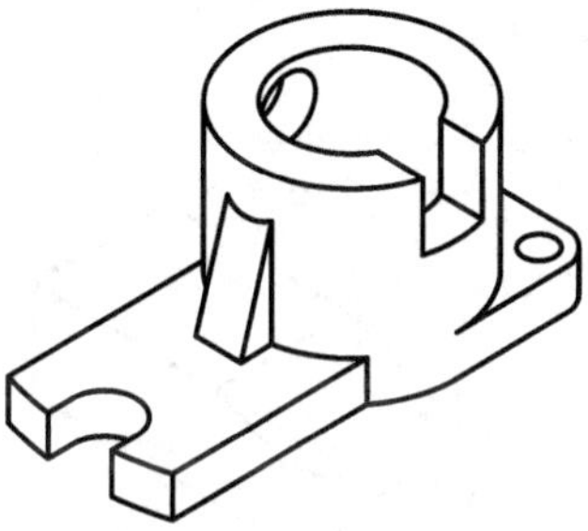

图 6-16　支架的立体图

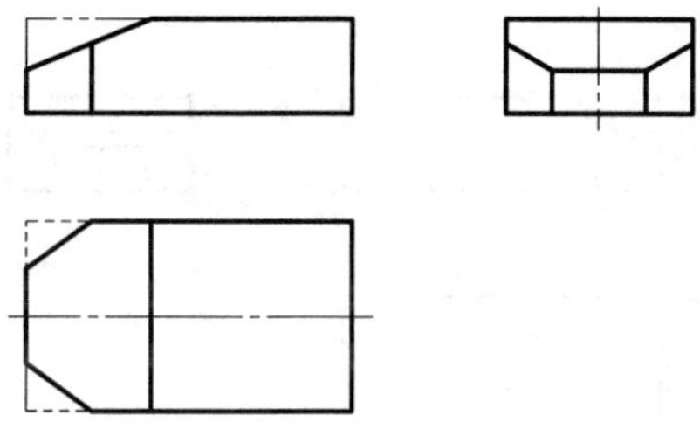

图 6-17　压板的三面投影

2. 线面分析法读图

当构成组合体的各形体轮廓明显时，用形体分析法读图便可以想象物体的空间形状。然而对含有切割型的形状比较复杂的组合体，在形体分析的基础上，还需要对形体上切割部分的线、面做进一步的分析。这种利用投影规律和线、面投影特点分析投影中线条和线框的含义，判断该形体上各交线和表面的形状与位置，从而确定其形状的方法叫做线面分析法。下面举例说明用线面分析法读图的基本方法和步骤。

【例 6-4】 如图 6-17 所示压板的三面投影，试想象其空间形状。

分析：

1）从图 6-17 中所示细双点画线做初步分析，压板可以看成由一个完整的长方体经过几次切割而成的。

2）图 6-18a 中，将正面投影分解为两个封闭线框 1′、2′，按照投影规律，水平投影对应 1′ 的是前后对称的两条直线 1，侧面投影为封闭线框 1″。由 1、1′、1″可知，Ⅰ 为前后对称的铅垂面，位于压板的左前方和左后方，形状为直角梯形。同理，线框 2′ 对应水平投影为前后对称的两条直线 2，侧面投影为 2″。由 2、2′、2″可知，Ⅱ 为前后对称的正平面，位于压板的前面和后面，形状为五边形。

3）在图 6-18b 的水平投影中，线框 3、4 表示压板的另两个表面的水平投影。同样可以确定 3′、3″和 4′、4″。由 3、3′、3″可确定 Ⅲ 是形状为六边形的正垂面，位于压板的左上方。

再由 4、4′、4″可知Ⅳ是形状为矩形的水平面，位于压板顶部。而水平投影中外围轮廓六边形也是一个封闭线框，同理也可以找出其所对应的正面投影和水平投影，形状为六边形的水平面，位于压板的底部。

4）在图 6-18c 中，侧面投影 5″对应 5、5′，由 5、5′、5″可知，Ⅴ是形状为矩形的侧平面，位于压板的左端。同理，压板右侧也是一个形状为矩形的侧平面。

通过上述的线面分析，压板的形状如图 6-18d 所示。

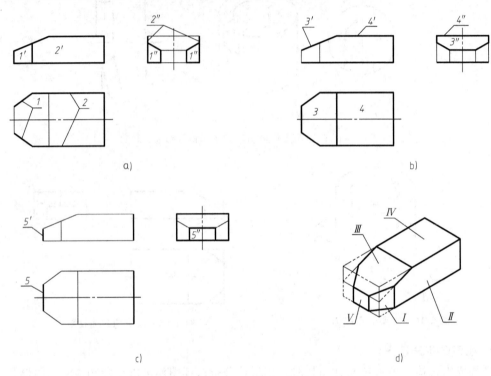

图 6-18　压板的线面分析

3. 根据两面投影补画第三面投影

已知两面投影，补画第三面投影，是在读懂已知两面投影的基础上，想象物体的空间形状，画出第三面投影。这一练习既包含看图的过程，同时又检验看图的效果。下面举例说明其作图方法和步骤。

【例 6-5】　如图 6-19 所示，支座的两面投影，补画第三面投影。

分析：首先按照形体分析法，将支座分解为 *A* 、*B* 两个形体。对照水平投影，初步分析，形体 *A* 为底板，形体 *B* 为空心圆柱。由于形体 *A* 为切割型形体，形状较为复杂，需用线面分析法读图。

1）如图 6-20a 所示，从正面投影入手，划分为三个封闭线框。先看 2′、4′，它们分别对应水平投影 2、4。由 2、2′和 4、4′可知，平面Ⅱ、Ⅳ为正平面，它们在侧面的投影积聚成两条直线 2″、4″。

图 6-20b 中，正面投影封闭线框 5′，它所对应的水平投影为

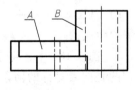

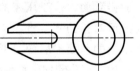

图 6-19　支座两面投影

直线 5。由 5 、5′可知，平面 V 为铅垂面，它在侧面投影中所对应的投影为 5″。

2）在图 6-20c 中，水平投影中线框 1 、3 所对应的正面投影为直线 1′、3′。从 1 、1′和 3 、3′可知，平面 I 、III 分别为前后对称的水平面，其侧面所对应的投影为直线 1″、3″。另外，水平投影外轮廓也是一个线框，此平面为底板底面，也是水平面。

3）在图 6-20d 中，由正面投影直线 6′和水平投影直线 6 可知，平面 VI 为侧平面，侧面的对应投影 6″反映实形。

通过上述线面分析，可确定底板的形状，并补全底板的侧面投影，如图 6-20e 所示。最后再把底板 A 和空心圆柱 B 以叠加相交的方式组合在一起，成为一个整体，想象出整体形状，补全支座的侧面投影，如图 6-20f 所示。

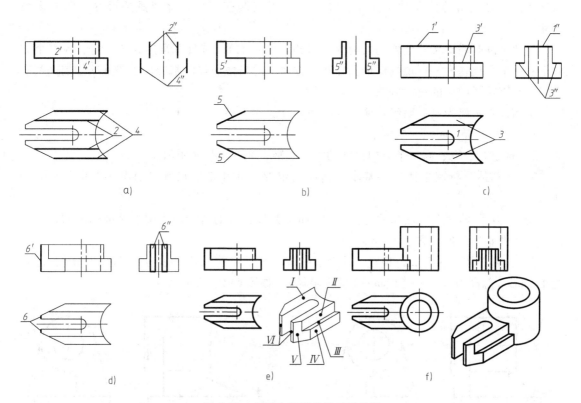

图 6-20　由两个投影求第三面投影

6.5　组合体的尺寸标注

投影只表示组合体的形状，其大小要靠标注在投影上的尺寸来确定。同时，尺寸也是加工和检验零件的依据，所以标注尺寸必须要做到以下几点：

正确——尺寸标注要符合国家标准。

完整——尺寸标注要齐全，不遗漏，不重复。

清晰——尺寸布置要恰当，注写在最明显的地方，以便看图。

合理——尺寸标注既要保证设计要求，又要适合加工、检验、装配等生产工艺要求。

正确标注尺寸已在第 2 章做过介绍。合理标注尺寸将在零件图中介绍。本节重点介绍尺寸标注的完整和清晰问题。

1. 完整地标注尺寸

组合体是由若干个基本体或简单体组合而成的，因此标注组合体的尺寸，仍采用形体分析法先注出各形体的定形尺寸，其次注各形体的定位尺寸，最后综合考虑，注出组合体的总体尺寸。

定形尺寸是确定各基本几何体形状大小的尺寸。

定位尺寸是确定几何体中各截平面的位置尺寸和各几何体相对位置的尺寸。

总体尺寸是表明组合体整体形状的总长、总宽和总高的尺寸。要注意，有时总体尺寸已间接注出，再注出总体尺寸会产生重复尺寸，则应调整尺寸，保留重要尺寸，删去多余尺寸。

尺寸基准是确定尺寸位置的几何元素（点、线、面）。选择基准时，长、宽、高每个方向上有一个主要基准，再视具体情况在某个方向上适当增加辅助基准，主要基准与辅助基准之间要有直接或间接的尺寸联系。

下面以轴承座为例说明组合体尺寸标注的方法和步骤，如图 6-21 所示。

1）形体分析，如图 6-7 所示。

2）选定长、宽、高三个方向尺寸的主要基准，如图 6-21a 所示。

3）按形体分析逐个注出各基本几何体的定形尺寸和定位尺寸，如图 6-21b、c、d、e 所示。

图 6-21c 中轴套上圆柱孔的定位尺寸 67mm 是以轴套的右端面为辅助基准标注的，主要基准与辅助基准的尺寸联系为 7mm。

4）标注总体尺寸并进行检查、修改、整理。轴承座的总长尺寸为（200 + 7）mm，总宽为 170mm，总高为（135 + 55）mm（轴套半径），如图 6-21f 所示。

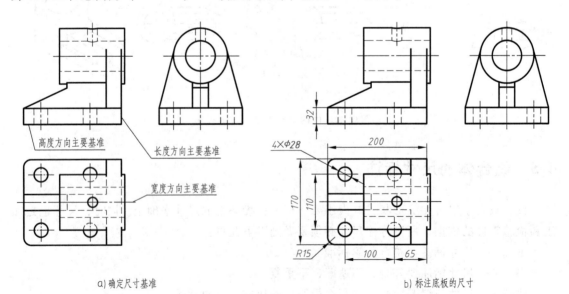

a）确定尺寸基准　　　　　　　　　　　　　　b）标注底板的尺寸

图 6-21　轴承座的尺寸标注

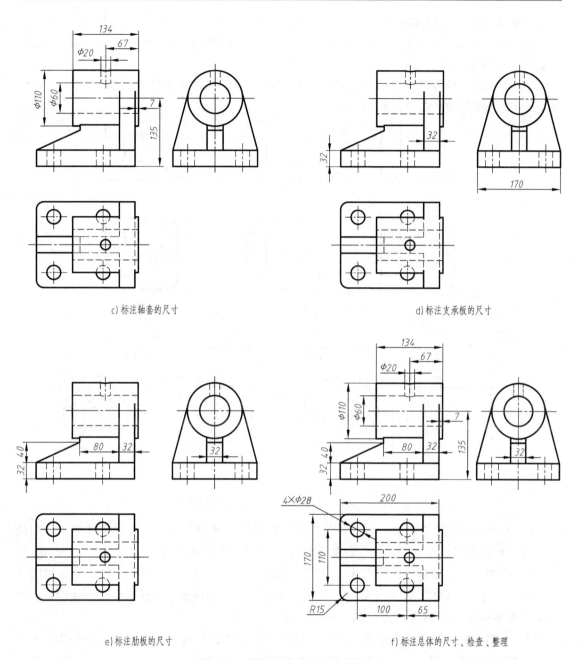

c) 标注轴套的尺寸

d) 标注支承板的尺寸

e) 标注肋板的尺寸

f) 标注总体的尺寸、检查、整理

图 6-21 轴承座的尺寸标注（续）

2. 清晰标注尺寸应注意的问题

1）尺寸尽可能地注在表示形状特征最明显的投影上。如图 6-21 轴承座轴套的定位尺寸 135 注在正面投影上比注在侧面投影上好。支承板长度尺寸 32 注在正面投影比注在水平投影上更明显。

2）同一形体的定形尺寸和定位尺寸应尽量注在同一投影上。如图 6-21 中轴承座轴套的定形尺寸 $\phi60$、$\phi110$、134 与高度和长度方向的定位尺寸 135、7 集中注在了正面投影上。

3）半径尺寸必须注在反映圆弧的投影上，因是对称结构，不注半径的个数，图 6-22a

正确，图 6-22b、c 均为错误注法。

4）回转体的直径尺寸最好注在非圆投影上。如图 6-23b 所示，直径尺寸注在反映圆的投影上，成辐射形式，不清晰，图 6-23a 为好。

5）尺寸线平行排列时，为避免尺寸线与尺寸界线相交，应小尺寸在里，大尺寸在外。图 6-21 中，轴套 $\phi60$ 在里，$\phi110$ 在外。

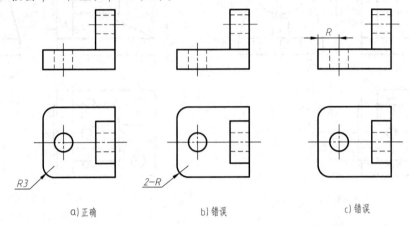

a) 正确   b) 错误   c) 错误

图 6-22　圆弧半径的尺寸注法的正误对照

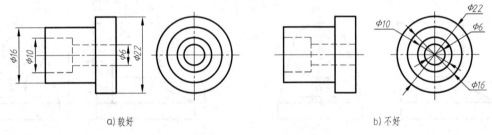

a) 较好   b) 不好

图 6-23　同心圆直径的尺寸注法的正误对照

6）尺寸应尽量注在投影外部，保持投影图的清晰。如所引尺寸界线过长或多次与图线相交时，可注在投影图内适当的空白处，如图 6-21 肋板的定形尺寸 80。

7）避免标注封闭尺寸，如图 6-24 所示，轴向尺寸 L_1、L_2、L_3 都标注时，称为封闭尺寸。加工零件时，要想同时满足这三个尺寸，无论是工人的技术水平还是设备条件都是不允许的，应不标注 L_3；同样，图 6-24b 中的 80 也不应注出。

8）相对于某个尺寸基准对称的结构，应标注总尺寸，不要分半标注，如图 6-25a 中的 38 和 44 标注正确，图 6-25b 中的 19 和 22 标注错误。

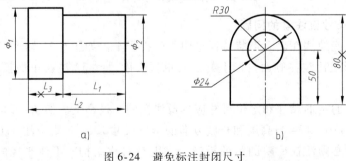

a)   b)

图 6-24　避免标注封闭尺寸

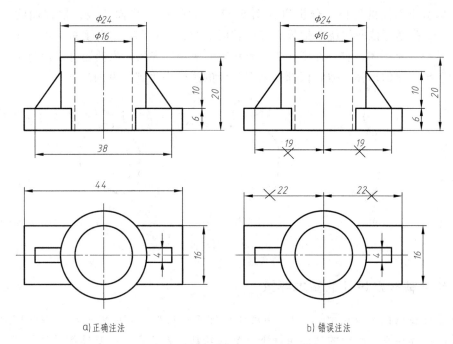

a) 正确注法　　　　　　　　　　b) 错误注法

图 6-25　对称尺寸的正误对照

6.6　组合体的构形设计

组合体是工业产品及工程形体的模型，组合体的构形设计是根据已知条件（如初步形状要求、功能要求、结构要求等，即在一定边界条件下），构思出具有新颖合理结构形状的单一几何体，然后将多个单一几何体按一定的构成规律和方法，有机地组合在一起而构成组合体（产品）的整体形状，并用图形表达出来的设计过程。通过组合体构形设计的学习和训练，能培养读者的形象思维能力、审美能力和图形表达能力，丰富空间想象能力，为进一步培养工程设计能力、创新思维能力打下基础。

6.6.1　组合体构形设计的基本特征

1. 约束性

构造任何一形体都是有目的、有要求的，即使是一件艺术品，其构成也是为表达创作者的某种艺术思想和意念。因此，构造一形体都要在各种因素的限制和约束下进行。例如，要求构造一平面体，其上必须具备三类平面（或称七种平面）。这些条件和要求构成了一组边界条件，成为构形时谋划和构思的"设计空间"，如图 6-26 所示。

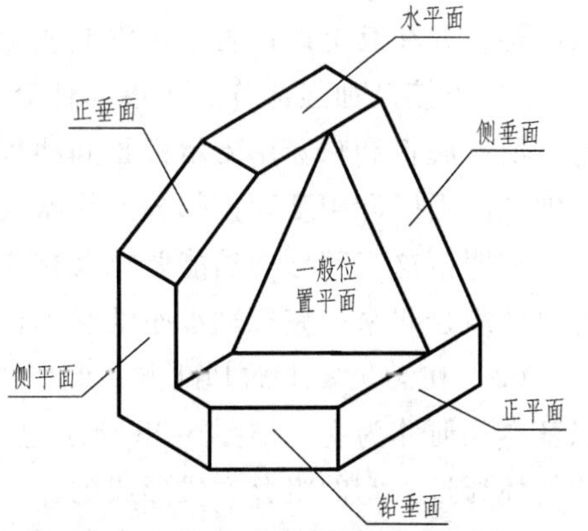

图 6-26　用七种平面构造一组合体

2. 多解性

在研究形体的构形过程中，实际上是在分析该形体造型要素的边界条件。根据不同的边界条件，构造出不同的形体。分析研究图 6-27a，给定一条平面曲线，根据曲线构造一形体。图 6-27b 是通过该曲线绕定轴等距离旋转而成的；图 6-27c 是由该曲线沿一定轨迹移动而产生的另一几何形体，它是在图 6-27a 的基础上演变过来的。当然还可以通过分析改变形成方式创造出更多的形体，但它们都是从对生活的感受中得到启发的。

a)   b)   c)

图 6-27   多解性

6.6.2   组合体构形设计的基本要求

构形设计重点在于"构形"，暂不考虑生产加工、材料等方面的要求。因此构形设计要求所设计的形体在满足给定的功能条件下，款式新颖，表达完整；要具备科学与艺术的双重性；人文关怀的舒适性；启发灵感的创意性；系统与环境的协调性；适应时代的时尚性。即一般应满足如下要求：

（1）在满足给定功能的条件下进行构形设计   图 6-7 所示的轴承座，设计要求它用于支承具有一定高度的其他零件，轴承座本身还能被妥善地安装固定。即它的功能要求是支承、容纳以及自身的连接等。要满足这些功能一般要求它由支承部分、安装部分和连接及加强部分构成。

1）支承部分。支承部分主要用于支承、容纳旋转轴和轴承的结构，故将其设计成空心圆柱，即图 6-7 中的轴套 Ⅱ。因轴在轴承内旋转会产生摩擦而需要加注润滑油，故在轴套上设计出一圆孔。

2）安装部分。安装部分主要用于固定并支承整体部分的底板 Ⅰ，通常设计成板状或盘状结构，并在其上设计若干供安装或定位用的通孔。

3）连接及加强部分。底板和轴套的具体位置要靠现场的安装和所支承零件的高度来决定，所以底板和轴套用支承板 Ⅲ 和肋板 Ⅳ 连接成一体，并用以加强整体的紧固性和稳定性，以增加其强度和刚度。该部分的形状大多为棱柱形，具体结构与尺寸由整体构形决定。

在明白这三部分的功能要求及相应的结构之后，即可进行分部构形设计，然后将各部分有机地组合起来，完成轴承座的整体构形设计。

（2）在满足要求的基础上，最好以基本几何体为构形的基本元素   构思组合体时，应以基本几何体为主。如图 6-28 所示组合体，它的外形很像一部小轿车，但都是由几个基本几何体通过一定的组合方式形成的。

（3）组合体的整体造型要体现稳定、协调，运动、静止等艺术法则   对称的结构使形体具有自然的稳定和协调的感觉，如图 6-29 所示。而构造非对称形体时，应注意各几何体的大小和位置分布，以获得力学和视觉上的稳定感和协调感，如图 6-30 所示。图 6-31 所示

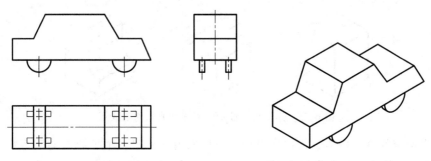

图 6-28　构形以基本几何体为主

的火箭构形，线条流畅且造型美观，静中有动，有一触即发的感觉。

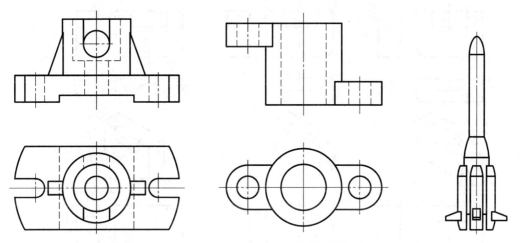

图 6-29　对称形体的构形设计　　　图 6-30　非对称形体的构形设计　　　图 6-31　火箭的造型

（4）构造的组合体应连接牢固，便于成形　构成组合体各几何体之间的连接不但要相互协调、稳定，还要连接牢固，便于成形。相邻几何体之间不能以点接触或线接触，图 6-32a、b 所示的形体不能构成一个牢固的整体，图 6-32c 设计成封闭的内腔，无法加工成形。

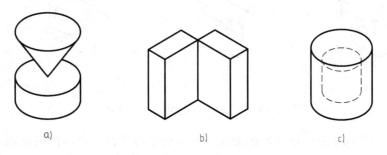

　　a)　　　　　　　　　　　b)　　　　　　　　　　　c)

图 6-32　错误的形体组合

6.6.3　组合体构形设计的基本方法

1. 切割型构形设计

　　给定一几何体，经不同的切割或穿孔而构成不同的形体的方法称为切割式设计。切割方式包括平面切割、曲面切割（贯通之意）、曲直综合切割等，如图 6-33 所示。

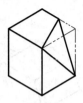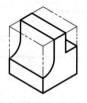

图 6-33   用平面、曲面、平面和曲面切割成形

（1）由给定的一个投影进行构形设计   我们知道，给定一个投影不能确定物体的形状，因为它只反映了物体在某个投影方向上的形状，而不能展现其全貌。如图 6-34 所示，由正面投影进行构形设计，可设计出不同的形体。

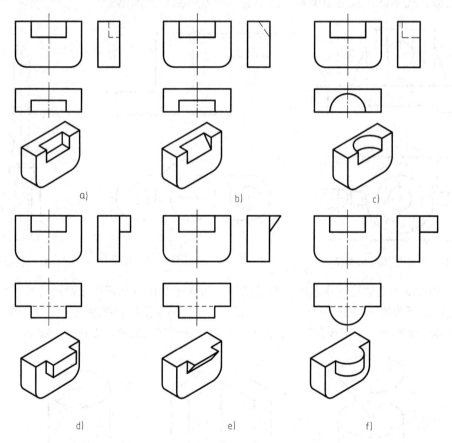

图 6-34   给定一个投影进行切割构形

（2）由给定的两个投影进行构形设计   有时给定两个投影也不能确定物体的形状，这是因为给定的两个投影中没有给出反映物体特征的投影或没有给出各组成部分的相对位置特征的投影，因此物体的形状仍不能确定。图 6-35 所示是由正面投影和水平投影进行构形设计。

2. 叠加型构形设计

给定几个基本几何体，按照不同位置和组合方式，通过叠加而构成的不同组合体，称为叠加型构形设计，如图 6-36 所示。

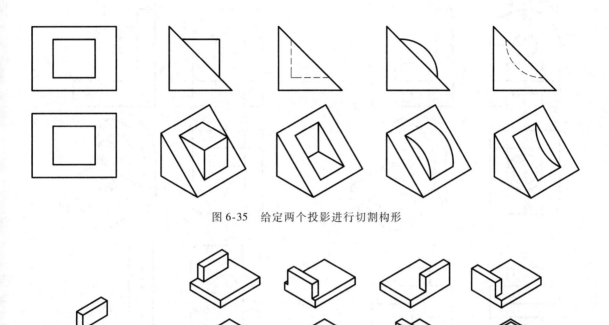

图 6-35　给定两个投影进行切割构形

图 6-36　给定两基本几何体进行叠加构形

3. 综合型构形设计

　　给定若干基本几何体，经过叠加、切割（包括穿孔）等方法而构成的组合体称为组合型构形设计。

　　图 6-37a 为给定的三个基本几何体，经过不同的组合设计而构成四个不同的组合体，如图 6-37b、c、d、e 所示。

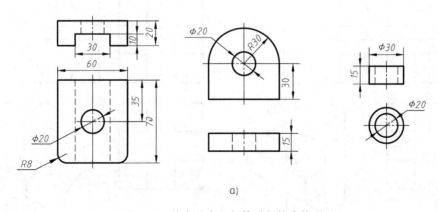

a)

图 6-37　给定基本几何体进行综合构形

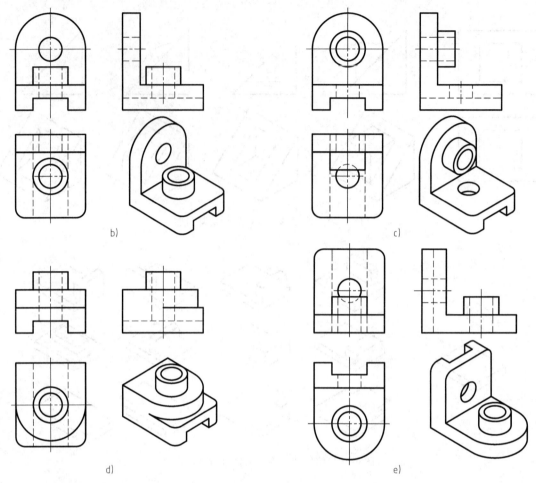

图 6-37　给定基本几何体进行综合构形（续）

4. 仿形构形设计

根据已有物体结构的特点和规律，构形设计出具有相同特点和规律的不同物体。图 6-38b是图 6-38a 的仿形物体。

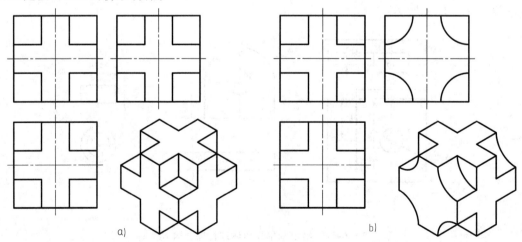

图 6-38　仿形构形设计

5. 互补体的构形设计

根据已知物体的结构特点，构形设计出凹、凸相反且与原物体镶嵌成一个完整的物体。图 6-39a 与图 6-39b 为一对互补平面立体，镶嵌在一起为一完整的长方体。图 6-40a 与图 6-40b 为另一对互补的回转体，镶嵌在一起为一完整的圆柱。

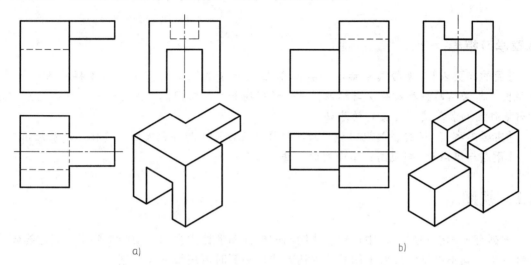

图 6-39　平面立体互补体的构形设计

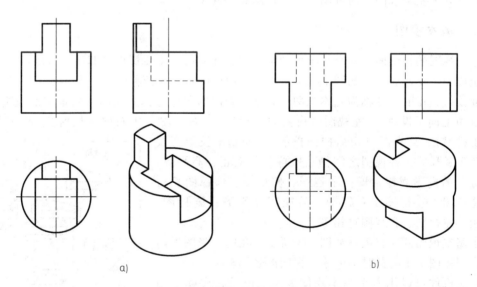

图 6-40　回转体互补体的构形设计

第7章 机件的表达方法

本章学习指导

【目的与要求】 掌握国家标准《技术制图》和《机械制图》中关于图样画法、视图、剖视图、断面图的种类及画法与标注，进一步提高和发展空间想象能力和空间思维能力，为学好零件图和装配图奠定良好的基础。

【主要内容】 视图、剖视图和断面图的画法及标注，局部放大图、简化画法及应用。

【重点与难点】 剖视图、断面图的画法与标注。

7.1 视图

根据有关标准和规定，用正投影法绘制的机件图形称为视图。视图主要用于表达物体的外部结构，其不可见部分可采用其他表达方法，必要时可用细虚线表达。

视图分为基本视图、向视图、局部视图和斜视图。

7.1.1 基本视图

基本视图的投影面有六个。根据国标规定，在原有三个投影面的基础上再增设三个投影面，组成一个正六面体，如图 7-1 所示。该六面体的六个表面称为基本投影面。机件向基本投影面投射所得的视图称为基本视图。各基本视图的名称为：主视图（由前向后投射）、俯视图（由上向下投射）、左视图（由左向右投射）、右视图（由右向左投射）、仰视图（由下向上投射）、后视图（由后向前投射）。当基本投影面按照图 7-2 展开后，各视图之间仍然保持"长对正、高平齐、宽相等"的投影规律，即：主视图、俯视图、仰视图长对正；主视图、左视图、右视图、后视图高平齐；俯视图、仰视图、左视图、右视图宽相等。

各基本视图的配置关系如图 7-3 所示。在同一张图纸内基本视图按图 7-3 配置时不标注各视图的名称。

虽然机件可以用六个基本视图表示，但是在实际应用时并不是所有的机件都需要六个基本视图。应针对机件的结构形状、复杂程度优先选用主、俯、左视图，然后再根据需要确定基本视图数量，避免不必要的重复表达。

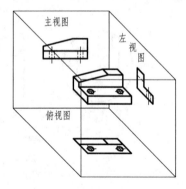

图 7-1 正六面体投影图

7.1.2 向视图

1. 概念

在实际绘图时，有时为了合理利用图纸可以不按基本视图规定位置绘制，这种自由配置的视图称为向视图，画向视图必须加以标注，如图 7-4 所示。

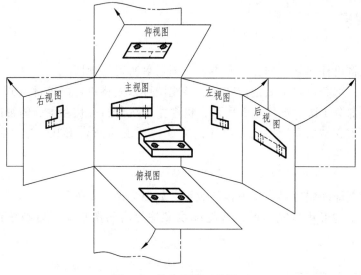

图 7-2　基本投影面及展开

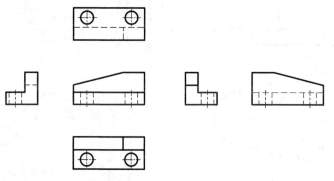

图 7-3　基本视图的配置

2. 标注

在向视图的上方，用大写的拉丁字母（如 *A*、*B*、*C* 等）标出向视图的名称"×"，并在相应的视图附近用箭头指明投射方向，同时注上相应的字母。

表示投射方向的箭头尽可能配置在主视图上，表示后视图的投射方向时，应将箭头配置在左视图或右视图上。

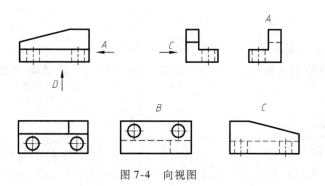

图 7-4　向视图

7.1.3　局部视图

1. 概念

局部视图是将机件的某一部分向基本投影面投射所得的视图。

当机件的某一部分形状未表达清楚时，该视图可以只将机件的该部分画出，在其他视图中已表达清楚的部分不画。如图 7-5 所示，机件左方凸台的形状在主、俯视图中均未表达清楚，但又不必画出完整的左视图，故用 A 向局部视图表达凸台形状，这样简单明了、重点突出，又使作图简便。

2. 画法

部视图的范围即断裂边界，用波浪线表示，如图 7-5a、b 所示。

当所表达的结构形状是完整的，且轮廓线又是封闭的图形时，则波浪线可省略，如图 7-5c所示。

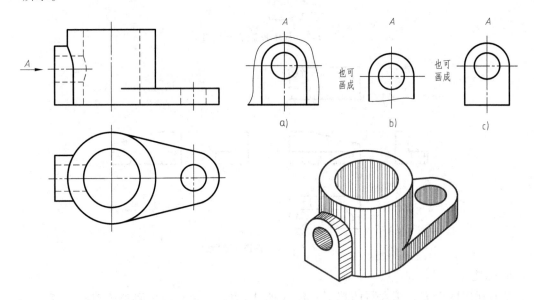

图 7-5　局部视图

局部视图可以按基本视图位置配置（图 7-5a），也可按向视图的形式配置，（图 7-5b、c），还可以按第三角画法配置在视图上所需表示机件局部结构的附近，并且用点画线将两者相连。

3. 标注

局部视图若配置在基本视图位置上，中间又没有其他视图隔开可不必标注，如图 7-5a 所示；若按向视图的形式配置，则必须加以标注。标注的形式同向视图，如图 7-5b、c 所示。

7.1.4　斜视图

1. 概念

斜视图是将机件向不平行于基本投影面的平面投射所得的视图，如图 7-6 所示，机件上倾斜结构的部分，在各基本视图中均不能反映该部分的实形。为了表达该部分的实形，选择一个平行于倾斜结构部分且垂直于某基本投影面的辅助投影面，将倾斜结构部分向该辅助投影面投射得到的视图称为斜视图。

2. 画法

视图只画出机件倾斜结构的部分，而原来平行于基本投影面的部分在斜视图中省略不画，其断裂边界用波浪线或双折线表示。

斜视图一般按投射方向配置，也可配置在其他适当位置上，并允许将图形旋转配置，如图 7-6 所示。

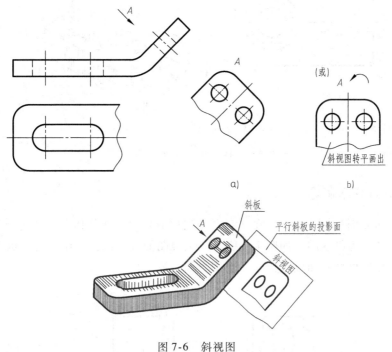

图 7-6　斜视图

3. 标注

斜视图标注同向视图，如图 7-6a 所示。

当图形旋转配置时，必须标出旋转符号，如图 7-6b 所示。

表示视图名称的字母应靠近旋转符号的箭头端，也允许将旋转角度值标在字母之后。

旋转符号的方向应与实际旋转方向相一致。旋转符号的尺寸和比例，如图 7-7 所示。

h = 字体高度
$h = R$
符号笔画宽度 = 1/10h 或 1/14h

图 7-7　旋转符号的尺寸和比例

7.2　剖视图

用视图表达机件的结构形状时，如果机件的内部结构比较复杂，在视图中就会出现较多细虚线，既影响图形的清晰，又不利于看图，如图 7-8 所示。为了尽量避免使用虚线而又清楚表达机件的内部结构常采用剖视画法。

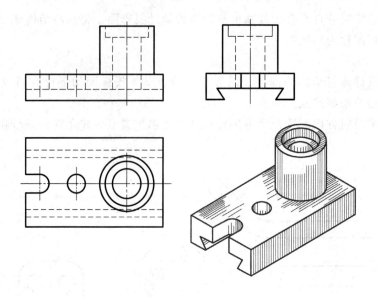

图 7-8　机件的立体图和三面投影图

7.2.1　剖视的基本概念

假想用剖切面剖开机件，将处在观察者和剖切面之间的部分移去，将其余部分向投影面投射所得的图形称为剖视图，如图 7-9 所示。剖视图简称为剖视，用来剖切机件的假想面称为剖切面，剖切面可用平面或柱面，一般用平面。

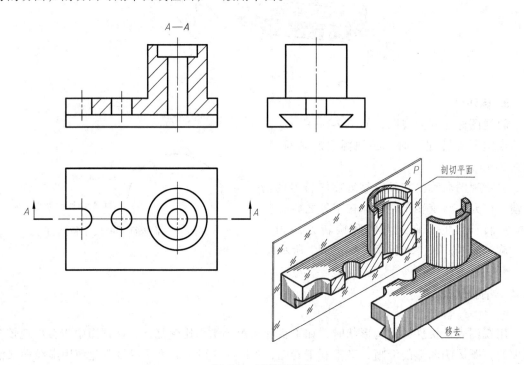

图 7-9　剖视图概念

7.2.2　剖视图的画法

为了能表达机件的真实形状，所选剖切平面一般应平行于相应的投影面，且通过机件的对称平面或回转轴线。如图 7-9 所示，剖切平面是正平面且通过机件的前后对称平面。

剖视图由两部分组成，一部分是机件和剖切面接触的部分，该部分称为剖面区域，如图 7-10b 所示；另一部分是剖切面后边的可见部分的投影如图 7-10c 所示。

由于剖切是假想的，所以当某个视图取剖视后，其他视图仍按完整的机件画出，如图 7-9 中的俯视图和左视图。

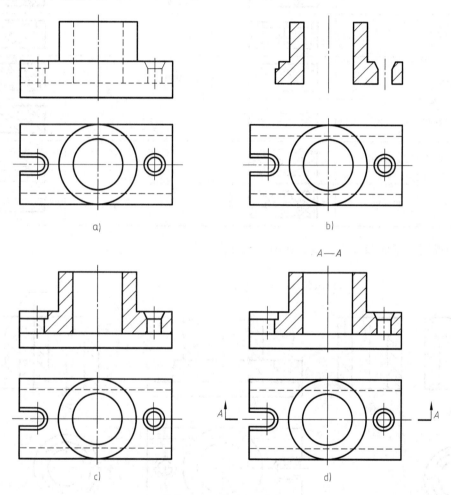

图 7-10　剖视图的画法

在剖视图中已表达清楚的结构形状，在其他视图中的投影若为虚线，则不再画出，如图 7-9 俯、左视图中的虚线均不画出。但是未表达清楚的结构，允许画出必要的细虚线，如图 7-10 所示。

在剖面区域上应画出剖面符号（剖面符号仅表示材料的类别，材料的名称和代号必须另行注明）。若需在剖面区域中表示材料的类别，应采用特定的剖面符号表示。国标规定了各种材料使用的剖面符号，见表 7-1。当机件为金属材料时，剖面符号是与主要轮廓线或剖面区域对称线成45°且间隔相等的（2~6mm）细实线。同一机件在各个剖视图中的剖面线倾斜方向和间隔都必须一致。

表7-1　常用剖面符号

材 料 名 称		剖 面 符 号	材 料 名 称	剖 面 符 号
金属材料(已有规定剖面符号者除外)			转子、电枢、变压器和电抗器等的叠钢片	
非金属材料(已有规定剖面符号者除外)			型砂、填沙、粉末冶金、砂轮、陶瓷、刀片、硬质合金刀片等	
线圈绕组元件			混凝土	
玻璃			钢筋混凝土	
水质胶合板			砖	
木材	纵断面		液体	
	横断面			

在剖视图中不要漏线或多线，如图7-11所示。

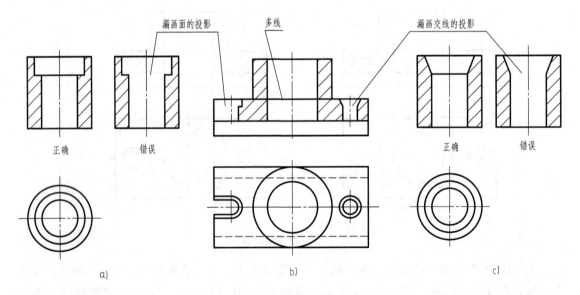

图7-11　剖视图中漏线、多线的正误对比

7.2.3　剖视图的标注

对剖视图进行标注的是为了便于看图，一般应标注以下内容。

1. 剖切符号

用剖切符号指示剖切面起讫和转折位置（用长 5 ~ 10mm 的粗短画表示，且尽可能不与图形的轮廓线相交）及投射方向（用箭头表示，箭头的方向应与投射方向一致，且与剖切符号垂直）。

2. 剖视图的名称

用字母表示剖视图的名称。将大写的拉丁字母"×"注写在剖切符号旁边，并在剖视图的上方注写相同的拉丁字母"×—×"，字母之间的短画线为细实线，长度约为字母的宽度，如图 7-10d 所示。

下列情况可以省略标注：

1）视图按投影关系配置，中间又没有其他图形隔开时，可省略箭头，如图 7-12 的俯视图。

2）单一剖切平面通过机件的对称平面或基本对称的平面，且剖视图按投影关系配置，中间又没有其他图形隔开时，不必标注，如图 7-12 的主视图。

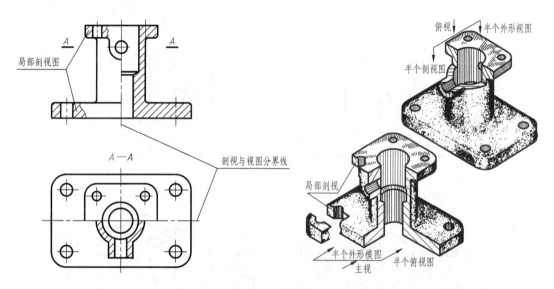

图 7-12　半剖视图

7.2.4　剖视图的分类及应用

剖视图按剖切机件的范围可分为全剖视图、半剖视图和局部剖视图。

1. 全剖视图

（1）概念　用剖切面完全地剖开机件所得的剖视图称为全剖视图。

（2）适用范围　全剖视图主要用于外形简单，内部形状复杂，且又不对称的机件。

（3）全剖视图的画法　图 7-9、图 7-10 中的主视图、图 7-17 的俯视图等都是采用全剖视图的画法。

2. 半剖视图

（1）概念　当机件具有对称平面时，向垂直于对称平面的投影面上投射所得的图形，可以对称中心线为界，一半画成剖视图，另一半画成视图，这种剖视图称为半剖视图。

（2）适用范围　半剖视图常用于内外结构形状都比较复杂，且又对称的机件。

如图 7-12 所示，该机件的内外形状都比较复杂，若主视图全剖，则该机件前方的凸台将被剖掉，因此就不能完整地表达该机件的外形。由于该机件前后、左右对称，为了清楚地表达该机件顶板下的凸台及顶板形状和四个小孔的位置，将主视图和俯视图都画成半剖视图。

（3）半剖视图的画法

1）视图与剖视图的分界线必须是细点画线。

2）由于机件对称，如内部结构已在剖视部分表达清楚，在画视图部分时表示内部形状的细虚线不画。

特别注意：对单一剖切平面剖切的剖视图来说，剖切符号中的粗短线表示剖切面位置，不能画成垂直相交的粗短线，如图 7-13b 所示。

3）画半剖视图时，剖视图部分的位置通常按以下习惯配置、主视图中位于对称线右边；俯视图位于对称线前边或右边；左视图中位于对称线右边。

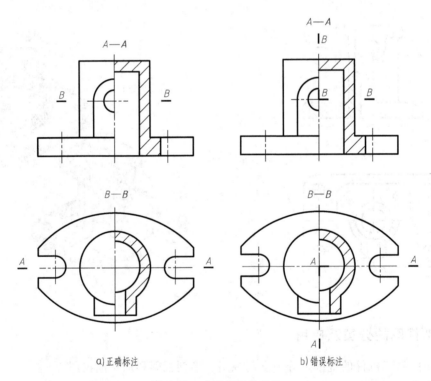

图 7-13　半剖视图的标注

3. 局部剖视图

（1）概念　用剖切面局部地剖开机件，所得的剖视图称为局部剖视图，如图 7-14 所示。局部剖视图的剖切位置及范围可根据实际需要而定，它是一种比较灵活的表达方法。运用得好，可使视图简明、清晰，但在一个视图中局部剖视图数量不应过多，以免图形支离破碎，给看图带来不便。

（2）适用范围　局部剖视图一般用于内外结构形状均需表达的不对称的机件。

（3）局部剖视图的画法

1）局部剖视图中，视图与剖视之间用波浪线或双折线分界，如图7-14 所示。

2）当被剖切结构为回转体时，允许将该结构的轴线作为局部剖视图与视图的分界线如图 7-30b 中的俯视图。

3）波浪线不能与图形上的轮廓线重合或画在轮廓线的延长线上，如图 7-15b、e 所示。

4）波浪线相当于剖切部分断裂面的投影，因此波浪线不能穿越通孔、通槽或超出剖切部分的轮廓线之外如图 7-15c、g 所示。

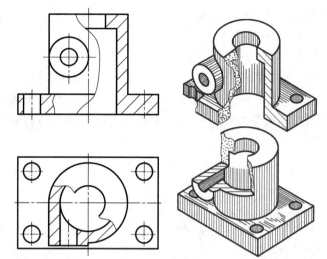

图 7-14　局部剖视图

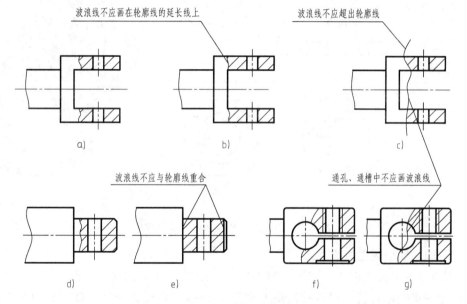

图 7-15　局部剖视图中波浪线的画法

5）当机件为对称图形，而对称线与轮廓线重合时则不能采用半剖视，而应采用局部剖视图表达，如图 7-16 所示。

（4）局部剖视图的标注　当单一剖切平面的剖切位置明确时，不必标注，如图 7-14 ~ 图 7-16 所示。

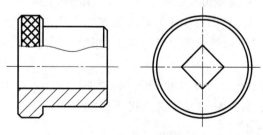

图 7-16　局部剖视图

7.2.5　剖切面的种类

根据机件的结构特点，剖开机件的剖切面可以有单一剖切面、几个平行的剖切平面、几个相交的剖切面三种情况。

1．单一剖切面

1）用一个平行于基本投影面的平面（或柱面）剖开机件，如前所述的全剖视图、半剖视图、局剖视图所用到的剖切面都是单一的剖切面。

2）一个不平行于任何基本投影面的单一剖切平面（投影面的垂直面）剖开机件得到的剖视图如图 7-17 所示。它一般用来表达机件上倾斜部分的内部结构形状，其原理与斜视图相同。

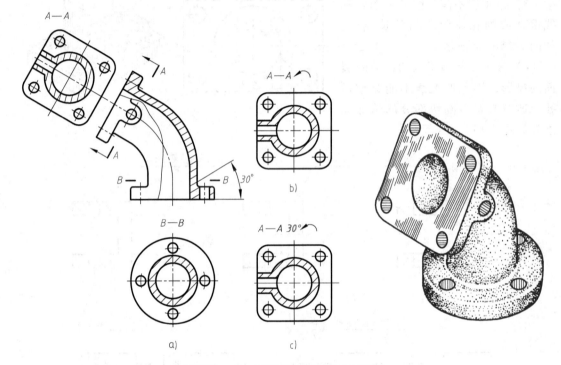

图 7-17　单一剖切平面获得的全剖视图

画单一剖切面剖视图时应注意：

1）剖视图尽量按投射关系配置，图 7-17a 所示的 *A—A* 全剖视图，也可以移到其他适当位置，并允许将图形旋转，但旋转后应在图形上方指明旋转方向并标注字母（图 7-17b），也可将旋转角度标在字母之后，如图 7-17c 所示。

2）在图形中主要轮廓线与水平线成 45°时，该图形的剖面线应画成与水平线成 30°或 60°的平行线，其倾斜的方向（向左或向右倾斜）应与剖视图的剖面线方向一致，如图 7-17 所示。

3）画这种剖视图时，必须进行标注，即用剖切符号和字母标明剖切位置及投射方向，并在剖视图上方注明剖视图名称"×—×"，且注意字母一律水平书写，如图 7-17 中的"*A—A*"。

2．几个相交的剖切面

（1）概念　用几个相交的剖切平面（交线垂直于某一投影面）剖切机件获得剖视图的方法。

（2）适用范围 这种剖视图多用于表达具有公共回转轴的机件。如轮盘、回转体类机件和某些叉杆类机件。

如图 7-18 所示，圆盘上分布的四个孔与左侧的凸台只用一个剖切平面不能同时剖切到。为此需用两个相交的剖切平面分别剖开孔和凸台，移去左边部分，并将倾斜的部分旋转到与侧平面平行后，再进行投射而得到左视图。

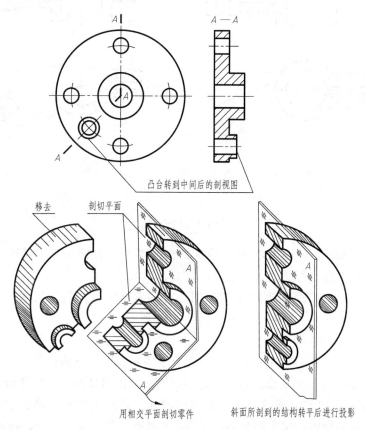

用相交平面剖切零件　　斜面所剖到的结构转平后进行投影

图 7-18　旋转绘制的全剖视图（一）

（3）画法

1）剖切平面的交线应与机件上的公共回转轴重合。

2）倾斜剖切平面后面未被遮挡的其他结构仍按原来的位置投射，图 7-19 中的小孔就是按原来的位置画出的。

3）剖切后产生不完整要素时，应将该部分按不剖绘制，如图 7-20a 所示。

（4）标注

1）此类剖视图，必须标注，即

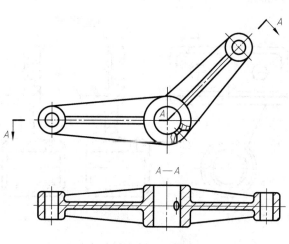

图 7-19　旋转绘制的全剖视图（二）

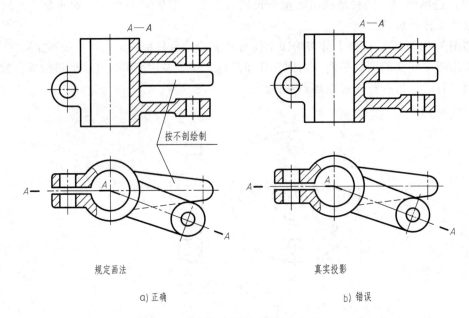

图 7-20　旋转绘制的全剖视图（三）

在剖切平面的起讫和转折处画出短粗线及相同的大写字母，用箭头表示投射方向，并在旋转绘制的剖视图的上方标注相应的大写字母，如图 7-19 所示。

2）当转折处地方有限又不致引起误解时，允许省略字母。当剖视图按投影关系配置，中间又无其他图形隔开时，可省略箭头，如图 7-18 所示。

3. 几个平行的剖切平面

（1）概念　用几个平行的剖切平面剖开机件获得剖视图的方法。

（2）适用范围　这种剖视图多用于表达不在同一平面内且不具有公共回转轴的机件。

如图 7-21 所示，机件上部的小孔与下部的轴孔，其两条轴线分别位于两个侧平面上。为此需用两个互相平行的剖切平面分别剖开小孔和轴孔，移去左边部分，再向侧面投射得到全剖视图。

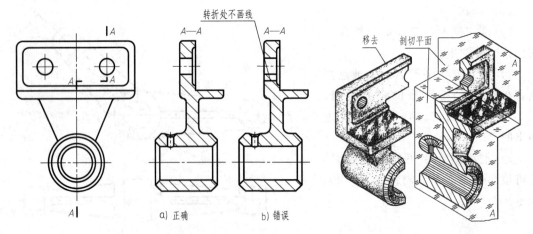

图 7-21　两个平行剖切平面获得的全剖视图

（3）画法

1）剖切平面转折处不画任何图线，且转折处不应与机件的轮廓线重合，如图 7-21a 所示。

2）剖视图中不应出现不完整的要素，如图 7-22a 所示；仅当两个要素在图形上具有公共对称中心线或轴线时，可以对称中心线或轴线为界各画一半，如图 7-22b 所示。

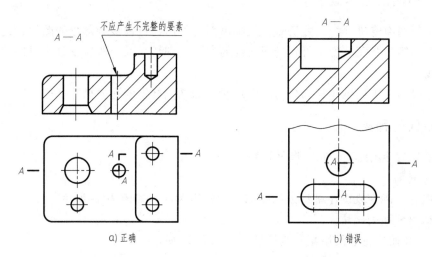

图 7-22 平行剖切平面获得的剖视图中不完整要素

（4）标注 画平行剖切平面获得的剖视图时必须标注，即在剖切平面的起讫和转折处画出粗短线（转折处是直角的粗短线），标注相同的大写字母，并在剖视图上方注出相应的名称 "×—×"，如图 7-21a 所示。

7.2.6 剖视图的尺寸注法

机件采用了剖视后，其尺寸注法与组合体基本相同，但还应注意以下几点：

1）一般不应在细虚线上标注尺寸。

2）在半剖或局部剖视图中，机件的结构可能只画一半或部分，这时应标注完整的形体尺寸，并且只在有尺寸界线一端画出箭头，另一端不画箭头。尺寸线应略超过对称中心线、圆心、轴线或断裂处的边界线，如图 7-23 中 $\phi20$、$\phi14$、$\phi30$、$\phi36$、$\phi12$。

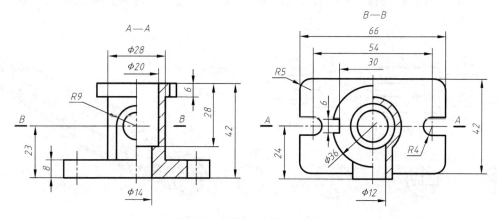

图 7-23 剖视图中的尺寸注法

7.3　断面图

7.3.1　断面图的基本概念

假想用剖切面将机件的某处切断，仅画出剖切平面与机件接触部分的图形，这样的图形称为断面图，简称断面。为了得到断面结构的实形，剖切平面一般应垂直于机件的轴线或该处的轮廓线。

断面一般用于表达机件某部分的断面形状，如轴、杆上的孔、槽等结构。

7.3.2　断面的种类

断面图分为移出断面和重合断面两种。

1. 移出断面

（1）概念　画在视图轮廓线外的断面称为移出断面，如图 7-24 所示。

（2）移出断面的画法

1）移出断面的轮廓线用粗实线绘制，如图 7-24 所示。

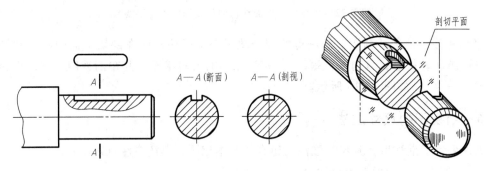

图 7-24　移出断面与剖视图的对比

2）移出断面应尽量配置在剖切符号或剖切线（剖切线是指示剖切面位置的线，用细点画线画出）的延长线上，也可以按基本视图配置或画在其他适当位置处，如图 7-25 所示。

3）剖切平面通过回转面形成的孔或凹坑的轴线时，这些结构应按剖视绘制，如图 7-25 和图 7-26 所示。

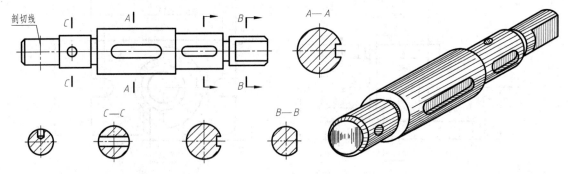

图 7-25　移出断面的配置

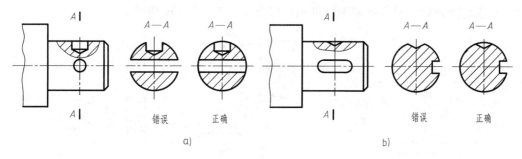

图 7-26　剖切面通过圆孔、圆锥孔轴线的正误对比

4）当剖切平面通过非圆孔的某些结构，出现完全分离的两个断面时，则这些结构应按剖视绘制，如图 7-27 所示。

5）移出断面对称时，断面可画在视图中断处，如图 7-28 所示。

6）两个或多个相交的剖切平面剖切得到的移出断面，中间用断裂线断开，如图 7-29 所示。

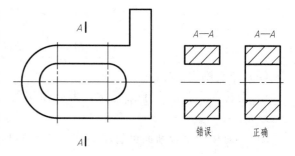

图 7-27　移出断面产生分离时的正误对比

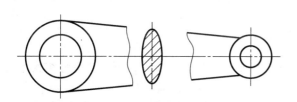

图 7-28　移出断面画在中断处

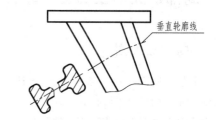

图 7-29　两相交剖切平面剖切的移出断面

（3）移出断面的标注　移出断面的标注与剖视图基本相同，如图 7-25 中 B—B 断面。以下情况可省略标注：

1）投影关系配置在基本视图位置上的断面，如图 7-24 和图 7-25 中的"A—A"，及不配置在剖切符号延长线上的对称移出断面，如图 7-25 中的"C—C"，一般不必标注箭头。

2）配置在剖切符号延长线上不对称的移出断面，不必标注字母，如图 7-25 右侧的键槽。

3）配置在剖切线延长线上的对称移出断面，如图 7-25 中剖切面通过小孔轴线的移出断面不必标注字母和箭头。配置在视图中断处的对称移出断面不必标注，如图 7-28 所示。

2. 重合断面

（1）概念　画在视图轮廓线之内的断面称为重合断面。

（2）重合断面的画法

1）重合断面的轮廓线用细实线绘制，如图 7-30 所示。

2）当视图的轮廓线与重合断面的轮廓线重合时，视图中的轮廓线仍应连续画出，不可间断，如图 7-30a 所示。

3）重合断面画成局部断面图时可不画波浪线，如图 7-30c 所示。

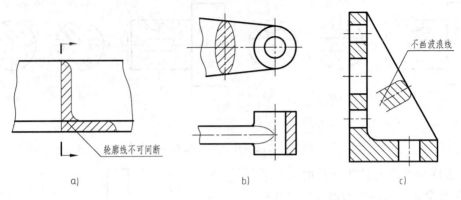

图 7-30　重合断面画法

（3）重合断面的标注

1）对称的重合断面不必标注，但必须用剖切线表示剖切平面的位置，如图 7-30b、c 所示。

2）不对称的重合断面可省略标注，如图 7-30a 所示。

7.4　局部放大图及简化表示法

7.4.1　局部放大图

机件上某些细小结构在视图中表达得不够清楚或不便标注尺寸时，可将这部分结构用大于原图形所采用的比例画出，画出的图形称为局部放大图。局部放大图可画成视图、剖视图、断面图，它与被放大部分原来的表达方法无关。局部放大图应尽量配置在被放大部位的附近。画局部放大图时，应在原图形上用细实线（圆或长圆）圈出被放大的部位。当机件上被放大的部位仅一处时，在局部放大图的上方只需注明所采用的比例，若同一机件上有几个放大的部位时，必

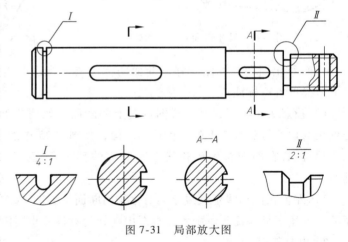

图 7-31　局部放大图

须用罗马数字依次标明被放大的部位，并在局部放大图的上方标出相应的罗马数字和所采用的比例，如图 7-31 所示。

7.4.2　简化画法

若干直径相等且成规律分布的孔（圆孔、螺纹孔、沉孔、齿、槽等）可以仅画出一个

或几个，其余只需用细点画线表示其中心位置（其数量和类型遵循尺寸注法和有关要求），如图 7-32 所示。

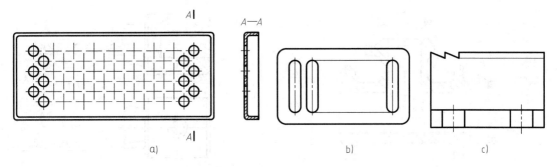

图 7-32 多孔及相同结构的简化画法

当机件回转体上均匀分布的肋、轮辐、孔等结构不处于剖切平面上时，可将这些结构旋转到剖切平面上画出，如图 7-33 所示。

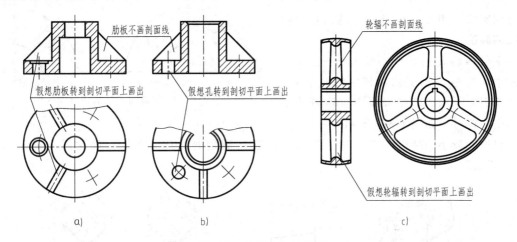

图 7-33 肋、轮辐及孔的简化画法

对于机件上的肋、轮辐及薄板等，当剖切平面通过肋板厚度的对称平面或轮辐轴线时（即按纵向剖切），这些结构在剖视图中不画剖面符号，而用粗实线将它与其相邻部分的结构分开，如图 7-33 所示。若非纵向剖切，则需画出剖面符号，如图 7-34 所示。

圆柱形法兰盘和类似机件上均匀分布的孔，可按图 7-35 所示的方法表示（由机件外向该法兰盘端面方向投射）。

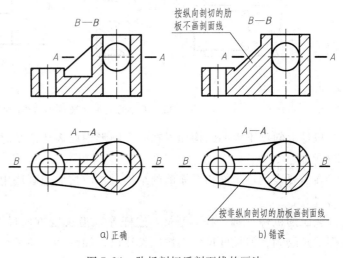

图 7-34 肋板剖切后剖面线的画法

在不致引起误解时，过渡线、相贯线允许简化，如用圆弧或直线代替非圆曲线，如图 7-35、图 7-36 所示。

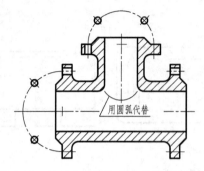

图 7-35　法兰盘上均匀分布的孔简化画法

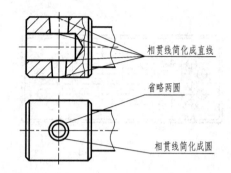

图 7-36　相贯线的简化画法

为了节省绘图时间和图幅，在不致引起误解时，对称机件的视图可只画一半或四分之一，并在中心线两端画出两条与其垂直的平行细实线，如图 7-37 所示。这也是局部视图的画法之一。

平面结构在图形中不能充分表达时，可用平面符号（相交的两细实线）表示，如图 7-38a 所示。若已有断面表达清楚则不画平面符号，如图 7-38b 所示。

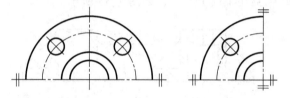

图 7-37　对称机件的简化画法

机件上较小的结构，如在一个图形中已表达清楚时，其他图形可简化或省略，如图 7-38c 所示。

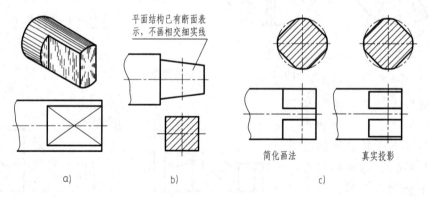

图 7-38　平面的表示法及较小结构的简化画法

机件上斜度不大的结构如果在一个图形中已表达清楚时，其他图形可按小端画出，如图 7-39 所示。

在需要表达位于剖切平面前的结构时，应按假想画法用细双点画线绘制出轮廓线，如图 7-40 所示。

较长的机件（轴、杆、型材、连杆等）沿长度方向尺寸一致或有一定规律变化时可断开后缩短绘制，但长度尺寸仍按原长注出，如图 7-41 所示。

机件上对称结构的局部视图可按图 7-42 绘制。

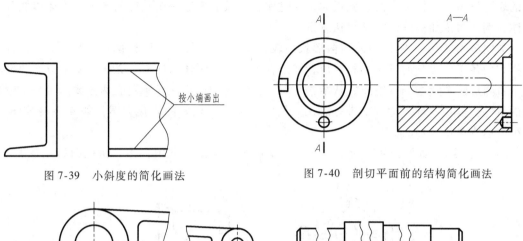

图 7-39 小斜度的简化画法　　　　图 7-40 剖切平面前的结构简化画法

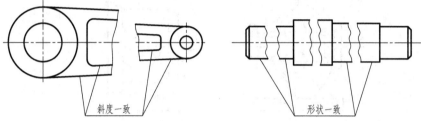

斜度一致　　　　　　形状一致

图 7-41 断开的简化画法

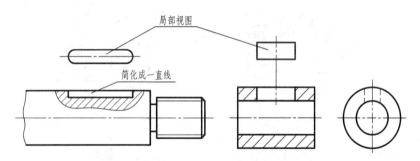

图 7-42 对称结构局部视图

7.5 表达方法综合举例

　　前面介绍了机件的各种表达方法
（视图、剖视图、断面图等）。在实际绘
图中，选择何种表达方法，则应根据机
件的结构形状、复杂程度等进行具体分
析。以完整、清晰为目的；以看图方
便、绘图简便为原则。同时，力求减少
视图数量，既要注意每个视图、剖视图
和断面图等具有明确的分工，还要注意
各视图之间的联系，正确选择适当的表
达方法。一个机件往往可以选用几种不

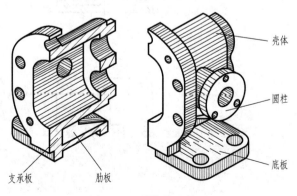

图 7-43 泵体的立体图

同的表达方案。它们之间的差异很大，通过比较，最后确定一个较好的方案。下面以图7-43泵体为例，讨论如何确定视图表达方案。

　　如图 7-43 所示，零件内外结构形状均较复杂。为了完整、清晰地将其表达出来，首先分析它的各组成部分的形状，相对位置和组合方式。该泵体由底板、壳体、支承板、肋板和两个带圆形法兰盘的圆柱组成，从结构上看，左右对称。其次，确定表达方案。对一个较复杂的机件，需要各种表达方案进行对比，从中选出一个较好的表达方案，如图 7-44 给出了两种表达方案供选择。

　　（1）方案 1　如图 7-44a 所示，该方案采用了三个基本视图，主、俯视图和左视图，D

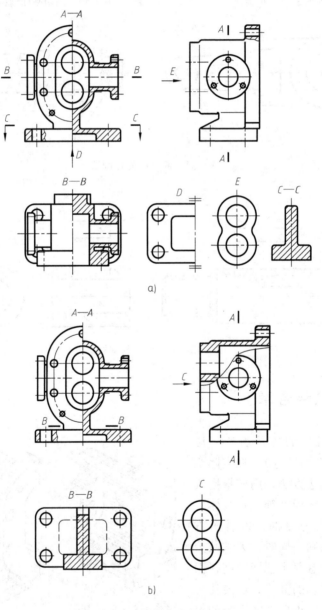

图 7-44　泵体的表达方案比较

向、E 向两个局部视图和一个 C—C 断面图。

　　主视图为 A—A 半剖视图。其剖视部分主要表达泵体的内部结构形状，圆筒内孔与壳体内腔的连通情况；视图部分主要表达各部分的外形及长度，高度方向的相对位置。左视图为局部剖视图将泵体凸缘上的通孔表达出来。其视图部分主要表达泵体各组成部分在高度、宽度方向上的相对位置，圆形法兰盘上孔的分布情况及肋板形状。俯视图为 B—B 半剖视，主要表达泵体内腔的深度，底板的形状等。上述三个基本视图尚未将泵体底面凹槽及壳体后面突出部分的形状表达清楚，因此采用 D 向和 E 向两个局部视图来表达。至于肋板和支承板连接情况，则采用 C—C 断面表达。

　　（2）方案 2　如图 7-44b 所示，该表达方案采用了三个基本视图和一个局部视图。

　　主视图与方案 1 相同。左视图为局部剖视图，剖视部分既表达凸缘上的通孔，又表达泵体内腔的深度。视图部分表达法兰盘上孔的分布情况和肋板的形状。俯视图为 B—B 全剖视图并画出一部分细虚线，表达了底板及其上的凹槽形状。上述三个基本视图尚未将泵体后面突出部分的形状表达清楚，因此采用了 C 向局部视图。

　　上述两个方案均将泵体各部分结构形状完整地表达出来了。但是，方案 1 视图数量较多，画图较繁琐。方案 2 各视图表达较精练，重点明确、图形清晰、视图数量较少，画图简便，看图也方便，所以方案 2 是比较理想的表达方案。

7.6　第三角投影简介

　　在我国和有些国家主要采用第一角投影，因此本书根据国标规定主要介绍了第一角投影，而有些国家如美国、日本等主要采用第三角投影。为了便于国际间的技术交流，本节对第三角投影做简单介绍。

7.6.1　第三角投影的形成

　　用水平和铅垂的两投影面将空间分成的四个区域，即为分角，如图 7-45a 所示。

　　第三角投影是将物体置于第三角内，并使投影面处于观察者与物体之间而得到的多面正投影，如图 7-45b 所示。

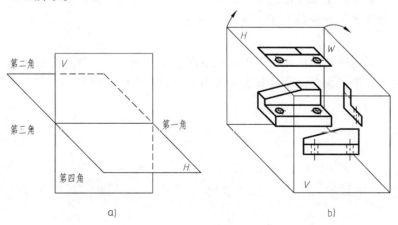

图 7-45　第三角投影

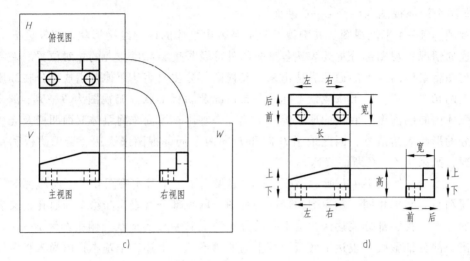

c)

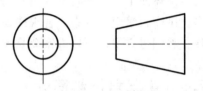

d)

图 7-45　第三角投影（续）

7.6.2　第三角投影的展开与配置

投影面按图 7-45b 箭头所示的方向展开。即 V 面不动，H 面绕 OX 轴向上翻转 90°，W 面绕 OZ 轴向右翻转 90°，使 H、W 面与 V 面重合。在 V 面得到的视图称为主视图，H 面得到的视图称为俯视图，W 面得到的视图称为右视图。三面投影图的配置及对应关系如图 7-45c、d 所示。

图 7-46　第三角投影的识别符号

采用第三角画法时，一般应在标题栏中画出第三角画法的识别符号，如图 7-46 所示。

以上仅介绍了第三角画法的基本知识，如果熟练掌握了第一角画法，就能触类旁通，不难掌握第三角画法。

7.6.3　第三角画法与第一角画法的比较

1. 共性

第三角画法和第一角画法都是采用正投影法，都具有正投影的基本特征，具有视图之间的"长对正、高平齐、宽相等"的三等对应关系。

2. 差别

第三角画法和第一角画法在投影中反映空间方位不同：第一角画法中，靠近主视图的一方是物体的后方；第三角画法中，靠近主视图的一方是物体的前方。

第 8 章 标准件与常用件

本章学习指导

【目的与要求】 通过对本章的学习，使学生在了解标准件、常用件的基础上，熟练掌握螺纹、常用螺纹紧固件及其连接的画法规定，并能按已知条件进行标注。了解平键、圆柱销和圆柱螺旋压缩弹簧的画法规定。了解滚动轴承的表示法规定。掌握直齿圆柱齿轮及其啮合的画法。进一步培养学生掌握和应用国家标准的能力。

【主要内容】 螺纹和螺纹紧固件、键、销、齿轮、滚动轴承、弹簧的规定画法及其连接的规定画法。

【重点与难点】 标准件和常用件的基本知识及其连接画法。

8.1 概述

任何机器或部件都是由若干零件按特定的关系装配而成的。在机器或部件的装配和安装过程中，经常大量使用着这样一些种类的零部件。例如：起紧固和连接作用的螺栓、螺柱、螺钉、螺母、垫圈、键、销等；起支承作用的轴承；起传动、变速等作用的齿轮、齿条、蜗轮、蜗杆等；起储能、减震作用的弹簧等。为了减轻设计负担，提高产品质量和生产效率，便于专业化大批量生产，故对这些零部件进行标准化。其中结构、尺寸、画法和标记已经全部标准化的零件称为标准件，包括螺纹紧固件、键、销、滚动轴承等；齿轮仅部分尺寸参数标准化，不属于标准件，是一般的常用件。标准化是现代化工业生产的体现，可在确保质量的同时满足大批量生产、降低成本的需要。

由于标准件和常用件使用广泛，为了方便绘图，简化设计，国家标准对其都制订了规定画法，不必按其真实投影画图；对所有的标准件还制定了代号和标记，由代号和标记可以从相应的国家标准中查出某个标准件的全部尺寸。标准件由专业工厂按照国家标准大批量生产和供应，不用自行生产。进行机械设计时，也就不必绘制标准件的零件图，只要按相应的标准进行选用，并在装配图上用规定画法表示其装配关系，同时在明细表中注出其规定标记即可，需要时可按标记采购。

8.2 螺纹和螺纹紧固件

8.2.1 螺纹

1. 螺纹的形成

螺纹是在圆柱或圆锥表面上沿着螺旋线形成的具有相同剖面的连续凸起和沟槽。从几何意义上讲，螺纹是由一个与回转轴线共面的平面图形（如三角形、梯形、矩形等）沿着圆柱螺旋线或圆锥螺旋线运动形成的。在圆柱或圆锥外表面上形成的螺纹称为外螺纹，在圆柱或圆锥内表面形成的螺纹称为内螺纹。螺纹凸起的顶部称为牙顶，螺纹沟槽的底部称为牙底。

　　形成螺纹的加工方法很多。在实际生产中，螺纹通常是在车床上加工的，工件等速旋转，车刀沿轴向等速移动，即可加工出螺纹。图 8-1 所示为在车床上车削内、外螺纹。

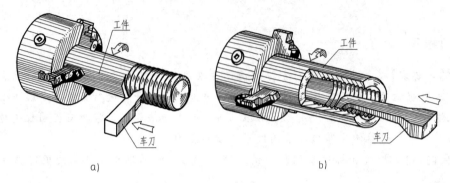

图 8-1　车床上车削内、外螺纹

　　用板牙或丝锥加工直径较小的螺纹俗称套螺纹或攻螺纹，如图 8-2 所示。

2. 螺纹的工艺结构

　　(1) 螺尾　车削螺纹结束时，刀具逐渐退出工件，因此螺纹收尾部分的牙型是不完整的，牙型不完整的收尾部分称为螺尾，如图 8-3a 所示。螺尾部分不能与相配合的螺纹旋合，不是有效螺纹。

　　(2) 螺纹退刀槽　为避免产生螺尾，可预先在产生螺尾的部位加工出退刀槽，如图 8-3b 所示。

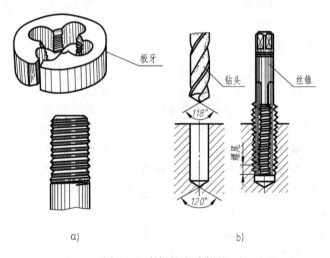

图 8-2　套螺纹和攻螺纹

　　(3) 螺纹倒角　螺纹在使用时需内外螺纹相互旋合，形成螺纹副。为了方便旋入，防止起始圈损坏，需要在内外螺纹的旋入端加工一小部分圆锥面，称为倒角，如图 8-3b 所示。

　　(4) 不穿通的螺纹孔　加工不穿通的螺纹孔，要先进行钻孔，钻头使不通孔的末端形成圆锥面，然后再加工出螺纹，如图 8-3c 所示。

　　螺纹工艺结构的尺寸参数可查阅附表 14。退刀槽的尺寸按"槽宽 × 直径"或"槽宽 × 槽深"的形式标注；螺纹长度应包括退刀槽和倒角在内，其尺寸标注如图 8-4a、b 所示；45°倒角一般采用图 8-4c、d、e 的形式标注，如 C2 中 2 代表倒角宽度，C 表示 45°。

3. 螺纹要素

　　(1) 牙型　在通过螺纹轴线的断面上，螺纹的轮廓形状称为螺纹牙型，即形成螺纹的平面图形的形状。常见的牙型有三角形、梯形、矩形等，不同牙型的螺纹用途也不相同，由此规定了螺纹的种类及特征代号，见表 8-1。螺纹的种类很多，表 8-1 中只列举了一些常用的螺纹的种类。

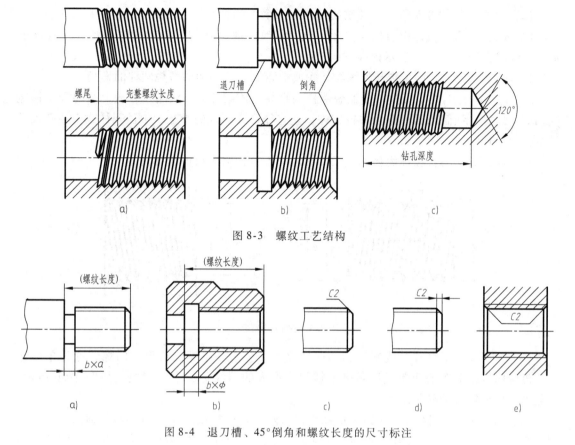

图 8-3　螺纹工艺结构

图 8-4　退刀槽、45°倒角和螺纹长度的尺寸标注

表 8-1　常用螺纹的种类、代号、牙型、特点和用途

名　　称		特征代号	外　形　图	特点及用途
紧固螺纹	粗牙普通螺纹	M		牙型的原始三角形为等边三角形,螺纹强度好,一般情况下优先选用
	细牙普通螺纹			牙型与粗牙螺纹相同,用于直径较大、薄壁零件或轴向尺寸受到限制的场合
管螺纹	55°非密封管螺纹	G		牙型的原始三角形为等腰三角形,螺纹副本身不具有密封能力,用于管路的机械连接
传动螺纹	梯形螺纹	Tr		牙型为等腰梯形,用来传递运动和力,常用于机电产品中,将旋转运动转变为直线运动
	锯齿形螺纹	B		牙型为锯齿形,用于承受单向轴向力的传动,如千斤顶丝杠
	矩形螺纹			非标准螺纹,牙型为矩形,常用于虎钳等的传动丝杠上

注:管螺纹还包括55°密封管螺纹和60°圆锥管螺纹,此处从略。

（2）直径　如图 8-5 所示，螺纹的直径有三个。

1）大径 d、D。大径指与外螺纹牙顶或内螺纹牙底相切的假想圆柱的直径（小写 d 表示外螺纹的直径，大写 D 表示内螺纹的直径）。

2）小径 d_1、D_1。小径指与外螺纹牙底或内螺纹牙顶相切的假想圆柱的直径。

3）中径 d_2、D_2。中径是一个假想圆柱的直径，该圆柱的母线通过牙型上凸起和沟槽宽度相等的地方，该假想圆柱称为中径圆柱，其直径称为螺纹的中径。中径圆柱或中径圆锥的母线称为中径线。

代表螺纹尺寸的直径称为公称直径，规定用大径作为螺纹的公称直径。

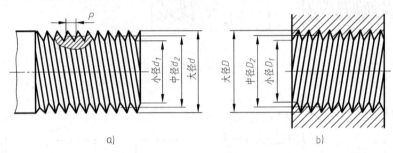

图 8-5　螺纹的直径

（3）线数 n　螺纹有单线螺纹和多线螺纹之分。沿一条螺旋线形成的螺纹称为单线螺纹；沿轴向等距分布的两条或两条以上螺旋线形成的螺纹称为多线螺纹，如图 8-6b 所示。线数即指形成螺纹的螺旋线的根数。

（4）螺距 P 和导程 P_h　螺距是指螺纹相邻两牙在中径线上对应两点间的轴向距离，如图 8-5a、图 8-6a 所示。导程是指同一条螺旋线上相邻两牙在中径线上对应两点之间的轴向距离，如图 8-6b 所示。由此可以得到螺距和导程的关系，即 $P_h = nP$。

（5）旋向　由于形成螺纹的螺旋线有左旋和右旋之分，因此螺纹也就有左旋螺纹和右旋螺纹两种。逆时针旋转时旋入的螺纹为左旋螺纹，如图 8-7a 所示，顺时针旋转时旋入的螺纹为右旋螺纹，如图 8-7b 所示。

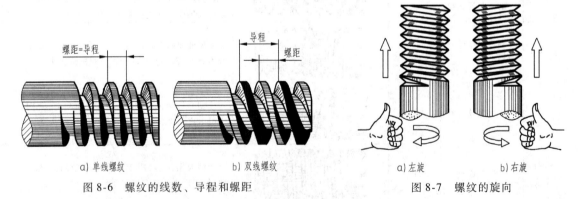

图 8-6　螺纹的线数、导程和螺距　　　　　　　　图 8-7　螺纹的旋向

以上五个螺纹要素全部相同的内、外螺纹才可以形成螺纹副。其中牙型、直径和螺距均符合国家标准规定的螺纹称为标准螺纹；牙型符合标准，直径或螺距不符合国家标准规定的螺纹称为特殊螺纹；牙型不符合国家标准规定的螺纹称为非标准螺纹。表 8-1 中的矩形螺纹为非标准螺纹。

螺纹的尺寸由直径和螺距两个要素构成，标准螺纹的直径和螺距是固定搭配的。粗牙普通螺纹的螺距一般是每个直径所对应的数个螺距中最大的一个，其他螺距对应的都是细牙螺纹，参见附表1。

4. 螺纹的规定画法

为简化作图，国家标准 GB/T 4459.1—1995 "机械制图　螺纹及螺纹紧固件表示法"中规定了螺纹的画法。

（1）内、外螺纹的画法　螺纹牙顶圆柱的投影用粗实线表示。在投影为非圆的视图中，牙底圆柱的投影用细实线表示，并应画到倒角部分。在投影为圆的视图中，用约3/4圈细实线圆弧表示牙底，此时，螺杆或螺孔上的倒角圆不应画出。

1）外螺纹的画法。如图 8-8a 所示，外螺纹一般用视图表示。在投影为非圆的视图中，牙顶（大径）用粗实线绘制，牙底（小径，绘图取值约等于大径的 0.85 倍）用细实线绘制，且画入端部倒角处。在投影为圆的视图中，用粗实线圆表示螺纹大径，用约 3/4 圈细实线圆弧表示螺纹小径，且倒角圆不画出。

2）内螺纹的画法。如图 8-8b 所示，内螺纹的非圆投影一般用剖视图表示。牙顶（小径，绘图取值约等于大径的 0.85 倍）用粗实线绘制，牙底（大径）用细实线绘制，且不画入端部倒角内。在投影为圆的视图上，用粗实线圆表示螺纹小径，用约 3/4 圈细实线圆弧表示螺纹大径，且倒角圆不画出。

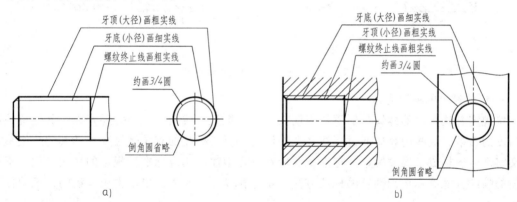

图 8-8　内、外螺纹的规定画法

3）螺纹终止线和螺尾。螺纹终止线是有效螺纹的终止界线，用粗实线表示，如图 8-8 ~ 图 8-10 所示。有效螺纹长度包括退刀槽，但不包括螺尾。螺尾部分一般不必画出，当需要表示螺尾时，该部分用与轴线成30°的细实线画出，如图 8-9 所示。

（2）不穿通螺纹孔的画法　绘制不穿通的螺孔时，一般应将钻孔深度与螺纹部分的深

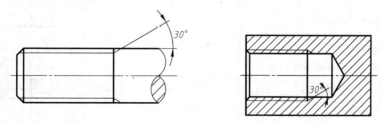

图 8-9　螺尾的画法

度分别画出，如图 8-10 所示。钻孔深度比螺纹深度大一个
肩距 A，A 值可查阅附表 14，也可按比例绘制，一般画成
$0.5D$（D 为螺孔的大径值）；如图 8-10 所示，由于钻头头
部的圆锥顶角为 118°，故在钻孔底部形成顶角为 118°的锥
孔，为方便画图，将钻孔底部锥角画成 120°（标注螺孔尺
寸时并不标注此角度）。

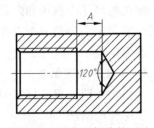

图 8-10　不穿通螺孔的画法

　　（3）内、外螺纹连接的画法　　如图 8-11 所示，以剖视
图表示内、外螺纹连接时，其旋合部分应按外螺纹的画法
绘制，其余部分仍按各自的画法表示。应该注意，能够正确旋合在一起的内外螺纹其螺纹要
素必须相同，因此，表示大径、小径的粗实线和细实线应该分别对齐。同时，当剖切平面通
过实心螺杆的轴线时，其投影按不剖绘制。

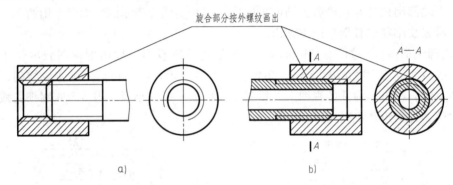

图 8-11　内、外螺纹连接的画法

5. 常用螺纹的标注方法

　　按规定画法画出的螺纹一般不能表明其牙型、螺距、线数、旋向等要素以及其他有关螺
纹精度的参数，这些内容应通过标注在图中注明。所要标注的有关螺纹要素及其他螺纹参数
的文字性内容构成了螺纹标记。标准螺纹应在图样中注出相应标准所规定的螺纹标记，不同
种类的螺纹其螺纹标记和螺纹的标注方法也不尽相同。表 8-2 列出了常用螺纹的标记示例及
标注示例。

表 8-2　常用螺纹的标记示例及标注示例

螺纹种类	螺纹标记示例	螺纹副标记示例	标 注 示 例
普通螺纹	M16—5g 6g—S （外螺纹、粗牙、短旋合长度） M20×2—LH （内螺纹、细牙、左旋）	M14×1.5	*M16—5g6g—S* *M14×1.5*

（续）

螺纹种类	螺纹标记示例	螺纹副标记示例	标 注 示 例
梯形螺纹	Tr40×14(P7)LH—8e—L （外螺纹、双线、左旋、长旋合 长度） Tr32×6—7H （内螺纹、单线）	Tr40×7—7H/7e	
55°非密封 管螺纹	G1/2A （外螺纹、A级公差） G1/2—LH （内螺纹、左旋）	G1/2A	

完整的螺纹标记由螺纹特征代号、尺寸代号、公差带代号及其他有必要做进一步说明的个别信息组成。

（1）普通螺纹

1）螺纹特征代号。普通螺纹的特征代号为"M"。

2）尺寸代号。尺寸代号分为单线螺纹的尺寸代号和多线螺纹的尺寸代号两种。

① 单线螺纹的尺寸代号为：公称直径×螺距。

公称直径和螺距数值的单位为毫米，对粗牙螺纹可以省略标注其螺距项。例如，公称直径为8mm，螺距为1mm的单线细牙螺纹：M8×1；同一公称直径的粗牙螺纹（螺距为1.25mm）：M8。

② 多线螺纹的尺寸代号为：公称直径×Ph导程P螺距。

公称直径和导程、螺距的单位为毫米。例如，公称直径为16mm，螺距为1.5mm，导程为3mm的双线螺纹：M16Ph3P1.5。

3）公差带代号。公差带（详见第9章）代号包括中径公差带代号和顶径（即外螺纹的大径，内螺纹的小径）公差带代号，它表示螺纹的加工精度；由表示公差等级的数值和表示公差带位置的字母组成，内螺纹用大写字母，外螺纹用小写字母。若中径公差带代号和顶径公差带代号相同，则应只标注一个公差带代号。尺寸代号与公差带代号用"—"号分开。

例如，公称直径为10mm，螺距为1mm，中径公差带代号为5g，顶径公差带代号为6g的单线细牙外螺纹：M10×1—5g6g；若公称直径为10mm，中径公差带代号和顶径公差带代号均为5H的粗牙内螺纹：M10—5H。

注意：当普通螺纹公称直径 $D(d) \geq 1.6$mm，内外螺纹公差带代号分别为6H6g时，均不标注其公差带代号。例如，普通螺纹，公称直径为6mm，公差带代号为6H的内螺纹与公差带代号为6g的外螺纹（中等公差精度、粗牙）其标注代号均为：M6。其配合的标注代号也为：M6。

4）其他信息。有必要说明的其他信息包括螺纹的旋合长度和旋向。

① 旋合长度代号。普通螺纹分为短、中、长三个旋合长度组，分别用S、N、L表示。旋合长度代号与公差带代号之间用"—"号分开，中等旋合长度不标注其代号。

例如，短旋合长度的内螺纹（细牙）：M20×2—4H—S；中等旋合长度的外螺纹（粗牙、中等精度的 6g 公差带）：M6。

② 旋向。对左旋螺纹应在旋合长度之后标注"—LH"代号，右旋螺纹不标注。

例如，M8×1—LH（公差带代号和旋合长度代号被省略的左旋细牙螺纹）；M6×0.75—5h6h—S—LH。

（2）梯形螺纹

1）螺纹特征代号。梯形螺纹的特征代号为"Tr"。

2）尺寸代号。尺寸代号分为单线梯形螺纹的尺寸代号和多线梯形螺纹的尺寸代号两种。

① 单线梯形螺纹的尺寸代号为：公称直径×螺距。

公称直径和螺距数值的单位为毫米。梯形螺纹没有粗牙和细牙之分。例如，公称直径为40mm，螺距为7mm 的梯形螺纹：Tr40×7。

② 多线梯形螺纹的尺寸代号为：公称直径×导程（P 螺距）旋向公称直径和导程、螺距的单位为毫米。例如，公称直径为40mm，螺距为3mm，导程为6mm 的双线梯形螺纹：Tr40×6（P3）。

3）公差带代号。梯形螺纹只注中径公差带代号，顶径公差带代号唯一，不注出。如Tr40×7—7e。

4）旋合长度代号和旋向。

① 梯形螺纹的旋合长度分正常组和加长组，分别用 N、L 表示。当梯形螺纹的旋合长度为正常组时，不标其注旋合长度代号；当旋合长度为加长组时，必须标注其旋合长度代号"L"。例如，Tr40×7—7e—L。

② 旋向。对左旋螺纹标注"LH"代号，右旋螺纹不标注。例如，Tr40×6（P3）LH—7e—L。

普通螺纹和梯形螺纹的标记应直接注在大径的尺寸线上或注写在其引出线上，标注示例见表 8-2。

（3）55°非密封管螺纹　螺纹标记形式为：特征代号　尺寸代号　公差等级代号-旋向。

55°非密封管螺纹的特征代号为 G，尺寸代号的数值代表的规格大小，但不是螺纹大径。外螺纹的公差等级分为 A、B 两级，必须注出；内螺纹的公差等级只有一种，不标注。左旋螺纹旋向注"LH"，右旋不注。标记示例见表 8-2。

根据 55°非密封管螺纹的标记可以从国标中查出相应管螺纹的基本尺寸，参见附表 4。

55°非密封管螺纹的标记一律注在引出线上，引出线应由大径处引出，标注示例见表 8-2。

（4）螺纹长度的标注　图样中标注的螺纹长度均指不包括螺尾在内的有效螺纹长度，标注示例见表 8-2。

（5）螺纹副的标记及其标注方法

1）普通螺纹副和梯形螺纹副的标记与相应的螺纹标记基本相同，只是公差带代号要用分式的形式注写为：内螺纹的公差带代号/外螺纹的公差带代号，标记示例见表 8-2。例如，普通螺纹，公称直径为20mm，螺距为2mm，公差带代号为 6H 的内螺纹与公差带代号为5g6g 的外螺纹组成配合：M20×2—6H/5g6g。

2）55°非密封管螺纹螺纹副的标记只标注外螺纹，标记示例见表 8-2。

8.2.2　螺纹紧固件

螺纹紧固件的种类很多，常用的有螺栓、双头螺柱、螺钉、螺母、垫圈等，其结构形式和尺寸都已标准化，称为标准件。使用时按规定标记直接外购即可。

螺栓、双头螺柱和螺钉都是在圆柱外表面加工出螺纹，起连接作用。螺母是和螺栓、双头螺柱一起进行连接的。垫圈一般放在螺母下面，可避免旋紧螺母时，损伤被连接零件的表面。弹簧垫圈可防止螺母松动脱落。

1. 常用螺纹紧固件的结构和规定标记

GB/T 1237—2000 规定的螺纹紧固件标记包括类别（产品名称）、标准编号、螺纹规格或公称尺寸、其他直径或特征、公称长度（规格）、螺纹长度或杆长、产品形式、性能等级或硬度或材料、产品等级、扳扣形式、表面处理等项内容。根据标记的简化原则，可以简化标记。螺纹紧固件的简化标记为：名称　国标编号　规格。

表 8-3 列出了几种常用螺纹紧固件的结构简图和标记示例，表中各标准的摘录见附表 5 ~ 附表 13。

表 8-3　常用螺纹紧固件的结构简图和标记示例

种类	结构简图和标记示例	种类	结构简图和标记示例
螺栓	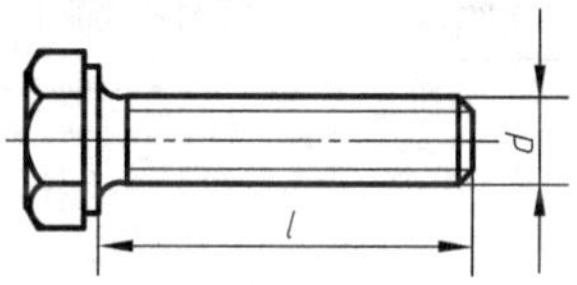 螺栓　GB/T 5782　M12×80	螺母	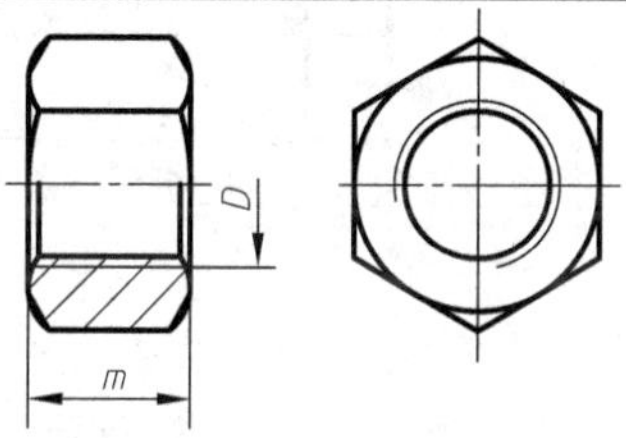 螺母　GB/T 6170　M12
螺柱	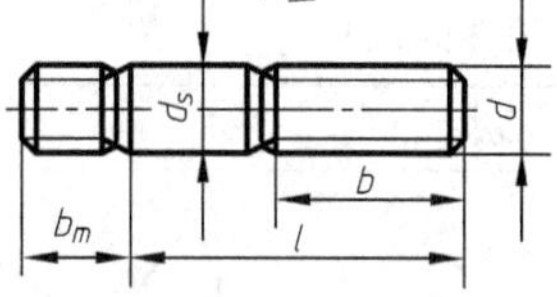 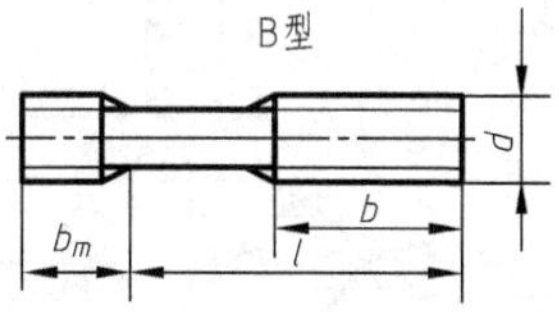 螺柱　GB/T 897　AM10×50 螺柱　GB/T 897　M10×50	螺钉	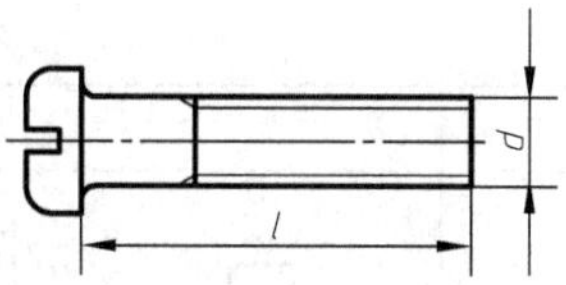 螺钉　GB/T 65　M5×20 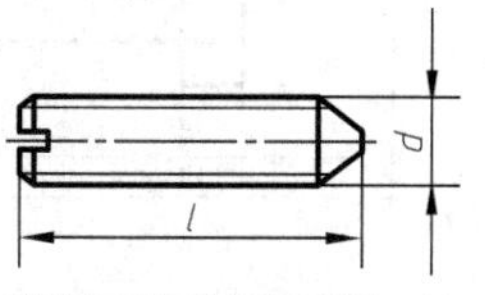 螺钉　GB/T 71　M6×12
平垫圈	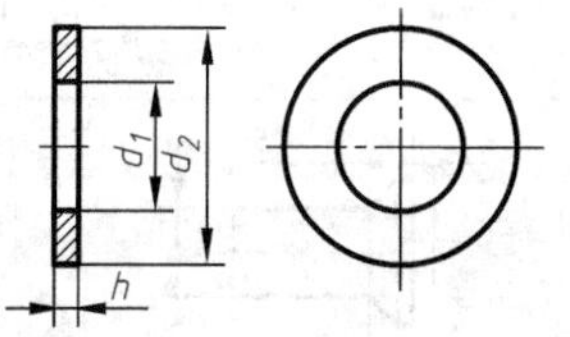 垫圈　GB/T 97.1　10	弹簧垫圈	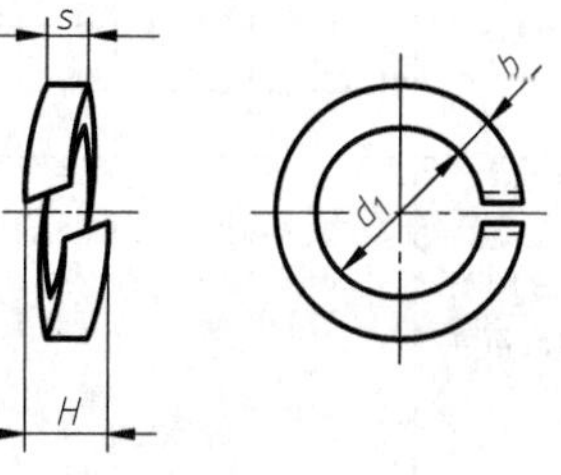 垫圈　GB/T 93　10

2. 常用螺纹紧固件的连接装配画法

(1) 装配图中螺纹紧固件的画法　在装配图中，当剖切平面通过螺杆的轴线时，对于螺柱、螺栓、螺钉、螺母及垫圈等均按未剖切绘制，如图 8-13b 所示；螺纹紧固件的工艺结构，如倒角、退刀槽、缩颈、凸肩等可省略不画，如图 8-13b 所示；不穿通的螺纹孔可不画出钻孔深度，仅按有效螺纹部分的深度画出，如图 8-16c 所示；当用比例法确定尺寸时，螺母和螺栓头的六边形对角尺寸可按螺纹大径的两倍取值，平行投影面的两棱线在该视图的投影与螺纹大径对齐，如图 8-13b 所示；弹簧垫圈开口和螺钉头部开槽可以用双倍粗实线的宽度画出，如图 8-16c 所示。

(2) 装配图中零件尺寸的确定

1) 查表法。螺纹紧固件都是标准件，根据它们的标记，在有关标准中可以查到它们的结构形式和全部尺寸。

【例 8-1】　螺栓　GB/T 5782　M12 × 50

根据标记和 M12，在附表 5 中可查出 k、s、b 的值分别为 7.5、18、30，并在附表 2 中查出螺纹小径的值为 10.106，根据这些数据可画出该螺栓，如图 8-12 所示。

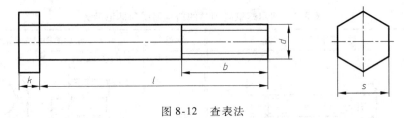

图 8-12　查表法

2) 比例法。为了节省查表时间，一般不按实际尺寸作图，除公称长度 l 需经计算，并查国标选定外，其余各部分尺寸都按与螺纹大径 d (或 D) 成一定比例确定，各相关比例见表 8-4。

表 8-4　比例法确定螺纹紧固件的尺寸

名称	比例画法
螺栓、螺母	
双头螺柱、垫圈、弹簧垫圈	
开槽圆柱头螺钉、沉头螺钉	

（续）

名称	比 例 画 法
钻孔、螺纹孔和光孔尺寸	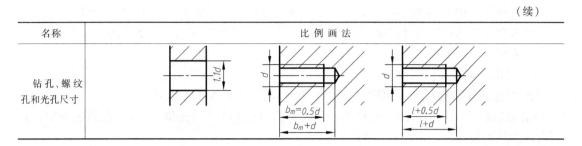

（3）螺纹紧固件的装配画法　螺纹紧固件有三种连接方式：螺栓连接、螺柱连接、螺钉连接。

根据画装配图的一般规定，两个零件间的接触表面画一条线，不接触的相邻表面应画两条线以表示其间隙；相互邻接的金属零件，其剖面线的倾斜方向不同，或方向一致而间距不等；当剖切平面通过螺纹紧固件轴线时，它们均按未被剖切绘制。

1）螺栓连接。如图 8-13a 所示，螺栓连接由螺栓、垫圈和螺母构成，两个被连接件上应预先钻出通孔。连接时将螺栓穿过两个被连接件上的通孔，再套上垫圈，拧紧螺母即可。螺栓连接用于两个被连接件在连接处厚度不大，均允许钻成通孔的情况。

螺栓的公称长度指螺栓杆部的标准长度，如图 8-13b 所示。确定螺栓公称长度的步骤是：根据螺栓的公称直径 d 从相应的标准中查出或按比例计算出垫圈、螺母的厚度 h、m 的值；按下式算出螺栓公称长度的计算值 $l_{计算}$：

$$l_{计算} = \delta_1 + \delta_2 + h + m + a$$

式中 δ_1、δ_2 是两个被连接件连接处的厚度；a 是螺栓杆伸出端的余量，一般取 $a = 0.3d$，d 为螺栓的公称直径；从螺栓标准的长度系列值中选取螺栓的公称长度值 l，$l \geqslant l_{计算}$。

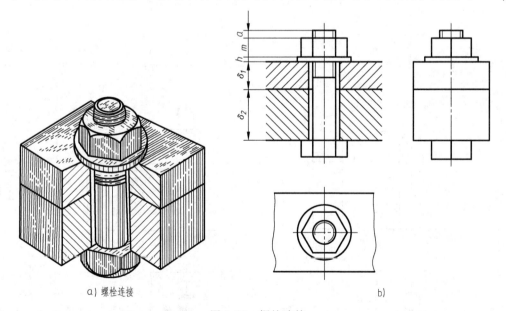

a）螺栓连接　　　　　　　　　　　b）

图 8-13　螺栓连接

【例 8-2】　画出螺栓连接装配图。已知上板厚 $\delta_1 = 10$，$\delta_2 = 20$，板宽 = 30，用螺栓 GB/T 5782　M10 × l，螺母　GB/T 6170　M10，垫圈　GB/T97.1　10 将两板连接。

首先根据 M10 按照表 8-4 中给出的比例确定螺母和垫圈的厚度：$m = 8$，$h = 2$。

算出螺栓公称长度的计算值：$l_{计算} = 43$；从附表 5 中选取螺栓的公称长度值：$l = 45$。

具体画图步骤如下：

① 定出基准线，如图 8-14a 所示。

② 画出被连接两板（主视图全剖，孔径 $1.1d$），如图 8-14b 所示。

③ 画出螺栓的三个视图（螺栓各部分尺寸参照表 8-4 中的比例确定），在俯视图中，只画出外螺纹的投影，如图 8-14c 所示。

④ 画出垫圈的三视图（垫圈各部分尺寸参照表 8-4 中的比例确定），如图 8-14d 所示。

⑤ 画出螺母的三视图（螺母各部分尺寸参照附表 8-4 中的比例确定），并在俯视图中画出螺母的外形投影，如图 8-14e 所示。

⑥ 画出主视图中的剖面线（注意剖面线的方向、间隔）；全面检查、加深，如图 8-14f 所示。

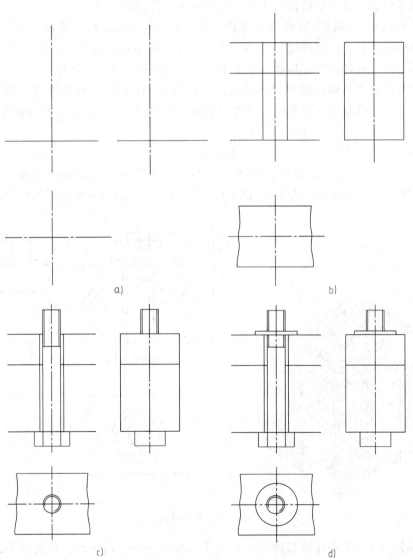

图 8-14　螺栓连接的作图步骤

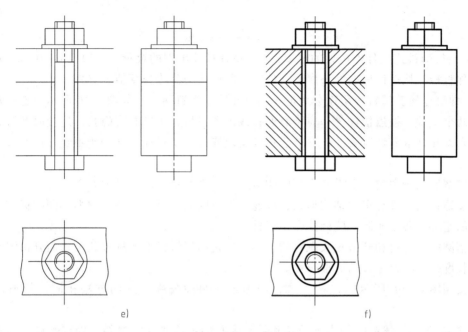

e)　　　　　　　　　　　　　　　　f)

图 8-14　螺栓连接的作图步骤（续）

2）螺柱连接。如图 8-15a 所示，螺柱连接由螺柱、垫圈和螺母构成，预先应在较薄的

被连接件上钻出通孔，在较厚的被连接件上加工出不穿通的螺纹孔。连接时将双头螺柱的旋入端（螺纹长度较短的一端）旋入带螺孔的被连接件，然后装上已钻出通孔的被连接件，再套上垫圈，拧紧螺母即可。螺柱连接用于被连接件之一较厚，不能钻成通孔或不允许钻成通孔且需要经常拆卸的场合。

螺柱旋入端的长度 b_m 由其旋入的被连接件的材料决定，b_m 的值与材料硬度有关，标准如下：

GB/T 897　$b_m = d$ 用于旋入铜和青铜材料的零件；

GB/T 898　$b_m = 1.25d$ 用于旋入铸铁材料的零件；

GB/T 899　$b_m = 1.5d$ 用于旋入铸铁或铝合金材料的零件；

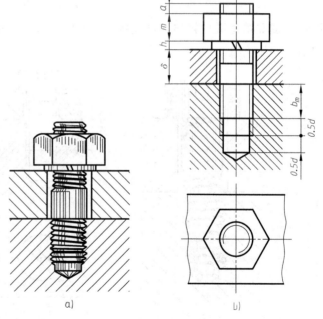

a)　　　　　　　　　b)

图 8-15　螺柱连接

GB/T 900　$b_m = 2d$ 用于旋入铝合金材料的零件。

如图 8-15b 所示确定螺柱公称长度的步骤是：根据螺柱的公称直径 d 从相应的标准中查得，或按比例计算出弹簧垫圈、螺母的厚度 s、m 的值；按下式算出螺柱公称长度的计算

值 $l_{计算}$：

$$l_{计算} = \delta + s + m + a$$

式中，δ 是较薄被连接件连接处的厚度；a 是螺柱杆伸出端的余量，一般取 $a = 0.3d$，d 为螺柱的公称直径；从螺柱标准的长度系列值中选取螺柱的公称长度值 l，$l \geqslant l_{计算}$。

3）螺钉连接。螺钉按用途分为连接螺钉和紧定螺钉两类。如图 8-16 所示，连接螺钉用于连接两个零件，被连接件之一应带有通孔或沉孔，另一个应制有螺孔。连接时螺钉穿过通孔，旋入螺孔，依靠螺钉头部压紧被连接件实现连接。螺钉连接适用于不经常拆卸和受力较小的场合。

紧定螺钉用于限定两个零件之间的相对运动，其结构和画法见表 8-3。

连接螺钉的头部有多种结构形式，故连接螺钉的品种繁多，各自遵循其国家标准，其公称长度的定义也各不相同，此处仅介绍三种。

开槽圆柱头螺钉和开槽盘头螺钉的公称长度是指螺钉杆部的标准长度；而开槽沉头螺钉的公称长度是指螺钉全长的标准长度。

若按照图 8-16b 所示的连接方式，则确定这两种公称长度的方法相同，其确定方法如下：

① 根据选定的螺钉的公称直径 d 和带有螺孔的被连接件的材料，确定螺钉旋入螺孔部分的深度 H_0，H_0 与确定螺柱旋入端长度 b_m 的标准相同。

② 按下式算出螺钉公称长度的计算值 $l_{计算}$：

$$l_{计算} = \delta + H_0$$

式中，δ 是带有通孔的被连接件连接处的厚度；从螺钉标准的长度系列值中选取螺钉的公称长度值 l，$l \geqslant l_{计算}$。

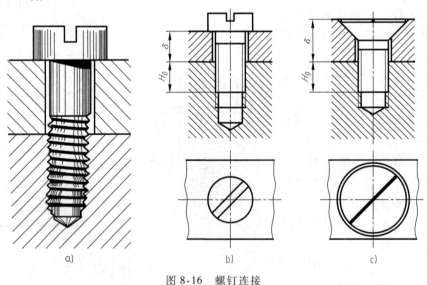

a)　　　　　　　　　　　b)　　　　　　　　　　　c)

图 8-16　螺钉连接

3. 常用螺纹连接的装配画法小结

（1）装配图的基本规定

1）两个零件的接触表面画一条线，不接触表面画两条线。

2）两零件邻接时，它们的剖面线方向应相反，或者方向相同但间距不等。同一零件在不同剖视图中的剖面线方向、间距应一致。

3）在剖视图中当剖切平面通过螺纹紧固件的轴线时，这些标准件均按不剖绘制。

（2）画图顺序　按各种螺纹连接形式的装配顺序画图。

1）螺栓连接：被连接件→螺栓→垫圈→螺母。

2）螺柱连接：被连接件→螺柱→垫圈→螺母。

3）螺钉连接：被连接件→螺钉。

（3）螺纹连接的常规画法　在被连接件的厚度及螺纹紧固件的公称直径 d 已经确定的前提下，螺栓、螺柱和螺钉的公称长度用前面所述的方法确定，其他部位的尺寸及垫圈、螺母的尺寸按图中提供的参数可以从相应的标准中（见附表）查得，也可以用表 8-4 中的比例进行折算求得。画图时，查表法和比例法只能用一种方法取得尺寸数值，不可混合应用。为了简便，图中螺纹小径取 $d_1 = 0.85d$，螺孔余量及光孔余量均取 $0.5d$，通孔直径取 $d_h = 1.1d$。如有必要也可以从附表 2、附表 15 中查出这些部位的标准尺寸。

（4）螺纹连接的简化画法　国家标准规定，在装配图中，螺纹紧固件的工艺结构，如倒角、退刀槽等均可省略不画；不穿通的螺纹孔可不画出光孔余量，仅按有效螺纹部分的深度（不包括螺尾）画出。当用比例法获取尺寸时，螺母和螺栓头主视图中的两条棱线应与螺纹大径对齐，弹簧垫圈开口和螺钉头部开槽用双倍粗实线的宽度涂黑画出。

8.3　键和销

8.3.1　键

键通常用来联结轴与轴上的转动零件，如齿轮、带轮等，起传递扭矩的作用。键联结是先将键嵌入轴上的键槽内，再对准轮毂上的键槽，将轴和键同时插入孔和槽内，这样就可以使轴和轮一起转动，如图 8-17 所示。

图 8-17　键联结

键联结具有结构简单、紧凑、可靠、装拆方便和成本低廉等优点。

键是标准件。它们的结构形式、尺寸等都由国家标准规定。常用的有普通平键、半圆键、钩头楔键、花键等。

1. 键的结构型式和标记

在机械设计中，键要根据受力情况和轴的大小经计算按标准选取，不需要单独画出其图样，但要正确标记。键的完整标记形式为：标准编号　键　类型与规格。常用的普通平键和半圆键结构型式及标记示例见表 8-5。

表 8-5　键的结构型式及其标记示例

名称	普通平键			半圆键
结构型式及规格尺寸	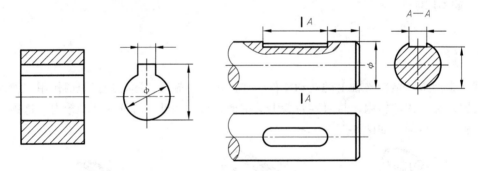			
标记示例	GB/T 1096 键 5×5×20	GB/T 1096 键 B5×5×20	GB/T 1096 键 C5×5×20	GB/T 1099.1 键 6×10×25
说明	圆头普通平键 $b=5$mm, $h=5$mm, $L=20$mm, 标记中省略"A"	平头普通平键 $b=5$mm, $h=5$mm, $L=20$mm	单圆头普通平键 $b=5$mm, $h=5$mm, $L=20$mm	半圆键 $b=6$mm, $h=10$mm, $D=25$mm

注：标记示例中标准编号省略了年代，表内图中省略了倒角。

2. 普通平键的装配画法

用普通平键联结轴和轮毂，轴和轮毂上的键槽尺寸可以从 GB/T 1095 中查到，见附表 17，键槽的画法及尺寸标注如图 8-18 所示。

图 8-18　键槽的画法

普通平键的装配画法如图 8-19 所示，主视图为通过轴的轴线及键的纵向对称面的剖视图，由于键和轴都是实心零件，按照国家标准规定，轴和键均按不剖绘制。然而，为了表示键在轴上的装配情况，轴采用了局部剖视。左视图为 A—A 全剖视图，键的两个侧面分别与轮毂和轴上键槽的两个侧面相接触，键的下底面和轴上键槽的底面相接触，这些接触处均画一条线；

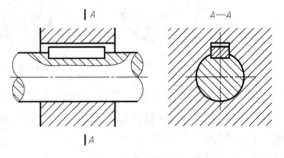

图 8-19　普通平键的装配画法

而键的上顶面与轮毂键槽的底面不接触，有空隙，故此处应画两条线。键的倒角可以省略不画。

8.3.2　销

销通常用于零部件的定位或连接。常用的有圆柱销、圆锥销和开口销。销是标准件，其结构和尺寸可以从 GB/T 119.1—2000、GB/T 119.2—2000、GB 117—2000、GB/T 91—2000 中查出，圆柱销和圆锥销见附表 19、附表 20，开口销未列出。销的结构、标记示例及销连接画法见表 8-6。

表 8-6　销的结构、标记示例及销连接画法

名称	结构型式及尺寸规格	标 记 示 例	装 配 画 法	用　　途
圆柱销	GB/T 119.2—2000	销 GB/T 119.2　8×30（圆柱销，淬硬钢，公称直径 $d=8$mm，公差为 m6，公称长度 $l=30$mm）		用于不经常拆卸场合
圆锥销	GB 117—2000　A 型　　1:10　　A、B 两种型式	销 GB/T 117　10×60〔圆锥销，公称（小端）直径 $d=10$mm，公称长度 $l=60$mm〕		用于经常拆卸的场合，由于有锥度，便于安装，定位精度较好

销的标记形式与紧固件相同。

在销连接画法中，剖切平面通过销的轴线时，销按不剖绘制。

为了保证定位精度，在两个被连接的零件上应同时加工销孔，在进行销孔的尺寸标注时应注明"配作"，如图 8-20 所示。

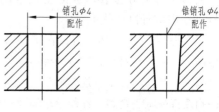

图 8-20　销孔的标注

8.4　滚动轴承

滚动轴承是用来支承旋转轴的部件，具有结构紧凑，摩擦力小的优点，应用广泛。滚动轴承的种类很多，按受力方向分为以下三类：

1）向心轴承。向心轴承承受径向载荷，如深沟球轴承。

2）推力轴承。推力轴承承受轴向载荷，如推力球轴承。

3）向心推力轴承。向心推力轴承同时承受径向和轴向两个垂直方向的载荷，如圆锥滚子轴承。

以上三类轴承的结构如图 8-21 所示。

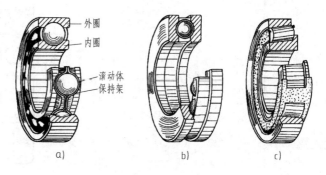

a)　　　　　b)　　　　　c)

图 8-21　滚动轴承的种类及其结构

8.4.1　滚动轴承的结构及画法

1. 结构

滚动轴承一般由外圈（座圈）、内圈（轴圈）、滚动体、保持架（隔离架）四部分构成，如图8-21a所示。外圈装在机座的孔内，固定不动；内圈套在转动轴上，随轴转动；滚动体处在内外圈之间，由保持架将它们隔开，防止其相互之间的摩擦和碰撞。滚动体的形状有球形、圆柱形、圆锥形等。

2. 画法

滚动轴承大多是标准件，GB/T 4459.7—1998规定了在装配图中标准滚动轴承的画法。

（1）简化画法　用简化画法绘制滚动轴承时，应采用通用画法或特征画法，但在同一图样中一般只采用其中一种画法。

1）通用画法。在剖视图中，当不需要确切地表示滚动轴承的外形轮廓、载荷特性、结构特征时，可用矩形线框及位于线框中央正立的十字形符号表示，如图8-22所示。十字形符号不应与矩形线框相接触。通用画法应绘制在轴的两侧。

2）特征画法。在剖视图中，如需较形象地表示滚动轴承的结构特征时，可采用在矩形线框内画出其结构要素符号的方法表示。滚动轴承的结构特征要素符号可在国家标准中查到。

（2）规定画法　必要时，在滚动轴承的产品图样、产品样本、产品标准、用户手册和使用说明书中可采用规定画法绘制滚动轴承。规定画法一般绘制在轴的一侧，另一侧按特征画法绘制。各种滚动轴承的规定画法可在国家标准中查到。

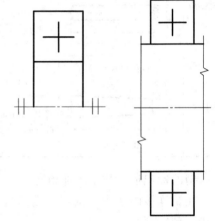

图 8-22　滚动轴承的通用画法

表8-7摘录了两种常用滚动轴承的规定画法和通用画法。表中的尺寸除"A"可以计算得出外，其余尺寸可由滚动轴承代号从GB/T 276—2013、GB/T 297—1994中查出。

表 8-7　常用滚动轴承的规定画法和特征画法

轴承类型	标准号、结构、代号	规定画法	特征画法
深沟球轴承	GB/T 276—2013 60000		

（续）

轴承类型	标准号、结构、代号	规定画法	特征画法
圆锥滚子轴承	GB/T 297—1994 30000		

8.4.2 滚动轴承的标记

滚动轴承的标记形式为：名称　滚动轴承代号　国标编号。

8.5 弹簧

弹簧的用途很广，主要用于减振、储能和测力等，其特点是去掉外力后能立即恢复原状。

弹簧的种类很多，常见的有压缩弹簧、拉伸弹簧、扭转弹簧、涡卷弹簧等，如图 8-23 所示。本节仅介绍圆柱螺旋压缩弹簧。

圆柱螺旋压缩弹簧最为常用，为标准件，在国家标准中对其标记作了规定。但在实际工程设计中往往买不到合适的标准弹簧，所以需要绘制其零件图，以供制造加工。

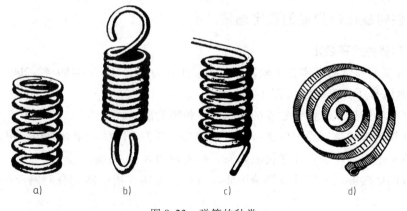

a)　　　　b)　　　　c)　　　　d)

图 8-23　弹簧的种类

8.5.1 圆柱螺旋压缩弹簧各部分的名称、代号及尺寸关系

参考图 8-24a，圆柱螺旋压缩弹簧各部分的名称、代号及尺寸关系下。

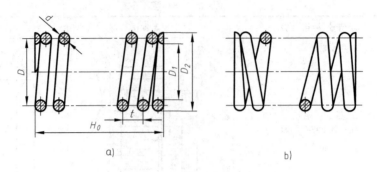

图 8-24　圆柱螺旋压缩弹簧各部分的代号及画法

（1）簧丝直径 d　簧丝直径是指弹簧钢丝的直径。

（2）弹簧外径 D_2　弹簧外径是指弹簧的最大直径。

（3）弹簧内径 D_1　弹簧内径是指弹簧的最小直径，$D_1 = D_2 - 2d$。

（4）弹簧中径 D　弹簧中径是指弹簧外径与内径之和的平均值，$D = D_2 - d$。

（5）有效圈数 n、支承圈数 n_2 和总圈数 n_1　为了使螺旋压缩弹簧工作时受力均匀，增加稳定性，弹簧两端需要并紧、磨平，这些并紧、磨平的圈仅起支承作用，称为支承圈，当材料直径 $d \leqslant 8 \text{mm}$ 时，支承圈数为 $n_2 = 2$；当 $d > 8 \text{mm}$ 时，$n_2 = 1.5$。除了支承圈外，能进行有效工作的圈称为有效圈，有效圈数与支承圈数之和为总圈数，即 $n_1 = n + n_2$。

（6）节距 t　节距是指有效圈相邻两圈对应点之间的轴向距离。

（7）自由高度 H_0　自由高度是指弹簧不受外力作用时的高度（或长度），$H_0 = nt + (n_2 - 0.5)d$。

（8）展开长度 L　展开长度是指制造一个弹簧所用簧丝的长度。弹簧绕一圈所需要的长度为 $l = \sqrt{(\pi D)^2 + t^2}$，也可以近似地取为 $l = \pi D_2$。整个弹簧的展开长度 $L = n_1 l$。

（9）旋向　弹簧有左旋和右旋之分，常用右旋。

8.5.2　圆柱螺旋压缩弹簧的规定画法

1. 单个弹簧的画图规定

圆柱螺旋压缩弹簧的真实投影较复杂，为了画图方便，GB/T 4459.4—2003 对圆柱螺旋压缩弹簧的画法作了如下规定（图 8-24）：

1）在平行于螺旋压缩弹簧轴线的视图上，各圈轮廓画成直线。

2）圆柱螺旋压缩弹簧均可画成右旋，左旋弹簧只需在图的技术要求中注出。

3）不论支承圈数多少和并紧情况如何，均可按图 8-24 绘制。

4）有效圈数四圈以上的螺旋弹簧中间部分可以省略，当中间部分省略后，可适当缩短图形的长度。

2. 单个弹簧的画图步骤（图 8-25）

1）根据 D_2 和 H_0 画出弹簧的中径线和自由高度的两端线，如图 8-25a 所示。

2）根据 d 画出弹簧的支承圈，如图 8-25b 所示。

3）根据 t 画出有效圈，如图 8-25c 所示。

4）按右旋方向作相应圈的公切线，并画剖面线，整理、加深，完成弹簧的全剖视图，如图 8-25d 所示。此步骤也可以按图 8-24b 进行连线、整理，画成外形视图。

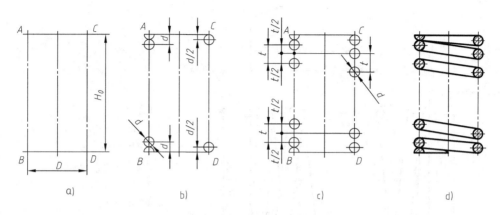

图 8-25　圆柱螺旋压缩弹簧的画图步骤

3. 在装配图中的画法

国家标准规定如下：

1）被弹簧挡住的结构一般不画，可见部分从弹簧的外轮廓线或从簧丝断面的中心线画起，如图 8-26a 所示。

2）簧丝直径在图形上小于等于 2mm 时，可以用涂黑表示其剖面，如图 8-26b 所示；也允许用示意图表示，如图 8-26c 所示。

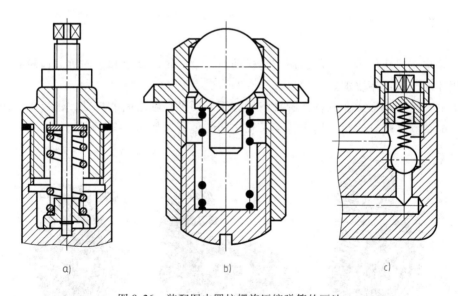

图 8-26　装配图中圆柱螺旋压缩弹簧的画法

8.5.3　圆柱螺旋压缩弹簧的零件图

图 8-27 是一圆柱螺旋压缩弹簧的零件图，供画图时参考。

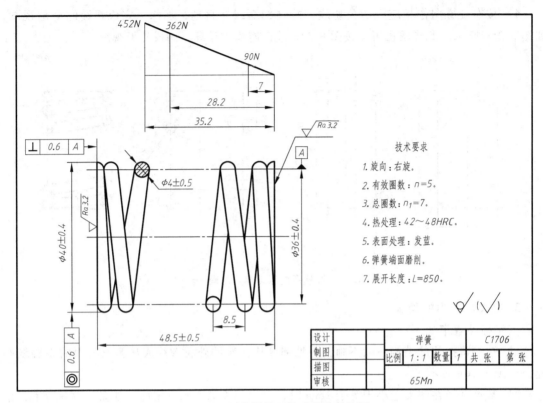

图 8-27　圆柱螺旋压缩弹簧的零件图

8.6　齿轮

　　齿轮是应用广泛的传动零件，用于传递动力、改变转动速度和方向等。齿轮必须成对或成组使用才能达到使用要求。

　　常见的齿轮传动形式有三种：圆柱齿轮，用于两平行轴之间的传动；锥齿轮，用于两相交轴之间的传动；蜗杆蜗轮，用于两交叉轴之间的传动，如图 8-28 所示。

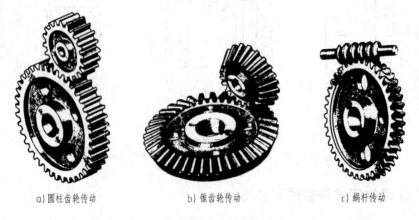

a) 圆柱齿轮传动　　　　　b) 锥齿轮传动　　　　　c) 蜗杆传动

图 8-28　常见的齿轮传动形式

　　齿轮属于一般常用件，国标对其齿形、模数等进行了标准化，齿形和模数都符合国标的齿轮称为标准齿轮，国家标准还规定了齿轮的规定画法。设计中，根据使用要求选定齿轮的基本参数，由此计算出齿轮的其他参数，并按规定画法画出齿轮的零件图及齿轮副的啮合图。

　　齿轮的轮齿有直齿、斜齿、人字齿等，齿廓曲线多为渐开线。本节只介绍渐开线直齿圆柱齿轮。

8.6.1　直齿圆柱齿轮各部分的名称及尺寸代号

　　单个直齿圆柱齿轮各部分的名称及尺寸代号，如图 8-29 所示。

　　（1）齿顶圆　齿顶所在圆柱面与端平面（垂直于齿轮轴线的平面）的交线称为齿顶圆，直径用 d_a 表示。

　　（2）齿根圆　齿根所在圆柱面与端平面的交线称为齿根圆，直径用 d_f 表示。

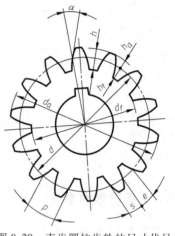

　　（3）分度圆　分度圆柱面与端平面的交线称为分度圆，直径用 d 表示。在分度圆上齿厚和齿槽宽相等，分度圆是进行各部分尺寸计算的基准圆，也是分齿的基准圆。

　　（4）齿顶高 h_a　齿顶圆与分度圆之间的径向距离称为齿顶高。

　　（5）齿根高 h_f　齿根圆与分度圆之间的径向距离称为齿根高。

图 8-29　直齿圆柱齿轮的尺寸代号

　　（6）全齿高 h　齿顶圆与齿根圆之间的径向距离称为全齿高，且 $h = h_a + h_f$。

　　（7）齿厚 s　轮齿在分度圆上的弧长为齿厚。

　　（8）齿槽宽 e　齿槽在分度圆上的弧长为齿槽宽。

　　（9）齿距 p　相邻两齿同侧在分度圆上的弧长为齿距，且 $p = s + e = 2s = 2e$。

　　（10）齿形角 α　在端面内，过齿廓和分度圆交点处的径向直线与齿廓在该点处的切线所夹的锐角称为齿形角，用 α 表示。我国一般采用 $\alpha = 20°$。

8.6.2　直齿圆柱齿轮的基本参数

　　（1）齿数 z　齿数是指一个齿轮的轮齿总数。

　　（2）模数 m　齿数 z、齿距 p 和分度圆直径 d 之间的关系为：分度圆的周长 $= \pi d = zp$，即 $d = zp/\pi$。令 $m = p/\pi$，则 $d = mz$。

　　将 m 定义为模数。显然模数与齿厚成正比，m 反映了轮齿的大小。模数是设计、加工齿轮的一个重要参数，不同模数的齿轮要用不同模数的刀具加工。为了便于设计和制造，减少齿轮刀具的种类，GB/T 1357—2008 规定了标准模数，见表 8-8。

8.6.3　直齿圆柱齿轮的尺寸计算

　　齿轮基本参数确定后，即可计算出其各部分结构的尺寸，计算公式见表8-9。

表 8-8　标准模数（GB/T 1357—2008）

齿轮类型	模数系列	标准模数 m
圆柱齿轮	第一系列 （优先选用）	1,1.25,1.5,2,2.5,3,4,5,6,8,10,12,16,20,25,32,40,50
	第二系列	1.125,1.375,1.75,2.25,2.75,3.5,4.5,5.5,(6.5),7,9,11,14,18,22,28,35,45

注：优先选用第一系列，括号内的模数尽可能不用。

表 8-9　标准直齿圆柱齿轮的尺寸计算公式

名　　称	代　　号	计　算　公　式	备　　注
齿顶高	h_a	$h_a = m$	
齿根高	h_f	$h_f = 1.25m$	
齿高	h	$h = 2.25m$	m 取标准值
分度圆直径	d	$d = mz$	$\alpha = 20°$
齿顶圆直径	d_a	$d_a = m(z+2)$	z 应根据设计需要确定
齿根圆直径	d_f	$d_f = m(z-2.5)$	

8.6.4　齿轮啮合参数

如图 8-30 所示，正常啮合的两个齿轮其模数和齿形角必须分别相等。一对齿轮的啮合传动可以假想为直径分别是 d'_1、d'_2 的两个圆作无滑动的纯滚动，这两个圆称为两个齿轮的节圆；两节圆的切点称为节点，用 P 表示。一对标准直齿圆柱齿轮在标准安装时，它们的节圆与分度圆分别重合，$d' = d$。

（1）中心距 a　标准安装时两齿轮轴线间的距离称为中心距。

$$a = m(z_1 + z_2)/2$$

（2）传动比 i　主动轮的转速与从动轮的转速之比称为传动比。

$$i = n_1/n_2 = z_2/z_1$$

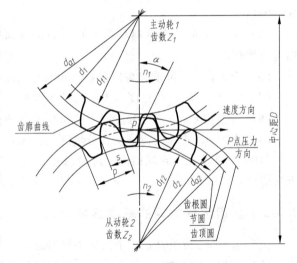

图 8-30　两啮合直齿圆柱齿轮示意图

8.6.5　直齿圆柱齿轮的规定画法

1. 单个直齿圆柱齿轮的规定画法

GB/T 4459.2—2003 规定：

1）齿顶圆和齿顶线用粗实线绘制，分度圆和分度线用细点画线绘制，齿根圆和齿根线用细实线绘制或省略不画，如图 8-31a 所示。

2）在剖视图中，当剖切平面通过齿轮的轴线时，轮齿一律按不剖绘制，齿根线用粗实线绘制，如图 8-31b 所示。

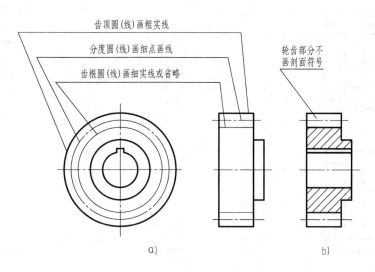

图 8-31　单个直齿圆柱齿轮的规定画法

2. 齿轮副的啮合画法

齿轮副的啮合画法如图 8-32 所示。

1）投影为非圆的视图一般画为剖视图，剖切平面通过齿轮副的两条轴线。在啮合区内两齿轮的节线重合为一条线，一个齿轮的轮齿用粗实线绘制，另一个齿轮轮齿的被遮挡部分用细虚线绘制，如图 8-32a 所示，虚线也可以省略不画。

2）在投影为圆的视图中两齿轮的节圆应相切，啮合区内的齿顶圆均用粗实线绘制，如图 8-32b 所示，也可以省略不画，如图 8-32d 所示。

3）当非圆视图不剖时，啮合区内只画一条节线，并用粗实线绘制，如图 8-32c 所示。

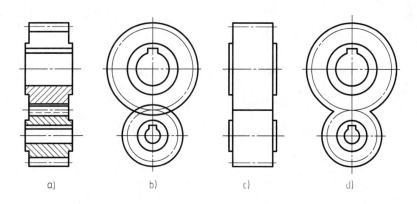

图 8-32　齿轮副的啮合画法

8.6.6　直齿圆柱齿轮的零件图

图 8-33 是直齿圆柱齿轮的零件图，供画图时参考。

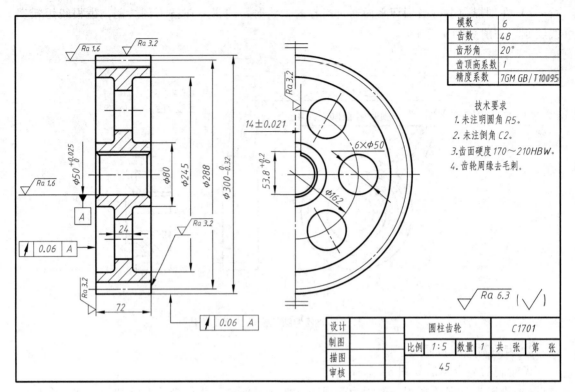

模数	6
齿数	48
齿形角	20°
齿顶高系数	1
精度系数	7GM GB/T10095

技术要求
1. 未注明圆角 R5。
2. 未注倒角 C2。
3. 齿面硬度 170～210HBW。
4. 齿轮周缘去毛刺。

设计			圆柱齿轮		C1701	
制图			比例	1:5	数量 1	共 张 第 张
描图			45			
审核						

图 8-33　直齿圆柱齿轮的零件图

第 9 章 零 件 图

本章学习指导

【目的与要求】 了解零件图的内容，能够阅读简单的零件图，了解表面结构、极限与配合以及几何公差的代号和注写方法。

【主要内容】 零件图的内容，零件的表达方法及尺寸标注，零件的技术要求，阅读零件图的方法。

【重点与难点】 阅读零件图，读懂加工零件的技术要求。

9.1 零件图的作用

零件是组成机器或部件的最基本单元。制造机器或部件时，需要将组成机器的各零件加工制造出来，再按一定的要求将零件装配起来。零件图是表示零件结构、尺寸及技术要求的图样。它是加工制造零件的依据。

9.2 零件图的内容

零件图中应提供零件成品生产的全部技术资料，如零件的结构形状、尺寸大小、重量、材料、应达到的技术要求等，图 9-1 所示传动轴的零件图如图 9-2 所示。一张完整的零件图应包括下列内容。

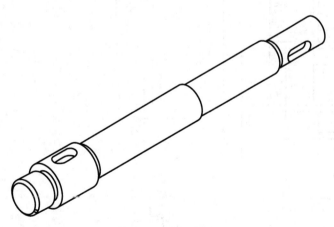

图 9-1 传动轴立体图

1. 一组视图

综合运用机件的各种表达方法，准确、完整、清晰、简洁地表达出零件的内外结构形状的一组图形。

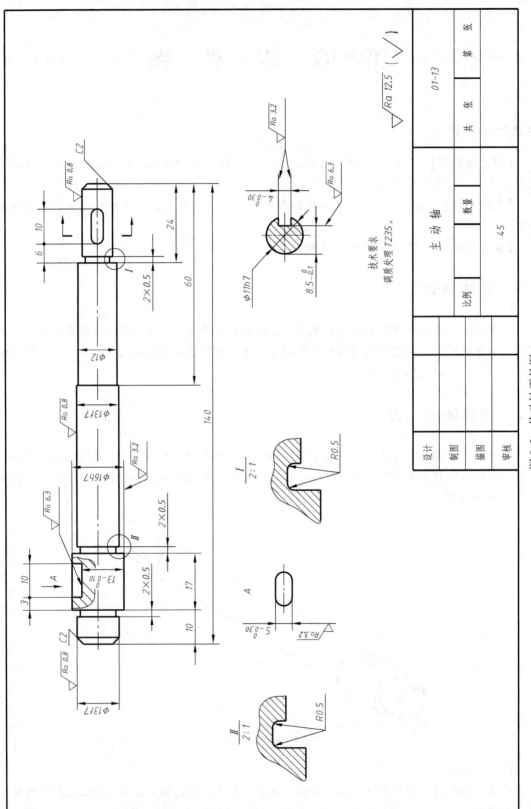

图 9-2　传动轴零件图

2. 完整的尺寸

正确、完整、清晰、合理地标注零件各部分结构大小和相对位置的全部尺寸。

3. 技术要求

用规定的符号、代号和文字说明标注出零件在加工、检验过程中应达到的技术指标。如表面结构、极限与配合以及几何公差、材料、热处理等。

4. 标题栏

填写零件的名称、比例、材料、数量等内容。

9.3 零件图的视图选择和尺寸标注

9.3.1 零件图的视图选择

零件图的视图选择以组合体的视图选择为基础。首先是选择主视图，零件图的主视图除要考虑较多地表达零件结构形状，便于读图以外，还要考虑零件的加工位置以及零件在机器中的安放位置等。对于主视图未表示清楚的结构，再选用适当的其他视图表达。选择其他视图时，既要考虑将零件各部分结构形状及其相对位置表达清楚，又要使每个视图表达的内容重点突出，避免重复表达，还要兼顾尺寸标注的需要，做到完整、清晰地表达零件内、外结构。

9.3.2 零件图的尺寸标注

制造零件时，尺寸是加工和检验零件的依据。因此，零件图上所标注的尺寸除满足正确、完整和清晰的要求外，还应尽量满足合理性要求，标注的尺寸既能满足设计要求，又便于加工和检验时测量。做到合理标注尺寸，应对零件的设计思想、加工工艺及工作特点进行全面了解，还应具备相应机械设计与制造方面的知识，本节只对零件尺寸标注做一般的介绍。

（1）尺寸基准 尺寸基准是加工和测量零件时确定位置的依据。在标注零件尺寸时，一般在长、宽、高三个方向均确定一个主要尺寸基准，需要时，还可以确定辅助基准。从尺寸基准出发，确定零件中结构之间的相对位置尺寸。如图 9-3 所示泵盖零件图中，长、宽、高三个方向的尺寸基准分别为装配结合面即右端面、零件前后方向的对称面和主动轴孔即下边 $\phi13H8$ 的轴线。

（2）基本要求 零件图标注尺寸要满足设计要求和加工制造工艺的要求。对影响产品性能、精度的尺寸（如配合尺寸、相邻两零件有联系的尺寸等）必须从主要基准直接注出，以满足设计要求。标注的尺寸还要符合加工过程和加工顺序的需要，对于同一加工工序所需尺寸，尽量集中标注，以便于加工时测量。

9.3.3 各类典型零件的视图表达和尺寸标注

零件的结构形状各不相同，工程上习惯按零件的结构特点将其分为四大类，即轴套类（图 9-2）、盘盖类（图 9-3）、叉架类（图 9-4）、箱体类（图 9-5）。按各类零件的结构特征归纳出视图选择和尺寸标注的一般规律如下。

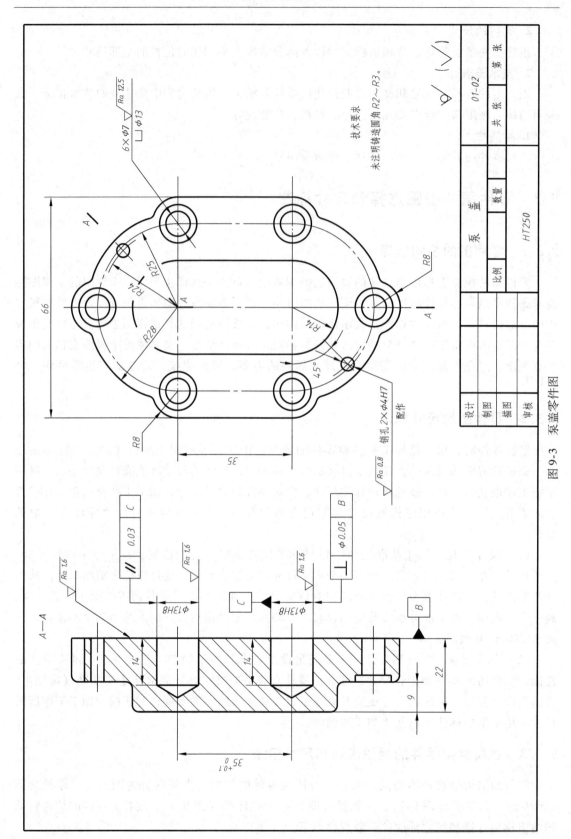

图 9-3　泵盖零件图

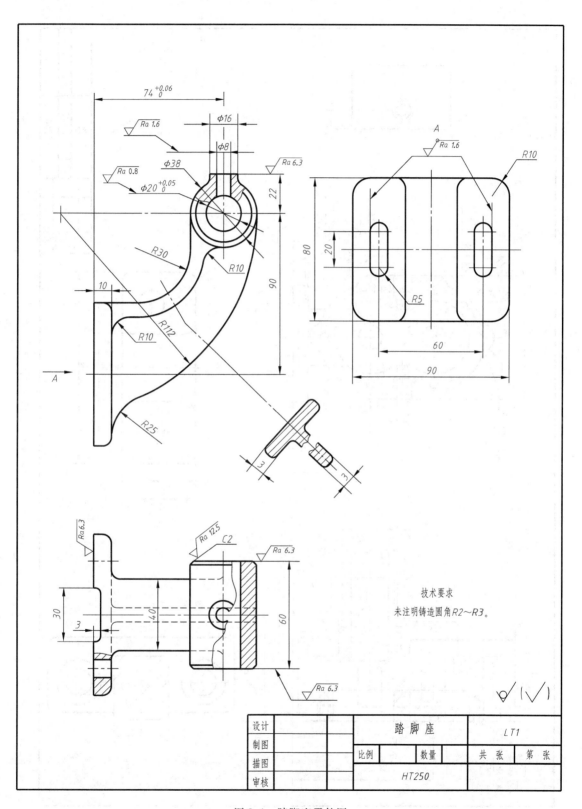

图 9-4　踏脚座零件图

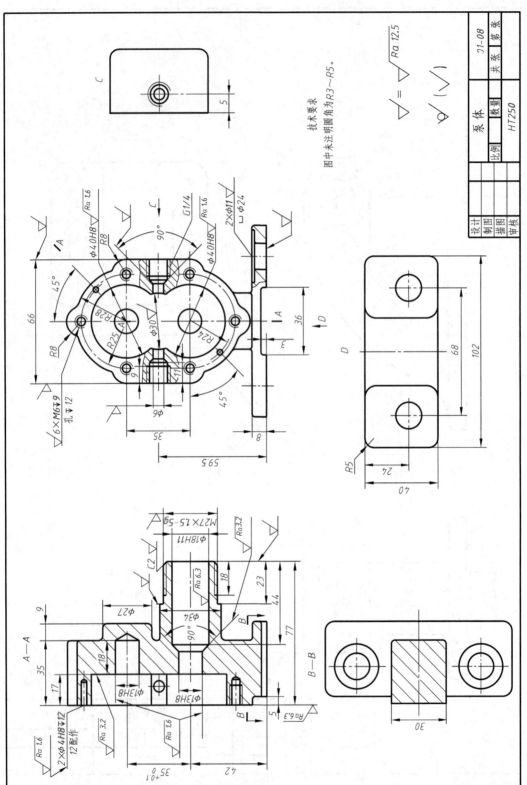

图 9-5　泵体零件图

1. 轴套类零件

这类零件包括轴、轴套、衬套等。其形状特征一般是由若干段不等径的同轴回转体构成，通常在零件上有键槽、销孔、退刀槽等结构。

这类零件主要加工时的方向是轴线水平。为了便于加工时看图，主视图中零件的摆放按加工位置即轴线水平放置。对零件上的槽、孔等结构，采用局部剖、断面图、局部放大等方法表达，如图 9-2 所示。

此类零件有两个主要尺寸基准，轴向（长度方向）尺寸基准和径向（宽度、高度方向）尺寸基准。一般根据零件的作用及装配要求取某一轴肩作轴向尺寸基准，取轴线作径向尺寸基准，并按所选尺寸基准标注轴上各部分的长度和直径尺寸。标注尺寸时，应将同一工序需要的尺寸尽量集中标注在一侧，如图 9-2 中左端键槽定形尺寸 10mm 和定位尺寸 3mm 集中注在了主视图上方。

2. 盘盖类零件

这类零件包括端盖、轮盘、带轮、齿轮等。其形状特征是：主要部分一般由回转体构成，轴向尺寸小，径向尺寸大，成扁平的盘状。且沿圆周均匀分布各种肋、孔、槽等结构。

这类零件的加工一般也是轴线水平放置。在选择视图时，通常将非圆视图作为主视图，按加工位置即轴线水平放置，并可根据需要画成剖视图。此外，还需用左视（或右视）图完整表达零件的外形和槽、孔等结构的分布情况。图 9-3 所示泵盖零件图中，采用了两个视图，为表达内孔的形状，主视图采用了两个相交的剖切面剖开的全剖视图。

标注此类零件尺寸时，通常以轴孔的轴线作为径向尺寸基准，以某一重要端面作为长度方向尺寸基准。为便于看图，对于沿圆周分布的槽、孔等结构的尺寸，尽量标注在反映其分布情况的视图中。图 9-3 中右端面为长度方向尺寸基准，下面的 $\phi 13H8$ 孔的轴线为高度方向的尺寸基准，左视图中的前后对称平面为宽度方向的尺寸基准。6 个 $\phi 7$ 的沉孔和 2 个 $\phi 4$ 的销孔，其定形和定位尺寸均注在反映分布情况的左视图中。

3. 叉架类零件

这类零件包括托架、拨叉、连杆等。其特征是结构形状比较复杂，零件常带有倾斜或弯曲状结构，且加工位置多变，工作位置亦不固定。

选择此类零件的主视图时，主要考虑其形状特征，并参考工作位置来确定。通常采用两个或两个以上的基本视图，并选择合适的剖视表达内部结构；也常采用斜视图、局部视图、断面图等表达局部结构。图 9-4 所示踏脚座零件图中，采用两个主要视图。主视图按形体特征，并参考工作位置放置，反映零件的轮廓形状和各结构的相对位置，上部采用局部剖，表达 $\phi 8$ 孔与 $\phi 20^{+0.05}_{0}$ 孔的相通关系；俯视图反映零件外形轮廓，同时也表达了 $\phi 16$ 凸台的前后位置，两处局部剖表达了 $\phi 20^{+0.05}_{0}$ 孔和踏板上长圆孔的内部形状；用移出断面图表达连接板和肋板断面形状，并用 "A" 向局部视图表达踏板的形状。

这类零件通常以主要孔的轴线、对称平面、安装基准面或某个重要端面作主要尺寸基准。图 9-4 所示的踏脚座以踏板的左端面作为长度方向尺寸基准，以对称平面作为宽度方向尺寸基准，踏板的水平对称面为高度方向尺寸基准。

4. 箱体类零件

这类零件包括箱体、壳体、阀体、泵体等。主要用来支承和包容其他零件，结构形状较复杂，加工位置变化多样。在选择箱体类零件的主视图时，主要考虑工作位置和形状特征。

其他视图的选择,应根据零件的结构选取,一般需要三个或三个以上的基本视图,结合剖视图、断面图、局部视图等多种表达方法,才能清楚地表达零件内外结构形状。图 9-5 所示的泵体零件图中,主视图按工作位置放置,用两个相交的剖切面剖开的全剖视图,不仅表示了零件的整体结构形状,还将各孔的深度、螺纹部分的长度表示清楚了;左视图采用三处局部剖,表达了两个 G1/4 螺纹孔与内腔相通的情况以及底板上两个 φ11 孔的结构。外形部分反映了外形轮廓结构形状及各孔的分布位置,同时反映了内腔和底板上通槽的形状;俯视图采用了局部剖,表达了底板与主体连接部分的断面形状和整体结构之间的关系;"C"向和"D"向局部视图进一步表达了管螺纹 G1/4 接口处的轮廓形状和底板底面的形状。

标注这类零件尺寸时,通常选用主要轴线、接触面、重要端面、对称平面或底板的底面等作主要尺寸基准。但要注意,对需要切削加工的部分尽量按便于加工和测量的要求标注尺寸。图 9-5 所示的泵体中,长、宽、高三个方向的主要尺寸基准分别为左端面、前后的对称平面和主动轴轴孔的轴线。

9.4　常见的零件工艺结构

零件的结构形状主要是根据它在机器或部件中的功能而确定的。但在设计零件结构形状的实际过程中,除考虑其功能外,还应考虑在加工制造过程中的工艺要求。因此,在绘制零件图时,应使零件的结构既能满足使用上的要求,又便于加工制造。下面仅介绍零件的一些常见工艺结构。

1. 铸造圆角和起模斜度

当零件的毛坯为铸件时,因铸造工艺的要求,在铸造零件表面的转角处做成圆角,以防止浇铸时转角处型砂脱落,同时还避免浇铸后铸件冷却时在转角处因应力集中而产生裂纹。绘制零件图时,一般需画出铸造圆角,圆角半径为 2 ~ 5mm。为了起模方便,铸件表面沿起模方向应作出斜度,一般为 1:20 (≈3°),如图 9-6 所示。铸造圆角和起模斜度一般在视图中不标注,而是集中注写在技术要求中。

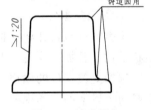

图 9-6　铸造圆角

2. 退刀槽和砂轮越程槽

在加工螺纹时,为了避免产生螺尾和便于退出刀具,常在待加工面的末端,先加工出退刀槽,其结构和尺寸标注如图 9-7a、b 所示;在需要磨削的轴肩处,预先加工出砂轮越程槽,使砂轮可以稍稍越过加工面,以保证加工质量。砂轮越程槽的结构形状一般采用局部放大图表示,如图 9-7c、d 所示。附表 21 给出了部分砂轮越程槽的形状和尺寸。

3. 倒角与倒圆

为装配方便和操作安全,在轴端和孔口处均应加工出倒角,如图 9-8 所示。为避免零件轴肩处因应力集中而断裂,对阶梯形的轴或孔,轴肩处加工成倒圆,如图 9-8a 所示。倒角、倒圆的形状和尺寸见附表 22。

4. 凸台与凹坑

为使两零件表面接触良好及减少零件接触面的加工面积,常在接触面处设计成凹坑或凸台结构,如图 9-9 所示。

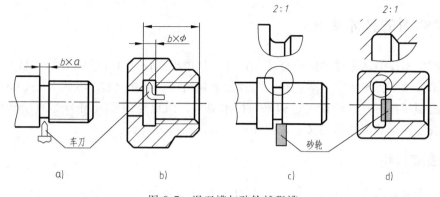

图 9-7　退刀槽与砂轮越程槽

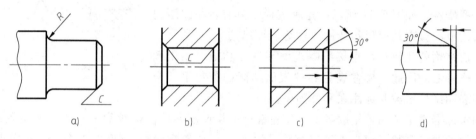

图 9-8　倒角与倒圆

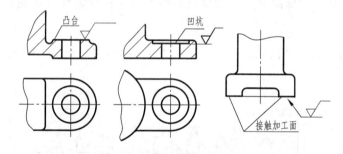

图 9-9　零件上的凸台与凹坑

5. 钻孔结构

　　由于钻孔使用的钻头顶部有 118° 的锥角，所以用钻头加工盲孔（不通孔）时，其孔的末端应近似画成锥度为 120° 的锥角，如图 9-10a 所示。在阶梯孔的过渡处，也应画出锥度为 120° 的锥面。如图 9-10b 所示。

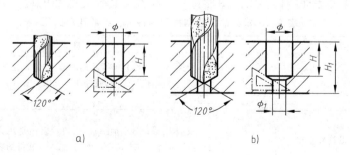

图 9-10　钻孔结构

9.5　零件图的技术要求

零件图中不仅表达零件的结构形状和尺寸，还要根据设计和工艺需要给出制造和检验应达到的技术要求。技术要求一般包括：零件的表面结构、尺寸公差、几何公差、材料、热处理等。在绘制零件图时，对有规定标记的技术要求，用规定的代（符）号直接标注在视图中，没有规定标记的以简明的文字说明注写在标题栏的上方或左侧。

9.5.1　表面结构

加工零件时，由于刀具在零件表面上留下刀痕和切削分裂时表面金属的塑性变形等影响，使零件表面存在着间距较小的轮廓峰谷，如图 9-11 所示。这种表面上具有较小间距的峰谷所组成的微观几何形状特性，称为表面结构。

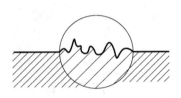

图 9-11　表面微观几何形状特征

表面结构的几何特征直接影响机械零件的功能、使用性能和工作寿命。因此，应在满足零件表面功能的前提下，合理选用表面结构参数并标注在零件图中。

国家标准规定了三种轮廓类型：R 轮廓——粗糙度参数，W 轮廓——波纹度参数，P 轮廓——原始轮廓参数。评定零件表面质量常用的为 R 轮廓参数。GB/T 131—2006 中规定了表面结构要求在图样中的标注方法。这里仅介绍评定粗糙度轮廓（R 轮廓）中的一个高度参数 Ra。

Ra 是指在一个取样长度内纵坐标值 $Z(x)$ 绝对值的算术平均值，$Ra = \frac{1}{l}\int_0^l |Z(x)| \, \mathrm{d}x$，如图 9-12 所示。

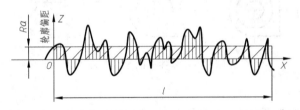

图 9-12　粗糙度轮廓算术平均偏差 Ra 示意图

1. 表面结构图形符号、参数及画法

图样上表示零件表面结构要求的图形符号、参数及其含义见表 9-1。

表 9-1　常见的表面结构图形符号、参数及含义

代（符）号		意义及说明
基本图形符号	√	表示对表面结构有要求的图形符号，未指定工艺方法的表面；仅适用于简化代号标注，通过注释可以单独使用，没有补充说明时不能单独使用
去除材料的扩展图形符号	▽	基本图形符号上加一短横，表示表面是用去除材料的方法获得的，如通过车、铣、钻、磨、剪切、抛光等获得的表面

（续）

代（符）号	意义及说明
不去除材料的扩展图形符号  ⌀	基本符号加一小圆,表示表面是用不去除材料的方法获得的,如通过铸造、锻压、冲压变形、热轧、冷轧、粉末冶金等获得的表面,也用于保持原供应状况的表面(包括保持上道工序的状况)
完整图形符号 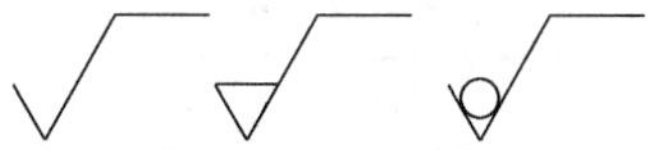	在以上各图形符号的长边加一横线,以标注表面结构特征的补充信息
表面结构代号 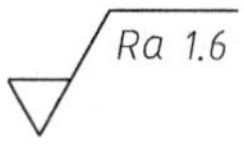 √Ra 1.6	表面去除材料的符号加表面结构参数代号及其极限值,表示表面是用去除材料的方法获得的,单项上限值,R 轮廓,算术平均偏差为 1.6μm

表面结构符号画法如图 9-13 所示。图 9-13 中 a、b 为注写表面结构要求的位置,c 为注写加工方法、表面处理、涂镀或其他加工工艺要求的位置,字体高度 h = 尺寸数字高度,符号线宽 $d' = h/10$,$H_1 = 1.4h$,H_2 与 H_1 尺寸对应关系见表 9-2。

图 9-13　表面结构符号

表 9-2　尺寸的对应关系　　　　　　（单位：mm）

数字和字母高度 h	2.5	3.5	5	7	10	14	20
符号线宽 d'	0.25	0.35	0.5	0.7	1	1.4	2
字母线宽 d							
高度 H_1	3.5	5	7	10	14	20	28
高度（最小值）H_2	7.5	10.5	15	21	30	42	60

注：H_2 取决于标注内容。

2. 表面结构要求在图样中的标注

表面结构要求对每一表面一般只标注一次,表面结构中的参数值的大小及书写方向与尺寸数值一致。其符号应标注在可见轮廓线或其延长线的外表面上,符号尖端由材料外指向并接触零件的外表面。必要时,表面结构符号也可用带箭头或黑点的指引线引出标注。

表面结构在图样中的标注方法见表 9-3。

表 9-3　表面结构要求在图样中的注法

说　　明	标注示例
直接标注在零件的表面轮廓线上	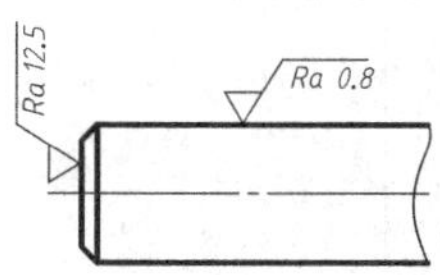 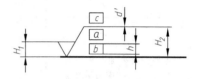

（续）

说　明	标注示例
用带箭头或黑点的指引线引出标注	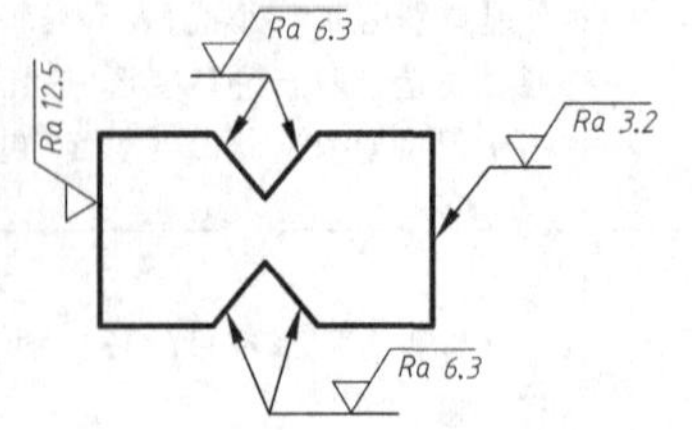 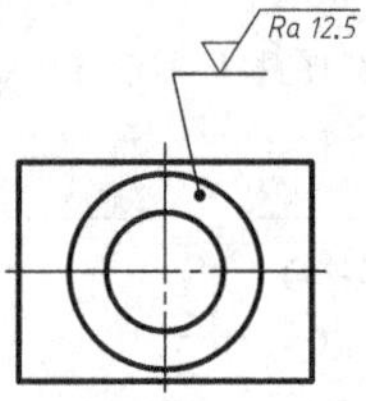
可以标注在公差框格的上方	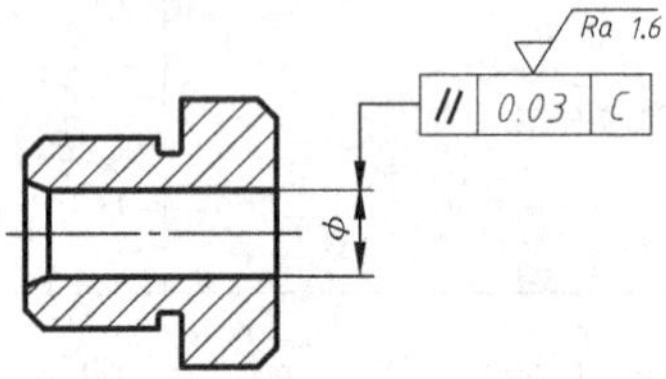
当零件所有表面有相同的表面结构要求时,表面结构可统一标注在标题栏附近	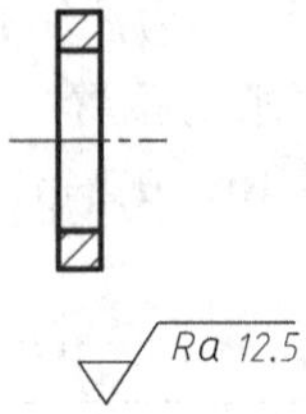
零件有多个相同的表面结构要求,可统一标注在标题栏附近; 对多个表面统一标注时,表面结构要求的符号后面应标注以下内容之一: 1)在圆括号内给出无任何其他标注的基本符号; 2)在圆括号内给出不同的表面结构要求(不同的表面结构要求应在图中直接标注)	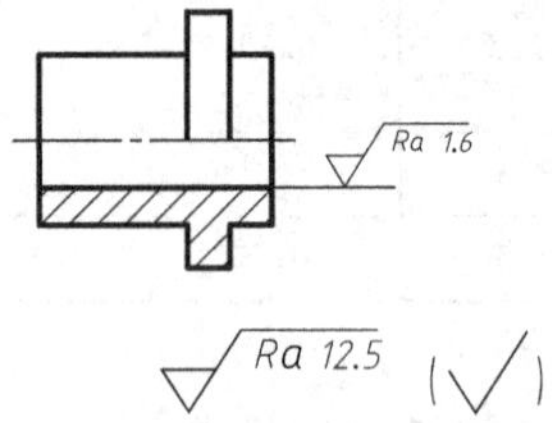 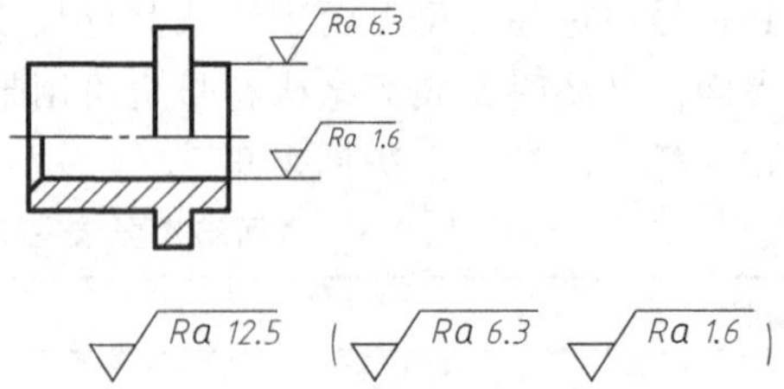
当同一表面有不同表面结构要求时,用细实线作为分界线,并分别注出相应的表面结构代号和参数值	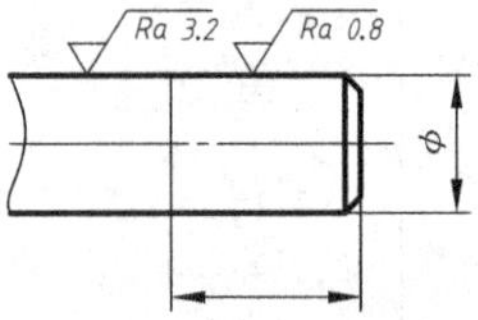

（续）

说　　　明	标注示例
当图纸空间有限时,可将相同的表面结构要求用表面结构符号以等式的方式标注在标题栏附近	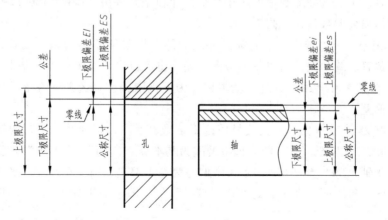

9.5.2　极限与配合

1. 互换性的概念

在生产实践中,相同规格的一批零件任取其中的一个,不经挑选和修配,就能合适地装到机器中去,并能满足机器性能的要求,零件具有的这种性质称为互换性。

零件的互换性,既能保证高效率的专业化大规模生产,提高产品质量,降低成本,又能实现各生产部门的横向协作。

为使零件具有互换性,中国国家质量监督检验检疫总局和中国国家标准化管理委员会颁布了《极限与配合》GB/T 1800.1—2009、GB/T 1800.2—2009、GB/T 1801—2009、GB/T 4458.5—2003 等标准。

2. 极限与配合术语

受技术和生产条件的影响,成品零件的尺寸会出现一定的误差。设计时应根据零件使用要求和加工条件,对零件尺寸允许的变动量作出规定,与该变动量有关的名词由 GB/T 1800.1—2009 给出,如图 9-14 所示。

图 9-14　术语图解

公称尺寸——由图样规范确定的理想形状要素的尺寸,是设计给定的尺寸。

实际尺寸——加工完成后通过测量获得的尺寸。

极限尺寸——尺寸要素允许的尺寸的两个极端。包括上极限尺寸（尺寸要素允许的最大尺寸）和下极限尺寸（尺寸要素允许的最小尺寸）。实际尺寸在两个极限尺寸之间的零件为合格。

零线——在极限与配合图解中，表示公称尺寸的一条直线，如图 9-14 所示。

偏差——某一尺寸减去公称尺寸所得代数差。偏差值可以是正值、负值或零。偏差有上极限偏差和下极限偏差：上极限偏差（ES、es）= 上极限尺寸 - 公称尺寸；下极限偏差（EI、ei）= 下极限尺寸 - 公称尺寸。ES 和 EI 表示孔的上极限偏差和下极限偏差，es 和 ei 表示轴的上极限偏差和下极限偏差。

尺寸公差（简称公差）——允许的尺寸变动量。公差 = 上极限尺寸 - 下极限尺寸 = 上极限偏差 - 下极限偏差。尺寸公差是一个没有符号的绝对值。

公差带——在公差带图解中，由代表上极限尺寸和下极限尺寸或上极限偏差和下极限偏差的两条直线所限定的区域，它由公差大小和其相对零线的位置来确定，公差带图如图 9-15 所示。

3. 标准公差与基本偏差

为了便于生产，实现零件的互换性，并满足不同使用需求，国家标准《极限与配合》规定：标准公差确定公差带的大小，基本偏差确定公差带的位置，如图 9-16 所示。

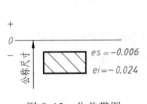

图 9-15　公差带图

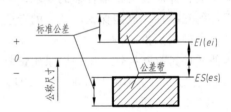

图 9-16　标准公差与基本偏差

（1）标准公差　国家标准极限与配合制中所规定的任一公差称为标准公差。标准公差等级代号用符号"IT"和数字组成，如"IT7"。标准公差等级分 20 级，用 IT01，IT0，IT1，…，IT18 等表示。其公差数值取决于公称尺寸和公差等级，GB/T 1800.2—2009 规定了IT1 至 IT18 的标准公差数值，见附表 23。

（2）基本偏差　公差带中一般将靠近零线的那个极限偏差称为基本偏差，它确定公差带相对零线的位置。基本偏差可以是上极限偏差，也可以是下极限偏差。基本偏差系列图如图 9-17 所示。公差带在零线上方时，基本偏差为下极限偏差，公差带在零线下方时，基本偏差为上极限偏差。

孔、轴各有 28 个基本偏差，其代号用拉丁字母表示。大写为孔，小写为轴。从图 9-17 中看出：对于孔，"A"至"H"的下极限偏差为基本偏差，"J"至"ZC"的上极限偏差为基本偏差；对于轴，"a"至"h"的上极限偏差为基本偏差，"j"至"zc"的下极限偏差为基本偏差；"JS"和"js"的基本偏差在"IT/2"处，即上极限偏差为"+ IT/2"，下极限偏差为"- IT/2"。

孔和轴的基本偏差数值见附表 24、附表 25。

根据标准公差和基本偏差可按下式计算轴、孔的另一偏差。

$$ES = EI + IT \text{ 或 } EI = ES - IT$$

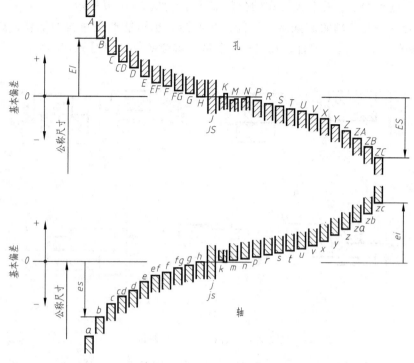

图 9-17 基本偏差系列图

$$es = ei + IT \text{ 或 } ei = es - IT$$

（3）公差带代号 公差带代号由基本偏差代号字母和公差等级数字组成，如 H8，f 7。零件图中的尺寸是由公称尺寸和公差带代号组成，如 φ28H8。φ28H8 中，"φ28"为公称尺寸；"H8"为孔的公差带代号；其中"H"为孔的基本偏差代号，"8"为孔的公差等级代号。

4. 配合

公称尺寸相同、相互结合的孔与轴公差带之间的关系称为配合。

（1）配合种类 国家标准规定，按照轴、孔间配合的松紧要求，配合分间隙配合、过渡配合和过盈配合三种，如图 9-18 所示。

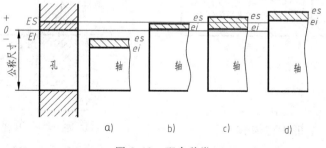

图 9-18 配合种类

间隙配合——孔与轴的装配结果产生间隙（包括间隙量为 0）的配合，如图 9-18a 中的孔与轴的配合。这种配合，孔的公差带在轴公差带的上方，如图 9-19a 所示。

过盈配合——孔与轴装配结果产生过盈（包括过盈量为 0）的配合，如图 9-18d 中的孔与轴的配合。这种配合，孔公差带在轴公差带下方，如图9-19b所示。

　　过渡配合——孔与轴的装配结果可能产生间隙，也可能产生过盈的配合，如图9-18b、c中的孔与轴的配合。这种配合，轴与孔公差带有重合部分，如图9-19c所示。

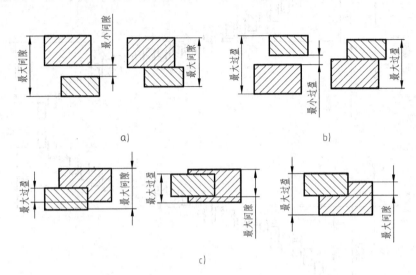

图 9-19　各种配合的公差带

　　（2）配合制　国标对配合规定了两种配合制度，即基孔制与基轴制。

　　基孔制配合——基本偏差为一定的孔公差带，与不同基本偏差的轴公差带形成各种配合的制度，称为基孔制。在基孔制配合中，孔的下极限尺寸与公称尺寸相等，孔的下极限偏差为零，如图9-20所示。基孔制的孔为基准孔，基本偏差代号为"H"，其下极限偏差为零。

　　基轴制配合——基本偏差为一定的轴公差带，与不同基本偏差的孔公差带形成各种配合的制度，称为基轴制。在基轴制配合中，轴的上极限尺寸与公称尺寸相等，轴的上极限偏差为零，如图9-21所示。基轴制的轴称为基准轴，基本偏差代号为"h"，其上极限偏差为零。

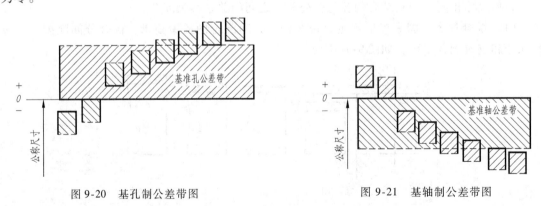

图 9-20　基孔制公差带图　　　　　　　　　　　　图 9-21　基轴制公差带图

　　一般情况下，应优先采用基孔制。在基孔制（基轴制）配合中：基本偏差 a ~ h（A ~ H）用于间隙配合；j ~ zc（J ~ ZC）用于过渡配合和过盈配合。

　　（3）配合的表示　配合用相同的公称尺寸后跟孔和轴的公差带代号组合而成，写成分式形式，分子为孔的公差带代号，分母为轴公差带代号。若分子中孔的基本偏差代号为

"H"时，表示该配合为基孔制；若分母中轴的基本偏差代号为"h"时，表示该配合为基轴制。当轴与孔的基本偏差同时分别为 h 和 H 时，根据基孔制优先的原则，一般应首先考虑为基孔制，如 $\phi28\dfrac{H7}{h6}$。

例如，代号 $\phi28\dfrac{H7}{f6}$ 的含义为相互配合的轴与孔公称尺寸为"$\phi28$"，基孔制配合，孔为标准公差"IT7"的基准孔，与其配合的轴基本偏差为"f"，标准公差为"IT6"。

5. 极限与配合在图样上的标注

GB/T 4458.5—2003 规定了极限与配合在零件图及装配图上的标注方法，见表 9-4。

1）在装配图上采用组合注法。

2）在零件图上可仅标注公差带代号、仅标注极限偏差数值或两者同时注出。两者同时注出时，将极限偏差数值放在右边，并加括号。注写极限偏差数值所用字体比尺寸数值字体小一号。

表 9-4　极限与配合在图样中的标注

	基 孔 制		基 轴 制	
装配图	$\phi26\dfrac{H7}{g6}$		$\phi26F8/h7$	$\phi26^{+0.053}_{+0.020}$ $\phi26^{\ 0}_{-0.021}$
	基准孔	轴	孔	基准轴
零件图	$\phi26H7$	$\phi26g6$	$\phi26F8$	$\phi26h7$
	$\phi26^{+0.021}_{\ 0}$	$\phi26^{-0.007}_{-0.020}$	$\phi26^{+0.053}_{+0.020}$	$\phi26^{\ 0}_{-0.021}$
	$\phi26H7\left(^{+0.021}_{\ 0}\right)$	$\phi26g6\left(^{-0.007}_{-0.020}\right)$	$\phi26F8\left(^{+0.053}_{+0.020}\right)$	$\phi26h7\left(^{\ 0}_{-0.021}\right)$

9.5.3　几何公差

几何公差是零件要素（点、线、面）的实际形状、实际位置、实际方向对理想状态的允许变动量。例如，轴的理想形状如图 9-22a 所示，但加工后轴的实际形状如图 9-22b 所示，产生的这种误差为形状误差。图 9-23 所示零件中左右两孔轴线的理想位置是在同一条直线上，如图 9-23a 所示，但加工后两孔轴线产生偏移，形成位置误差，如图 9-23b 所示。

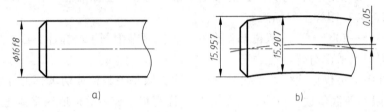

图 9-22　形状误差

为提高机械产品质量，保证零件的互换性和使用寿命，除了给定零件的尺寸公差、限制表面结构外，还要规定适当的几何精度，并将这些要求标注在图样上。

1. 几何公差的几何特征符号

几何公差的特征符号见表 9-5。

2. 几何公差在图样上的标注

几何公差用公差框格的形式标注在图样上，如图 9-24 所示；在零件图上标注如图 9-25 所示。有关几何公差的详细内容请查阅有关资料说明。

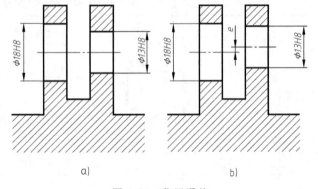

图 9-23　位置误差

表 9-5　几何公差特征符号

公差分类	几何特征	符号	公差分类	几何特征	符号
形状公差	直线度	—	方向公差	平行度	∥
	平面度	▱		垂直度	⊥
	圆度	○		倾斜度	∠
	圆柱度	⌀	位置公差	同轴度	◎
	线轮廓度	⌒		对称度	=
	面轮廓度	⌓		位置度	⊕
			跳动公差	圆跳动	↗
				全跳动	⫽↗

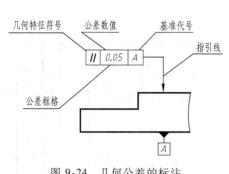

图 9-24 几何公差的标注

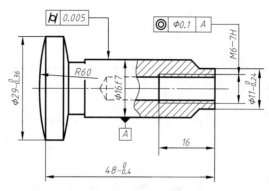

图 9-25 几何公差在图样上的标注

9.6 读零件图

在加工零件和进行技术交流时，需要读零件图，通过图样想象出零件的结构、形状、大小，了解各项技术指标等。下面介绍读零件图的方法和步骤。

1. 读零件图的方法和步骤

（1）概括了解 从零件图的标题栏中了解零件的名称、材料、绘图比例等属性。

（2）分析视图 通过分析零件图中各视图所表达的内容，找出各部分的对应关系；采用形体分析、线面分析等方法，想象出零件各部分结构和形状。

（3）分析尺寸和技术要求 分析确定各方向的主要尺寸基准，了解定形尺寸、定位尺寸和总体尺寸。了解技术要求。主要了解零件的表面结构要求，尺寸公差和几何公差及其他技术要求。

（4）综合想象 在上述分析的基础上，综合起来想象出零件的结构形状、尺寸大小和制造零件的各项要求，对零件获得全面的了解。

2. 读零件图举例

读图 9-26 所示泵体零件图的方法和步骤如下。

（1）概括了解 从标题栏中了解到，该零件名为"泵体"，使用材料为灰铸铁"HT150"，作图比例"1:3"。

（2）分析视图 零件图采用了主视图、左视图和俯视图三个基本视图。主视图采取了半剖视，表达了零件外形结构和三个 M6 螺纹孔的分布位置，并表达了右侧凸台上螺纹孔和底板上沉孔的结构形状，同时，还表达了两个 φ6 通孔的位置；左视图采用了局部剖，保留了零件的外形结构，表达出 M6 螺纹孔的深度、内腔与 φ14H7 孔的深度和相通关系；俯视图采取了全剖视图，表达了底板与主体连接部分的断面形状，同时表达了底板的形状和其上两沉孔的位置。从分析结果可以看出，零件是由壳体、底板、连接板等结构组成的。

壳体为圆柱形，前面有一个均布三个螺孔的凸缘，左右各有一个圆形凸台，凸台上有螺纹孔与内腔相通；后面有一圆台形凸台，凸台里边有一带锥角的盲孔；内腔后壁上有两个小通孔。底板为带圆角的长方形板，其上有两个 φ11 的沉孔，底部中间有凹槽，底面为安装基准面。壳体与底板由断面为丁字形的柱体连接。

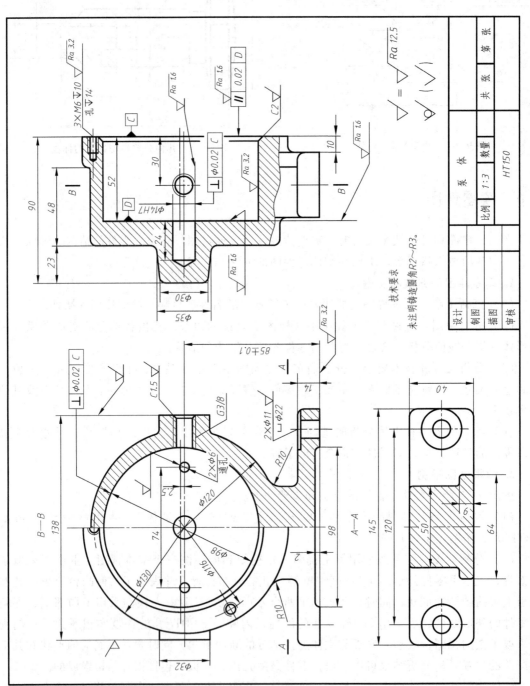

图 9-26　泵体零件图

（3）**分析尺寸，了解技术要求** 零件中长、宽、高三个方向的主要尺寸基准分别是左右对称面、前端面和 $\phi14H7$ 孔的轴线。各主要尺寸都是从主要基准直接注出的。图中还注出了各配合表面尺寸公差和各表面结构要求以及几何公差等。

（4）**想象整体形状** 综合想象出该泵体的整体形状，如图 9-27 所示。

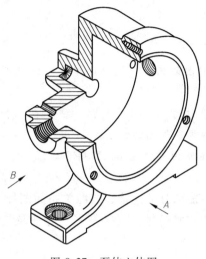

图 9-27　泵体立体图

第 10 章 装 配 图

本章学习指导

【目的与要求】 了解装配图的内容，能够阅读一般装配图，掌握由简单装配图拆画零件图的方法。

【主要内容】 装配图的表达方法、尺寸标注、技术要求和合理的装配结构，装配图的绘制和阅读方法，由装配图拆画零件图的方法。

【重点与难点】 读装配图及由装配图拆画零件图。

装配图是表示产品及其组成部分的连接、装配关系的图样，是机器或部件装配、调试、使用、维修及技术交流的主要技术资料。图 10-1 是齿轮油泵装配图。

10.1 装配图的内容

一张完整的装配图包括下列内容：

1. 一组视图

视图用于表达机器或部件的工作原理、各零件的装配和连接关系及主要零件的结构形状等。

2. 几种尺寸

装配图中一般只标注机器或部件的特性尺寸、装配尺寸、安装尺寸、外形尺寸和其他必要尺寸。

3. 技术要求

对机器或部件的性能、装配、调试和使用等要求的符号或文字说明。

4. 序号，明细栏，标题栏

明细栏中填写各零件的序号、名称、材料、数量等；标题栏是说明机器或部件的名称、图号、绘图比例等。

10.2 装配图的表达方法

前面所述零件图的表达方法对装配图同样适用。因装配图主要用于表达机器或部件的结构、工作原理、装配关系等，因此，还可采用下列几种特殊表达方法。

1. 剖面线画法

装配图中，相邻两零件的剖面线倾斜方向相反或间隔不等。但同一零件在各视图中的剖面线倾斜方向、间隔必须保持一致。

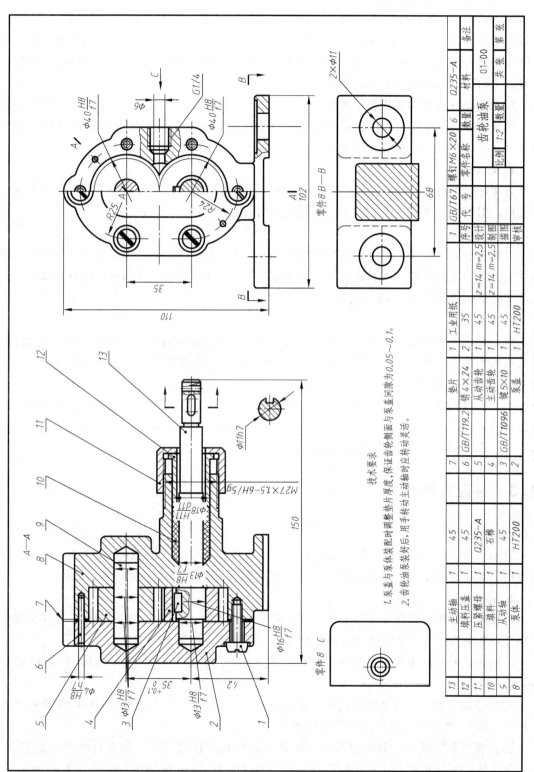

技术要求

1. 泵盖与泵体装配时调整垫片厚度, 保证齿轮侧面与泵盖间隙为 0.05～0.1。

2. 齿轮油泵装好后, 用手转动主动轴时应转动灵活。

图 10-1　齿轮油泵装配图

13		主动轴	1	45						
12		填料压盖	1	45						
11		压紧螺母	1	Q235-A						
10		填料	1	石棉						
9		从动轴	1	45						
8		泵体	1	HT200						
7		主动轴	1	45	工业用纸					
6	GB/T119.2	销 4×24	2	35						
5		从动齿轮	1	45	z=14 m=2.5					
4		主动齿轮	1	45	z=14 m=2.5					
3	GB/T1096	键 5×10	1	45						
2		泵盖	1	HT200						
1	GB/T67	螺钉 M6×20	6	Q235-A						
序号	代号	零件名称	数量	材料	备注					

齿轮油泵		01-00		
设计		装置	齿轮油泵	共 张 第 张
制图		比例	1:2	
描图				
审核				

2. 紧固件和实心件画法

在装配图中，紧固件（即螺栓、螺柱、螺母、垫圈等）及轴、连杆、键、销等实心件，若按纵向剖切且剖切平面通过其对称平面或轴线时，均按不剖绘制。若遇这些零件有孔、槽等结构需要表达时，可采用局部剖视图和断面图进行表达。如图 10-1 所示主视图中螺钉、销钉、主动轴、从动轴均按不剖绘制。

3. 接触面配合面与非接触面画法

在装配图中两零件表面接触或配合时，其表面画一条线，而不接触时画两条线，如图 10-1 所示，螺钉 1 与泵盖 2 之间为非接触面，销 6 与泵盖 2 之间为配合面。

4. 夸大画法

对薄片、小间隙和尺寸较小的零件难以按实际尺寸画出时，允许将该部分尺寸适当放大后画出。图 10-1 中垫片 7、螺钉 1 与泵盖上孔的间隙均采用了夸大画法。

5. 假想画法

对有一定活动范围的运动零件，作图时，一般将该零件按某一极限位置画出，而用双点画线画出另一极限位置。对不属于部件但又与部件有关联的其他零件亦可用双点画线将其画出。如图 10-1 左视图中双点画线部分。

6. 简化画法

（1）单个零件的表达　某个重要零件需要表达的结构形状在装配图中未被表达清楚时，可采用某个视图单独表达该零件，并对视图名称、投射方向及零件名称或序号加注标记，如图 10-1 中 "零件 8C"。

（2）拆卸画法　当某个视图中需要表达的部分被某些零件遮住时，可假想沿零件的结合面剖切或将这些零件拆卸后再画装配图，需要说明时，可在视图上方注明 "拆去 × ×"等字样。图 10-1 左视图是沿泵盖 2 接触面剖切后画出的。

10.3　装配图的尺寸

1. 特性尺寸

表示结构或部件规格、性能的尺寸是设计和选用机器的主要依据。如图 10-1 所示齿轮油泵进出油孔的尺寸 $\phi6$，是决定油泵流量的特性尺寸。

2. 装配尺寸

装配尺寸是表示机器或部件中零件间装配关系的尺寸，是装配工作的依据，是保证部件使用性能的重要尺寸。装配尺寸包括配合尺寸、连接尺寸和相对位置尺寸。

（1）配合尺寸　表示零件之间有配合性质的尺寸，如图 10-1 中的 $\phi13\text{H}8/\text{f}7$、$\phi18\text{H}11/\text{d}11$ 等。

（2）连接尺寸　零件之间有连接关系的尺寸，如图 10-1 中 $\text{M}27 \times 1.5\text{-}6\text{H}/5\text{g}$ 为螺纹连接尺寸，$R25$、$R24$ 为连接件间的位置尺寸。

（3）相对位置尺寸　装配过程中，零件之间的相对位置尺寸，如平行轴之间的距离，主要轴线到安装基准面之间的距离等。图 10-1 中主动轴 13 的轴线到底面的距离 42mm；主动轴 13 与从动轴 9 之间的距离 $35^{+0.1}_{0}$mm 等均属此种尺寸。

3．安装尺寸

安装尺寸是机器或部件安装时所需要的尺寸。如图 10-1 中底板上两沉孔的定形尺寸 2 × ϕ11mm 及其定位尺寸 68mm 均为安装所需要的尺寸。

4．外形尺寸

外形尺寸即部件轮廓的总长、总宽、总高等尺寸，为部件的包装、运输和安装占据的空间提供数据，如图 10-1 中的 150mm、102mm、110mm 等尺寸。

10.4　序号、明细栏和标题栏

装配图中需对所有零件都按一定顺序编写序号，并将各零件的序号、名称、数量、材料等内容填写到明细栏中，以便读图和管理图样。

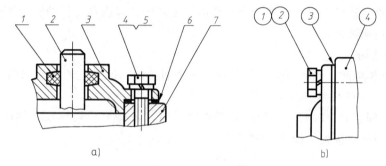

图 10-2　序号画法

序号和明细栏的编写规则如下：

1．序号

1）序号由圆点、指引线、水平线（或圆）及数字组成，如图 10-2 所示。指引线与水平线（或圆）均为细实线，数字高度比尺寸数字大一号，写在水平线上方（或圆内）。

2）圆点画在被编号零件图形中。当所指零件很薄或涂黑时，可以在指引线末端画一箭头代替圆点。

3）指引线尽量均匀分布，彼此不能相交，还应避免与剖面线平行。装配关系清楚的组合件（如螺纹紧固件），可采用公共指引线，如图 10-3 所示。

4）装配图中一个零件必须编写一个序号，同一装配图中相同的零件不重复编号。

5）图样中的序号可按顺时针也可按逆时针依次排列，但须在水平或垂直方向排列整

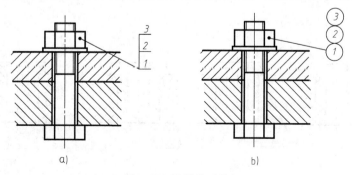

图 10-3　公共指引线

齐，如图 10-1 所示。

2. 明细栏

明细栏是填写各零件序号、规格、名称、材料和数量等内容的表格。明细栏的格式及尺寸如图 2-6 所示，明细栏画在标题栏上方。零件序号自下而上填写，若位置不够，可将其余部分画在标题栏左方，如图 10-1 所示。

3. 标题栏

标题栏用于填写机器或部件的属性（名称、代号、比例等），其格式与零件图标题栏基本相同。

10.5 常见的装配结构

在设计和绘制装配图时，需要确定合理的装配结构，以满足部件的性能要求，同时便于零件的加工制造和拆装。

1. 接触面结构

1）两零件接触时，同一方向一般只能有一个面接触，以满足两零件间的接触性能，并便于加工制造，如图 10-4 所示。

2）轴与孔配合时，轴肩与孔的端面互相接触时，轴肩根部切槽或孔的端部加工倒角，以保证两零件的良好接触，如图 10-5 所示。

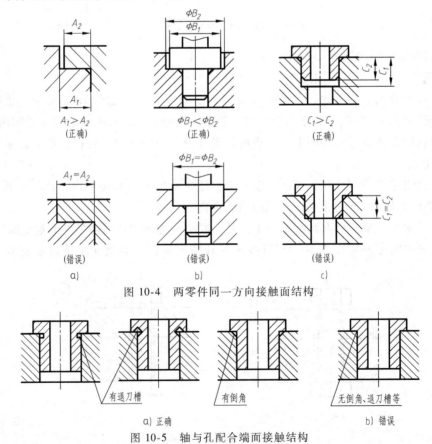

图 10-4 两零件同一方向接触面结构

图 10-5 轴与孔配合端面接触结构

2. 定位结构

为方便装配，并保证拆、装不降低两零件的装配精度，通常采用如图 10-6 所示的销连接结构。为加工和拆装方便，在可能的条件下，尽量将销孔做成通孔。

3. 可拆装结构

在画装配图时，要考虑方便零件的装拆。如安装螺纹紧固件处，应留出足够空间，如图 10-7 所示。

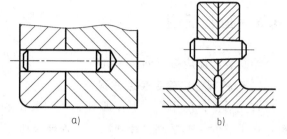

图 10-6　定位结构

对装有衬套的结构采用图 10-8 所示结构，在拆衬套时，可用工具从轮盘上的小孔处将衬套顶下。

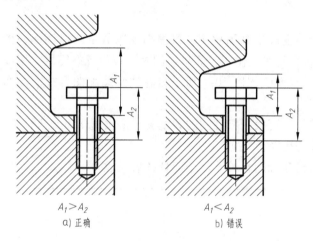

$A_1 > A_2$

a) 正确

$A_1 < A_2$

b) 错误

图 10-7　装拆空间

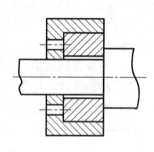

图 10-8　装拆结构

4. 密封结构

为防止部件内部的液体或气体渗漏或灰尘进入机件内，对有上述要求的部位需设置密封结构。常见的密封装置结构有毡圈密封（图 10-9a）、填料函结构密封（图 10-9b）、垫片构密封（图 10-9c）等。

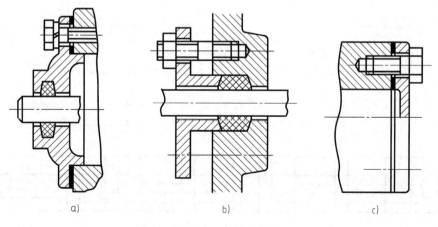

a)　　　　　　　　b)　　　　　　　　c)

图 10-9　密封结构

10.6　画装配图

绘制装配图应按下列步骤进行。

1. 分析部件，确定表达方案

首先对部件的用途、工作原理、装配关系和主要零件的结构特征等做全面地了解和分析。在了解分析的基础上合理地运用各种表达方法，确定装配图的表达方案。在选择表达方案时，尽量按部件的工作位置确定主视图，并使主视图能较多地表达主要的装配关系、主要的装配结构和部件的工作原理等。

在选择的表达方案中，将主要轴线或重要零件的基准面作为画图基准。

2. 画装配图

画装配图应按下列步骤进行。

1）图面布局。根据部件大小和复杂程度确定画图比例，再根据视图数量选定图幅，然后画出边框、图框、标题栏、明细栏等的底稿线。使用计算机绘图时，应设置好图层、图线等。然后，按表达方案画出各视图的作图基准线。图 10-1 所示齿轮油泵装配图各视图的布局情况如图 10-10 所示。

2）画各视图底稿。一般先画主要零件，再根据零件间的装配关系依次画出每个零件。

3）标注尺寸，编排零件序号，并进行校对。

4）加深图线，填写技术要求、明细栏和标题栏等。经全面校核后完成全图。

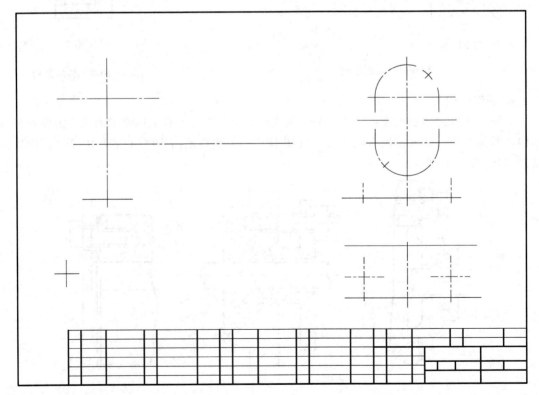

图 10-10　齿轮油泵装配图布局

10.7　读装配图

10.7.1　读装配图的方法和步骤

读装配图的目的是通过装配图看懂机器或部件的性能、工作原理、每个零件的基本结构及其在部件中的作用，以及各零件的装配关系。读装配图的方法和步骤如下所述。

1. 概括了解

首先了解部件的名称、用途和规格。名称可以从标题栏中读到。用途和规格可以查阅有关技术资料，或通过实际调查研究获取。然后，通过对照装配图中序号和明细栏，弄清楚部件中标准件、非标准件的数目，了解各零件的名称、数量、材料以及标准件的规格代号等。

2. 分析视图

通过对装配图中视图的分析，了解部件的工作原理，了解主要装配干线中各零件之间的定位、配合和连接关系，了解零件间运动和动力传递方式，并了解部件中的润滑、密封方式等。

3. 分析零件

在上述分析了解的基础上，明确各零件在部件中所起的作用，并读懂各零件的结构形状。当零件结构在装配图中表达不完整时，需根据构形分析来确定其形状。

4. 由装配图拆画零件图

在部件的设计中，需要根据装配图拆画零件图，简称拆图。拆图时，应先将被拆零件在装配图中的功能分析清楚，根据视图间的投影关系确定零件的结构形状，并将其从装配图中分离出来。然后，根据零件在装配图中的装配关系，结合零件的加工制造方法，确定其工艺结构，如有配合关系的轴肩处应设计砂轮越程槽，在铸造件的非加工表面转角处，设计铸造圆角，在螺纹紧固件连接处的钻孔设计凹坑或凸台结构等。最后确定零件的详细结构形状，补齐所缺图线。画零件工作图时，要根据零件图视图表达方法确定表达方案。画出视图后，再按零件图的要求标注尺寸，填写技术要求和标题栏等内容。

10.7.2　读装配图及由装配图拆画零件图举例

以图 10-11 所示旋塞阀为例，读懂部件的工作原理、装配关系、各部分结构形状及各零件的结构形状，并拆画旋塞壳 1 的零件图。

1. 概括了解

旋塞是安装在管路上用来控制液体流动的开关，同时控制流量。其流量由旋塞壳中两个直径为 60mm 的孔和塞子的旋转位置决定。由装配图看出，该部件由 11 种零件组成，其中 4 种为标准件。各零件的名称、材料、规格及位置可以从明细栏及相应视图中获得。

2. 分析视图

该部件用了三个基本视图和一个表达单个零件的"零件9　*B*"的向视图。主视图采用半剖视图，重点表达了部件主要装配干线的装配关系，同时也表达了部件中主要零件的结构形状；左视图采用局部剖视图，表达部件整体外形结构和部分零件的结构形状，并表达旋塞壳与旋塞盖之间的连接关系；俯视图采用半剖视图既表达部件的内部结构形状，又表达旋塞

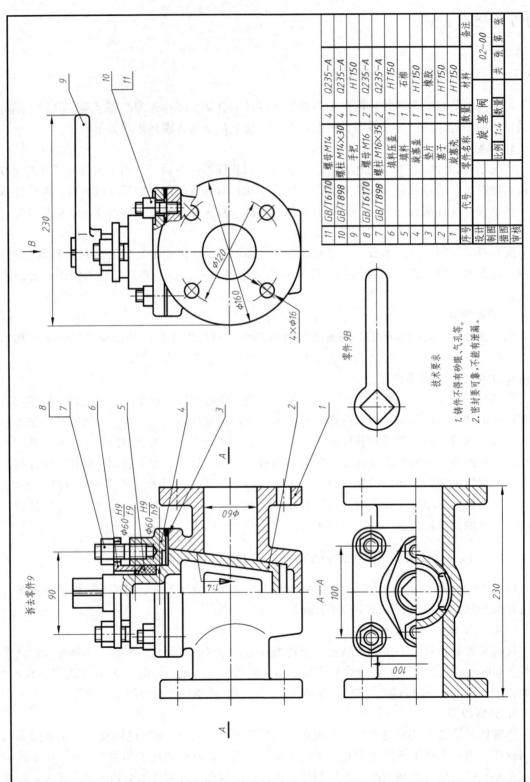

图 10-11 旋塞阀阀配图

壳安装部分的结构形状和旋塞壳与旋塞盖连接部分的形状;"零件 9　　*B*"向视图用于表达手把的形状。而在主视图和俯视图中则采用了拆卸画法(拆去零件 9)。

通过对视图的分析,可以了解部件的工作原理和装配关系。从图 10-11 中可以看出,塞子锥体部分的梯形通孔与旋塞壳两侧 $\phi 60$ 孔相通时,为开通状态,液体可以从旋塞壳的一侧流入,而从另一侧流出。转动塞子可以控制液体流量,当将塞子转至图中位置时,为关闭状态,液体截流。从装配图中还可以看出,旋塞盖与旋塞壳连接时,在接合面处加一个密封垫片,用于防止液体从该接合面渗漏。为便于垫片的固定,在旋塞盖的下端面加工一子口,装配时将垫片套在止口上。塞子与旋塞盖之间的密封,使用填料函结构密封。

从装配图中可以看出,部件的运动关系为转动手把带动塞子运转,实现启闭。双头螺柱连接部分分别反映填料压盖与旋塞盖、旋塞盖与旋塞壳之间的连接关系。填料压盖与旋塞盖之间、塞子与旋塞盖之间有配合关系的部分标注了配合尺寸,如 $\phi 60 H9/f9$ 和 $\phi 60 H9/h9$。

3. 分析零件

通过分析、了解装配图中各零件在部件中的作用,采用构形分析的方法可以确定出各零件的轮廓形状,并根据各零件的作用及加工制造要求,确定其结构形状和各部分尺寸与技术要求。

4. 拆画旋塞壳零件图

拆画旋塞壳零件图的方法与步骤如下。

1)从明细栏中找到旋塞壳的序号、名称及有关说明,再从装配图中找到该零件在装配图中的位置。

2)利用各视图的投影关系、同一零件剖面线倾斜方向和间隔一致的规定,找出旋塞壳在各视图中对应的投影,确定其轮廓范围及该零件的大致结构形状,如图 10-12 所示。根据投影原理及构型理论,补全轮廓图中缺少的图线。

3)根据旋塞壳在装配图中的装配关系,结合该零件加工制造过程,确定其工艺结构。例如,该零件为铸造件,各非加工表面转角处均应设计成圆角。经综合分析,确定旋塞壳零件整体结构形状。

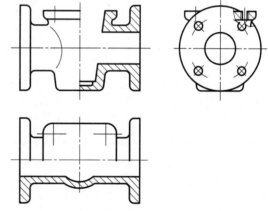

图 10-12　旋塞壳轮廓图

4)选择表达方案。根据零件图视图表达的要求,将旋塞壳视图表达方案调整为:用一个基本视图,另外选用"*A*"局部向视图和"*B—B*"剖视图。主视图取其工作位置即 $\phi 60$ 孔的轴线水平放置,并取半剖视图,表示该零件的内部结构形状;"*B—B*"剖视图,表示法兰盘的结构形状和 $\phi 16$ 孔的分布情况;"*A*"向局部视图,表示该零件与旋塞盖连接部分的结构形状,同时表示螺纹孔的分布位置。

5)根据该零件在装配体中的作用及加工零件的工艺要求,标注出零件图的尺寸、公差、表面结构要求,完成全图。

旋塞壳零件图如图 10-13 所示。

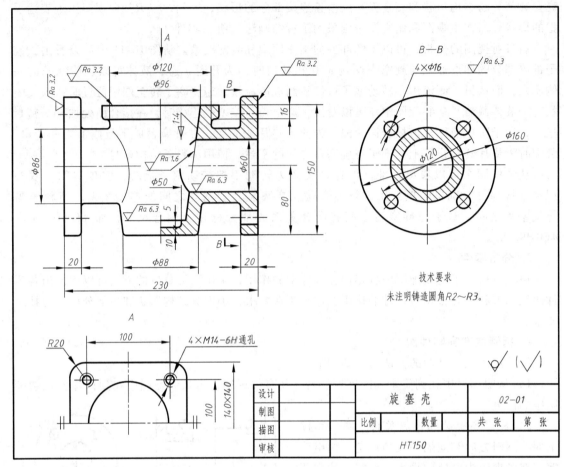

技术要求

未注明铸造圆角R2～R3。

设计			旋塞壳		02－01		
制图			比例	数量	共　张	第　张	
描图							
审核			HT150				

图 10-13　旋塞壳零件

第11章　计算机辅助绘图

本章学习指导

【目的与要求】　熟练掌握 AutoCAD 命令的基本操作方法；利用 AutoCAD 软件绘制组合体图形；利用 AutoCAD 构建三维实体。

【主要内容】　AutoCAD 2012 的启动及界面、AutoCAD 命令的基本操作方法、绘制编辑几何图形、绘制组合体图形、构建三维实体。

【重点与难点】　重点为 AutoCAD 2012 命令的基本操作方法、绘制编辑几何图形、绘制组合体图形；难点是绘制、构建几何图形的方法，构建三维实体。

11.1　概述

计算机辅助绘图是利用计算机软件和硬件生成图形信息，并将图形信息显示及输出的计算机技术。计算机辅助绘图已经成为绘制工程图样的重要手段，同时也是计算机辅助设计的重要组成部分。与手工绘图相比，计算机辅助绘图优点在于：绘图精度高，速度快，易于修改、复制、管理，保存及携带方便，不易污损等。

掌握和运用绘图工具软件、绘制和构建工程图样是工程设计者不可缺少的技能。Auto-CAD 是美国 Autodesk 公司开发的通用计算机辅助设计软件包，被广泛地应用于机械、电子、建筑等领域其绘图功能强大且操作方便快捷，易于被学习和掌握。随着近年来整个计算机业的发展，AutoCAD 正深刻地影响着设计和绘图的基本方式。

本章选用 AutoCAD 2012 版本的绘图软件，介绍计算机辅助绘制二维图形的方法以及利用 CAD 软件进行二维和三维几何构形设计的方法。

11.2　AutoCAD 基本操作

11.2.1　AutoCAD 的启动与操作界面介绍

在 Windows 系统下安装 AutoCAD 2012 后，桌面上会创建一个启动图标 。在该图标处双击鼠标左键，即启动 AutoCAD 2012 主界面"草图与注释"工作空间，如图 11-1 所示。

在"草图与注释"和"三维建模"工作空间下，其界面主要由标题栏、快速访问工具栏、交互信息工具栏、菜单栏、功能区、绘图区、布局标签、状态栏、命令行窗口等元素组成。界面元素功能见表 11-1。

AutoCAD 操作界面是显示、绘制和编辑图形的区域。AutoCAD 2012 提供了草图与注释、三维基础、三维建模、AutoCAD 经典四种工作空间模式供用户选择。习惯操作 AutoCAD 2004 以前版本的用户，可以把工作空间设置为"AutoCAD 经典"。

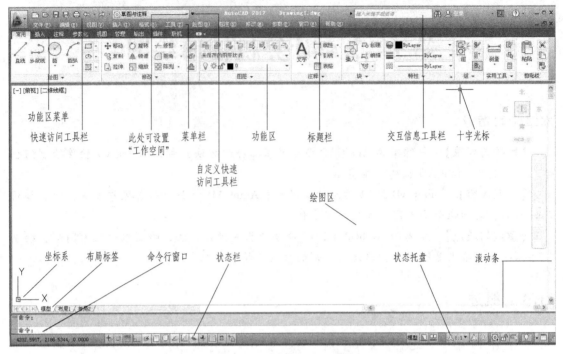

图 11-1　AutoCAD 2012 主界面

表 11-1　AutoCAD2012 主界面功能介绍

界面元素名称	功　　能	说　　明
标题栏	显示应用程序图标和当前操作图形的名称及路径	标题栏位于操作界面的最上方一行中间处
快速访问工具栏	包含"新建""打开""保存""另存为""打印""放弃""重做""工作空间"设置和"自定义快速访问"工具	位于界面左上方第一行
交互信息工具栏	包含"搜索""Autodesk Online 服务""交换"和"帮助"等工具	位于快速访问工具栏后面
菜单栏	包含"文件""编辑""视图""插入""格式""工具""绘图""标注""修改""参数""窗口"和"帮助"菜单	单击工具栏 草图与注释 的 ▼ 按钮，从下拉菜单项中选择"显示"或"隐藏"菜单栏，在标题栏下方显示；菜单命令选项后有"▶"的说明还有下一级菜单；选项后有"…"的，运行该命令后会出现对话框
功能区	包括"常用""插入""注释""参数化""视图""管理""输出""插件"和"联机"选项	在"草图与注释"工作空间中，菜单栏的下方是功能区；也可从菜单栏："工具""选项板""功能区"调出或关闭
绘图区	类似手工绘图的图纸，绘图结果都显示在此区域中	在绘图区域内移动鼠标时，十字形光标跟着移动，同时，在绘图区下边的状态栏上显示光标点的坐标
工具栏	显示"标准""工作空间""图层""样式""对象特性""绘图"和"修改"等工具栏	在 AutoCAD 经典工作空间模式下，图 11-2 所示是"标准""工作空间"和"图层"工具栏

（续）

界面元素 名称	功　　能	说　　明
命令行 窗口	提示符等待接受 AutoCAD 命令,显示 AutoCAD 提示信息	位于操作界面最下端,倒数第二行 注意:用户绘图操作时必须随时注意窗口的显示信息,进行 交互操作
布局标签	默认"模型"的模型空间布局标签是我 们通常的绘图环境,单击其中选项卡可以 在模型空间或纸空间之间切换	位于绘图区的下方选项　模型　布局1　布局2
状态栏	用来显示 AutoCAD 当前的状态,左侧显 示绘图区的光标定位点、光标的坐标值; 右侧图标依次是"推断约束""捕捉模式" "栅格显示""正交模式""极轴追踪""对 象捕捉""三维对象捕捉""对象捕捉追 踪""允许/禁止动态 UCS""动态输入" "显示/隐藏线宽""显示/隐藏透明度" "快捷特性"和"选择循环"14 个功能按钮	状态栏位于操作界面的底部 在状态栏单击鼠标右键,去掉快捷菜单中"使用图标"前的 "√",该处显示图标 INFER 捕捉 栅格 正交 极轴 对象捕捉 3DOSNAP 对象追踪 DUCS DYN 线宽 TPY QP SC
状态托盘	"模型和纸空间""快速查看布局""快 速查看图形""注释比例""注释可见性" "自动添加注释""切换工作空间""锁定" "硬件加速""隔离对象""状态行的下拉 按钮""全屏显示"按钮	位于操作界面右侧的底部图标 模型　　　　1:1

图 11-2　"标准""工作空间"和"图层"工具栏

11.2.2　AutoCAD 命令的启动及绘图初始环境的设置

命令是 AutoCAD 绘制和编辑图形的核心,绘图初始环境的设置是保证所绘制的图形符合国家标准规定。AutoCAD 命令的启动及绘图环境设置操作见表 11-2。

表 11-2　AutoCAD 命令的启动及绘图环境设置操作

命令操作方式	功　　能	操 作 说 明
用鼠标操作 启动命令	鼠标的左键为拾取键,用来指定点、选择对象、 工具栏按钮和菜单命令等 鼠标的右键通常为回车键,用来结束当前使用 的命令。如果用右击工具或绘图窗口,系统会 弹出相应的快捷菜单	在绘图窗口移动鼠标,光标为十字线方式;当 光标移到菜单项、工具栏或对话框时,光标会 变成箭头;鼠标指针移动到菜单项或工具栏中 的命令小图标上,无论光标或箭头,单击鼠标左 键 AutoCAD 都会执行相应的命令和动作
用键盘输入 启动命令	AutoCAD 系统接受用户从键盘输入的命令,但 格式必须是英文	大部分的绘图和编辑命令都需要键盘输 入,如 Mvsetup 命令、系统变量、文本对象、数 值参数、点的坐标或是进行参数选择,都必须 使用键盘输入
命令的重复	用户要重复使用上一次使用的命令	在绘图区域中单击鼠标右键,系统打开操作 的提示菜单;也可以按 < Enter > 、< Space > 键

（续）

命令操作方式	功　　能	操 作 说 明
命令的撤销	撤销前面所进行的操作	在命令行键入"U"或在工具栏上单击按钮 ⬅·⬅·
创建新图形文件	打开一张新图 系统打开"选择样板"对话框,从中选择某一样板文件后,单击"打开"按钮,系统进入绘图环境	在命令行输入:NEW; 菜单栏:鼠标左键单击 文件(F) → 新建(N) 按钮 工具栏:单击"标准"工具栏中 按钮
打开图形文件	打开已有的图形文件 系统打开"选择文件"对话框,可以从中打开已有图形文件	命令行:OPEN 菜单栏:鼠标左键单击 文件(F) → 打开(O)... 按钮 工具栏:单击"标准"工具栏中 按钮
保存图形文件	把绘制好的图形保存起来	命令行:SAVE 菜单栏:鼠标左键单击 文件(F) → 保存(S) 按钮;也可以选择 文件(F) → 另存为(A)... 按钮 工具栏:单击"标准"工具栏中 按钮
关闭图形文件	关闭图形文件,退出操作界面	命令行:CLOSE 菜单栏:鼠标左键单击 文件(F) → 关闭(C) 按钮
设置绘图单位	系统打开"图形单位"对话框,在对话框选项中,可定义单位和角度格式,插入时的缩放单位选项设定为毫米	命令行:DDUNITS(或 UNITS) 菜单栏:鼠标左键单击 格式(O) → 单位(U) 按钮
设置绘图边界	命令行窗口显示: 指定左下角点或 [开(ON)/关(OFF)] <0.0000,0.0000>: 0,0↙⊖ 指定右上角点 <420.0000,297.0000>: 420,297 （输入右上角的坐标后回车设定 A3 幅面图纸）	命令行:LIMITS 菜单栏:鼠标左键单击 格式(O) → 图形界限(I) 按钮
显示绘图界限	所绘制的图形均显示在窗口内	菜单栏:鼠标左键单击 视图(V) → 缩放(Z) → 全部(A) 按钮

11.2.3　坐标系与数据输入方法

AutoCAD 中，点的坐标分四种表示方法，特点如下：

（1）绝对直角坐标　绝对直角坐标是相对于坐标原点（0，0）或（0，0，0）出发的位移。可以用分数、小数或科学记数等形式表示 X、Y、Z 轴的坐标值。如（100，150）表示相对于坐标原点（0，0），X 坐标为100；Y 坐标为150。

⊖　本教材中"↙"表示按一下 <Enter> 键。

（2）绝对极坐标　绝对极坐标组成形式为"距离＜角度"。也是相对于坐标原点（0，0）或（0，0，0）出发的位移。系统默认设置以 X 轴正向为 0°，Y 轴正向为 90°，逆时针方向角度值为正，如"10＜45"（实际输入时不加引号）。

（3）相对直角坐标　相对直角坐标组成形式为"@ Δx，Δy ［，Δz］"，它是相对于前一点的坐标。例如，"@6，9"，实际输入时不加引号。

（4）相对极坐标　相对极坐标组成形式为"@距离＜角度"，它也是相对前一点的坐标值，例如，"@10＜60"。（实际输入时不加引号）。

11.2.4　图形显示控制

AutoCAD 提供了缩放、平移等图形显示控制命令，方便操作者观察图形和作图。

一般情况下，利用鼠标滚轮可实现显示控制。把光标放到图形中要缩放的部位，滚动鼠标中间的滚轮可以放大或缩小显示图形。当光标处于绘图窗口时，按住滚轮拖动鼠标可以平移图形。

注意：图形显示无论如何变化，图形本身在坐标系中的位置和尺寸不会改变。

1. 缩放图形

命令行：ZOOM

菜单栏：依次单击 视图(V) → 缩放(Z) 按钮。系统弹出缩放下拉菜单，如图 11-3 所示。

在绘制图形局部细节时，需要放大图形，绘图完成后，需要看图形整体效果时，用缩小命令缩小。该命令为透明命令，可单独运行，也可在执行其他命令的过程中使用，原有的命令不会中断。

2. 平移图形

命令行：PAN

菜单栏：依次单击 视图(V) → 平移(P) 按钮。执行上述操作后，在系统弹出的快捷菜单中选择"平移"，按住鼠标左键拖动整个图形，相当于移动图纸，借以观察图纸的不同部分。该命令也是透明命令。

3. 打开或关闭线宽显示

在模型空间和纸空间绘图时，为提高显示处理速度，可以关闭线宽显示。单击状态栏上的"线宽"按钮 ，可实现线宽显示的开、关。

图 11-3　菜单栏中的显示控制命令

4. 重画与重生成图形

（1）重画命令　菜单栏：依次单击 视图(V) → 重画(R) 按钮。

系统执行"重画"命令，并在显示内存中更新屏幕，消除图面上不需要的标志符号或重新显示因编辑而产生的某些对象被抹掉的部分（实际图形存在）。

（2）重生成命令　菜单栏：依次单击 视图(V) → 重生成(G) 按钮。命令执行后，系统可以重新计算屏幕上的图形并调整分辨率，再显示在屏幕上。

11.3　AutoCAD 二维绘图与编辑命令

二维图形是指在二维平面空间绘制的图形，由基本图形元素如点、线、圆弧、圆、椭圆、矩形多边形等构成。本节将介绍绘制这些几何元素命令的使用方法，以及一些编辑二维图形的命令。

11.3.1　绘图基本命令

在菜单栏的"绘图"下拉菜单中包括了主要的二维绘图命令，如图 11-4 所示；表 11-3 为常用绘图命令及操作。

表 11-3　常用绘图命令及操作

命令操作方式	功能	参数操作说明
命令行:LINE 菜单栏:依次单击 绘图(D) → ✐ 直线(L) 按钮 功能区:单击 常用 → 绘图 →"直线" ✐ 按钮	画直线	起点→第二点→…↙;连续两条及以上线段输入 c↙（可画封闭图形）
命令行:CIRCLE 菜单栏:依次单击 绘图(D) → ⊙ 圆(C) 按钮 功能区:单击 常用 → 绘图 →"圆" ⊙ 按钮	画圆	执行命令操作后,命令行窗口显示信息: 命令:_circle 指定圆的圆心或 [三点(3P)/两点]　（指定圆心） 指定圆的半径或[直径(D)]: （指定半径的长度）
命令行:POLYGON 菜单栏:依次单击 绘图(D) → ⬡ 多边形(Y) 按钮	画正多边形	边数→中心点→I 内接/ C 外切→圆半径,如图 11-5 所示为六边形
命令行:PLINE 菜单栏:依次单击 绘图(D) → ⌐つ 多段线(P) 按钮	画多段线	起点→第二点→…↙;A 圆弧/ C 闭合/ H 半宽/ L 长度/ W 宽度
命令行:SPLINE 菜单栏:依次单击 绘图(D) → 样条曲线(S) → 拟合点(F) 或 控制点(C) 按钮 功能区:单击 常用 → 绘图 →"样条曲线" ∿ ∿ 按钮	画样条曲线	起点→控制点→…→终点↙

注：表中"→"表示下一步，"↙"表示回车。

在功能区：单击 常用 → 绘图 → ⊙，如图 11-6 所示，AutoCAD 2012 提供六种绘制圆的方法。

如图 11-7 所示，是利用相切命令绘制的圆。

【例 11-1】　用 PLINE 命令绘制图 11-8 所示的箭头。

菜单栏：依次单击 绘图(D) → ⌐つ 多段线(P) 按钮。

命令行窗口显示信息：指定起点：（输入起点坐标）

当前线宽为 0.0000

指定下一个点或［圆弧（A）/半宽（H）/长度（L）放弃（U）/宽度（W）］：@ 5，0

（↙，输入下一点的坐标，也可以选择输入长度 L）

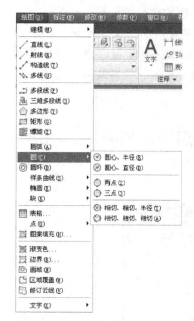

图 11-4 "绘图"工具下拉菜单

图 11-5 正六边形

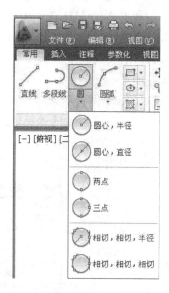

图 11-6 "绘制圆"的工具菜单

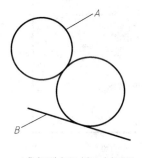

a) 指定两个相切对象和半径画圆

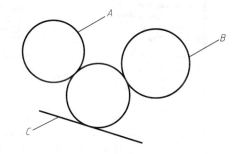

b) 指定三个相切对象和画圆

图 11-7 利用相切绘制圆的方法

指定下一点或 [圆弧（A）/闭合（C）/半宽（H）/长度（L）/放弃（U）/宽度（W）]：W（选择指定线宽）

指定起点宽度 <0.0000>：0.5 （输入线宽：0.5，↙）

指定端点宽度 <0.5000>：0 （输入终点线宽：0，↙）

指定下一点或 [圆弧（A）/闭合（C）/半宽（H）/长度（L）/放弃（U）/宽度（W）]：@3，0 （输入箭头头部点的相对坐标@3，0，也可以选择输入长度 L）

指定下一点或 [圆弧（A）/闭合（C）/半宽（H）/长度（L）/放弃（U）/宽度（W）]：（↙退出命令）

11.3.2 选择与编辑图形

选择图形对象是编辑的前提，AutoCAD 提供了两种编辑图形对象的方法：先执行编辑命令，然后选择要编辑的图形

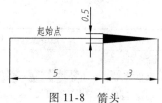

图 11-8 箭头

对象；先选择要编辑的图形对象，然后执行编辑命令。两种方法的执行效果是一样的。

利用 AutoCAD "修改" 工具栏中的图形编辑命令，可实现对图形对象的编辑。图形对象被选中后，会显示若干个小方框（夹点），利用小方框可对图形进行简单编辑。而复杂的编辑则要利用图形编辑工具来实现，图形编辑可合理构造和组织图形，保证绘图的准确，且操作简便。

1. 选择编辑对象

（1）设置对象的选择模式　菜单栏：左键依次单击 工具(T) → 选项(N)... 按钮。系统弹出 "选项" 对话框。在 "选择集" 选项卡中，用户可设置选择集模式，拾取框的大小及夹点功能等，如图 11-9 所示。但一般情况下使用系统默认。

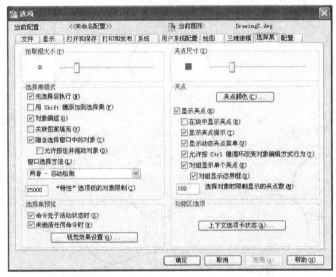

图 11-9　设置对象的 "选项" 对话框

（2）选择对象的方法　选择对象进行编辑时，用户可以进行多种选择。如在 "选择对象" 提示下，用户可以选择一个对象，也可以逐个选择多个对象；可指定对角点来定义矩形区域，进行窗口或交叉窗口选择等。

默认情况下可直接选择对象。若选取大量对象时可利用该命令提示中的选项功能。

窗口（W）选项：单击鼠标左键在合适的位置先确定窗口的左角点，再确定窗口的右角点，绘制一个矩形区域来选择对象。位于矩形窗口内的所有对象即被拾取。

窗交（C）选项：使用交叉窗口，绘制一个矩形区域来选择对象。则位于矩形窗口内以及与窗口相交的对象均被拾取。

2. 使用编辑命令编辑图形

表 11-4 是常用绘图编辑命令及操作方法。

表 11-4　常用编辑命令及操作

命令操作方式	功能	参数操作说明
命令行：erase 菜单栏：依次单击 修改(M) → 删除(E) 功能区：单击 常用 → 修改 → "删除" 按钮	删除命令	执行命令操作后，可删除图形中选中的对象

（续）

命令操作方式	功能	参数操作说明
命令行：oops 或 u 快捷访问工具栏："放弃" [图标] 快捷键：Ctrl + Z	恢复命令	执行命令操作后，系统恢复最后一次使用"删除"命令删除的对象；使用"UNDO"取消命令，即可连续向前恢复被删除的对象
命令行：copy 菜单栏：依次单击 修改(M) → [图标] 复制(Y) 功能区：单击 常用 → 修改 →"复制" [图标] 复制按钮	复制命令	选择对象✓，指定基点→指定位移的第二点
命令行：mirror 菜单栏：依次单击 修改(M) → [图标] 镜像(I)　功能区：单击 常用 → 修改 →"镜像" [图标] 镜像 按钮	镜像命令	可以将对象按镜像线对称复制
命令行：array 菜单栏：依次单击 修改(M) → 阵列 → [图标] 矩形阵列 或 [图标] 环形阵列 或 [图标] 路径阵列 功能区：单击 常用 → 修改 →"阵列" [图标] 阵列 · 显示 [图标] 矩形阵列 [图标] 环形阵列 [图标] 路径阵列 按钮	阵列命令	选择对象✓，阵列类型✓，矩形（行列数）/环形（中心点、数目、角度）
命令行：offset 菜单栏：依次单击 修改(M) → [图标] 偏移(S) 功能区：单击 常用 → 修改 →"偏移" [图标] 按钮	偏移命令	指定偏移距离✓，选择要偏移的对象✓，在要偏移的一侧拾取点✓
命令行：trim 菜单栏：依次单击 修改(M) → [图标] 修剪(T) 功能区：单击 常用 → 修改 → [图标] 修剪 · 按钮	修剪命令	选择剪切边界✓，选择要修剪的对象→…✓
命令行：extend 在菜单栏：依次单击 修改(M) → [图标] 延伸(D)按钮 功能区：单击 常用 → 修改 →"延伸" [图标] 按钮	延伸命令	执行命令操作后，按命令行窗口提示信息，先选择作为边界边的对象✓，再选择要延伸的对象完成延伸
命令行：stretch 菜单栏：依次单击 修改(M) → [图标] 拉伸(H) 功能区：单击 常用 → 修改 →"拉伸" [图标] 拉伸 按钮	拉伸命令	以交叉窗口选择对象✓指定基点→指定位移的第二点
命令行：break 菜单栏：依次单击 修改(M) → [图标] 打断(K) 功能区：单击 常用 → 修改 →"打断" [图标] 按钮	截断命令	拾取对象上第一个打断点→指定第二个打断点
命令行：chamfer 菜单栏：依次单击 修改(M) → [图标] 倒角(C) 功能区：单击 常用 → 修改 →"倒角" [图标] 倒角 按钮	给对象加倒角	d✓输入倒角距离✓选择需倒角的第一边→选择需倒角的第二边
命令行：fillet 菜单栏：依次单击 修改(M) → [图标] 圆角(F) 功能区：单击 常用 → 修改 →"圆角" [图标] 圆角 · 按钮	给对象加圆角	r✓输入圆角半径✓选择需圆角的第一边→选择需圆角的第二边

（续）

命令操作方式	功能	参数操作说明
命令行：move 菜单栏：依次单击 修改(M) → 移动(V) 功能区：单击 常用 → 修改 →"移动" 移动 按钮	移动对象	命令行窗口提示信息：可以在指定的方向上按指定的距离移动对象，而对象的大小不变
命令行：properties 或 ddmodify 菜单栏：依次单击 修改(M) → 特性(P) 功能区：单击 视图 → 选项板 →"特性" 按钮	特性选项板	执行上述操作后，系统弹出"特性选项板"；拾取图形对象后，特性选项板中即列出所拾取对象的全部特性参数，在选项板中修改有关参数，便可修改对象特性
命令行：matchprop 菜单栏：依次单击 修改(M) → 特性匹配(M) 功能区：单击 常用 → 剪贴板 →"特性匹配" 按钮	对象特性编辑	鼠标指针变为 选择目标对象或 形状，用它选择目标对象，对象即与源对象一致
命令行：pedit 菜单栏：依次单击 修改(M) → 对象(O) → 多段线(P) 按钮 功能区：单击 常用 → 修改 →"编辑多段线" 按钮	编辑多段线	执行上述操作后，命令行窗口提示：命令：_pedit 选择多段线或[多条(M)]：（用户如选择一个多段线，命令行提示）
explode	分解组合对象	选择对象↙

注：表中"→"表示下一步，"↙"表示按〈Enter〉键。

11.3.3　精确绘图工具

1. 对象捕捉

在 AutoCAD 2012 中，可通过右键单击状态栏中的"对象捕捉" ，系统弹出如图 11-10a 所示的"对象捕捉"快捷菜单。也可以在按住 < Ctrl > 键或 < Shift > 键的同时单击鼠标右键，系统弹出如图 11-10b 所示的"对象捕捉"快捷菜单。

2. 极轴追踪

使用极轴追踪，光标将按指定角度和距离的增量来追踪特征点。使用极轴追踪前先要进行参数设定。

菜单栏：依次单击 工具(T) → 绘图设置(F)。

系统弹出图 11-11 所示的"草图设置"对话框。在"捕捉与栅格"选项卡中，设置极轴距离。

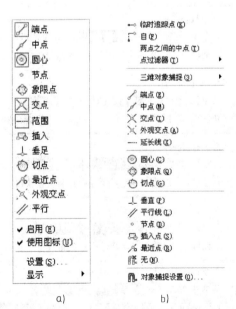

a)　　　　　　b)

图 11-10　"对象捕捉"快捷菜单

单击"极轴追踪"选项卡,在"极轴角设置"选项区域设置极轴角。在"对象捕捉追踪设置"选项区域设置对象捕捉方式。

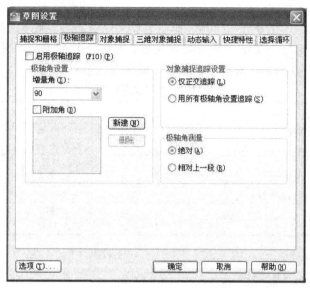

图 11-11 "草图设置"对话框

(1) 指定极轴角度(极轴追踪) 可以使极轴追踪沿着 90°、60°、45°、30°、22.5°、18°、15°、10° 和 5° 的极轴角增量进行追踪,也可以指定其他角度。注意:必须在"极轴"模式打开的情况下使用。打开和关闭极轴追踪,按 < F10 > 键,或单击状态栏上的"极轴" ⌀ 。

(2) 指定极轴距离(极轴捕捉) 使用"极轴捕捉",光标将按指定的极轴距离增量进行移动。在"草图设置"对话框的"捕捉与栅格"选项卡中,设置极轴距离,单位为毫米。

例如,如果指定 4 个单位的长度,光标将自指定的第一点捕捉 0、4、8、12 长度等。移动光标时,工具栏提示将显示最接近的极轴捕捉增量。必须在"极轴追踪"和"捕捉"模式(设置为"极轴捕捉")同时打开的情况下,才能将点输入限制为极轴距离。

注意:"正交"模式和极轴追踪不能同时打开。打开极轴追踪将关闭"正交"模式。同样,极轴捕捉和栅格捕捉不能同时打开。打开极轴捕捉将关闭栅格捕捉。

3. 使用坐标输入

可以使用几种坐标系输入方法精确绘图,坐标输入详见"11.2.3 坐标系与数据输入方法"。

4. 使用正交锁定("正交"模式,快捷键 < F8 >)

可以将光标限制在水平或垂直方向上移动,以便于精确地创建和修改对象。

11.4 设置绘图环境

按照制图基本知识中介绍的机械制图的图纸幅面和格式、线型及其颜色、线宽、文字样式等要求,用户需要建立自己的样板图。样板图相当于印有图框、标题栏等内容的图纸,其后缀为".dwt"。

11.4.1　图层状态与设置

1. 设置图层

图层是图形中使用的主要组织工具。如在工程图样中，图形基本由基准线、轮廓线、虚线、剖面符号、尺寸标注、文字说明等元素构成，使用图层管理，可使得图形变得清晰有序。国标机械工程 CAD 制图，对图层设置的有关标准见表 11-5。

表 11-5　图层设置标准

层号	描　述	层号	描　述
01	粗实线、剖面线的粗剖切线	08	尺寸线、投影连线、尺寸终端与符号细实线
02	细实线、细波浪线、细双折线	09	参考圆,包括引出线和终端(如箭头)
03	粗虚线	10	剖面符号
04	细虚线	11	文本、细实线
05	细点画线、剖切面的剖切线	12	尺寸值和公差
06	粗点画线	13	文本、粗实线
07	细双点画线	14、15、16	用户自选

命令行：LAYER

菜单栏：鼠标左键单击 格式(O) → 图层(L)... 按钮。

功能区：鼠标左键单击 常用 → 图层 → 按钮。执行上述操作后，AutoCAD 系统弹出如图 11-12 所示的"图层特性管理器"对话框。用户可根据对话框中的功能提示项进行操作。

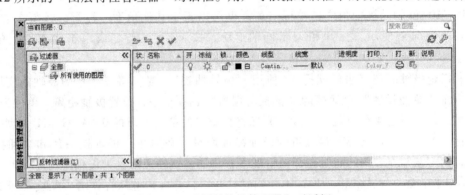

图 11-12　"图层特性管理器"对话框

（1）创建和命名新图层　单击"新建图层"按钮，可设置新图层。图层名用户可以自定义，可用线型名定义，如"粗实线""细实线""点画线""虚线"等；也可用图层上绘制的内容定义，如"尺寸""文本""符号"等。

（2）设置图层线型　默认情况下图层的线型为 Continuous。由于绘制的对象不同，所以需要对线型进行设置，以便区分。

在"图层特性管理器"对话框的图层列表中，单击"线型"列的 Continuous，打开"选择线型"对话框，如图 11-13 所示。在"选择线型"管理器中，单击 加载(L)... 按钮。打开图 11-14 所示的"加载或重载线型"对话框。在对话框中"文件（F）"一栏选用 acadiso. lin 文件，从可用线型列表中选择所需线型，单击 确定 按钮，线型被加载到"选择线型"对话框中，在已加载的线型库中选择要加载的线型，单击"确定"按钮完成线型设定。

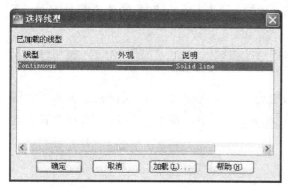

图 11-13　"选择线型"对话框

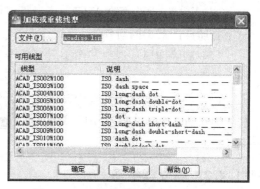

图 11-14　"加载或重载线型"对话框

（3）设置线宽　在"图层特性管理器"对话框的"线宽"列表中，单击该图层对应的线宽"默认"，打开"线宽"对话框，选择需要的线宽，如图 11-15 所示。按下状态栏上的"线宽"按钮 ✚，可以显示线宽。

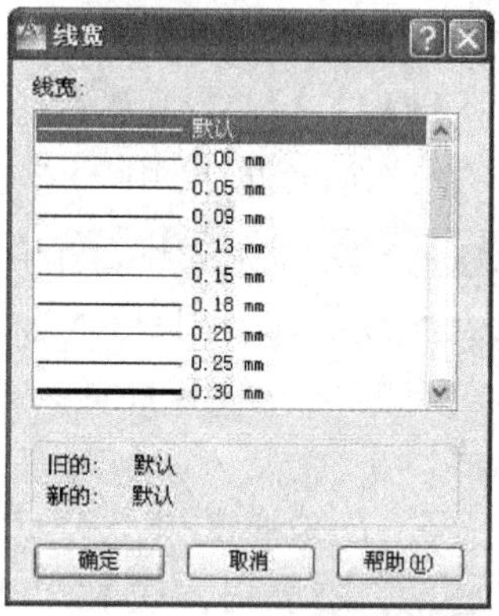

（4）设置图层颜色　AutoCAD 默认为 7 号色（白色或黑色，由绘图窗口的背景颜色决定）。改变图层颜色的方法：在"图层特性管理器"对话框的"颜色"列中，单击该图层对应的颜色图标，打开"选择颜色"对话框，根据需要进行操作。

2. 设置线型比例

图 11-15　"线宽"对话框

默认情况下，全局线型和单个线型比例均设置为 1.0。比值越小，每个绘图单位中生成的重复图案就越多。对于太短，甚至不能显示一个虚线小段的线段，可以使用更小的线型比例。

在菜单栏中，依次单击 格式(O) → 线型(N) 按钮，系统弹出如图 11-16 所示的"线型管理器"对话框。在"线型管理器"对话框内，从线型列表中选择某一线型后，单击 显示细节(D) 按钮，在"详细信息"选项中，设全局比例因子为 0.3。

3. 管理图层

（1）开关状态　在"图层特性管理器"对话框中，选择某一图层，单击"开"列对应的灯泡图标 💡，灯泡变暗或变明，表示关闭或打开该图层。关闭某图层后，该图层上的内容不显示。

（2）冻结与解冻　单击亮圆图标 ☼，该图标变为暗雪花或明雪花，表示冻结该图层。此时，该图层上的内容既不显示，又不能打印。

图 11-16　"线型管理器"对话框

（3）锁定与解锁　单击锁状图标 🔓，该图标变为闭合状，表示锁定该图层。此时，该图层上的内容不能进行修改。

（4）锁定打印与解锁打印　单击打印机图标 🖶 ，该图标添加红色的禁止符号 🖶 ，表示不打印该图层上的对象。

（5）删除图层　选中某图层后，单击删除图层按钮 ✖ ，单击"应用（A）"按钮便可删除该图层。

（6）设置当前图层　选中某图层后，单击置为当前按钮 ✔ ，该图层即被设置为当前图层。也可以在功能区的"图层" 💡☼🔓■ 0　　　　　　▽ 中，单击 ▽ 按钮，选择要置换的图层。

11.4.2　建立样板图

建立样板图过程为：创建一张新图；创建并设置图层；绘制图框和标题栏；将图形文件存盘；退出 AutoCAD。

【例 11-2】　建立横放的 A4 样板图，要求绘制图框、标题栏、图层设置等。

1）在菜单栏中，依次单击 文件(F) → 新建(N)... ，或在快捷访问工具栏

🗋🗁🖫🖫🖶🔄·🔄· 中，单击 🗋 按钮。系统弹出图 11-17 所示的"选择样板"对话框，选文件名为 acad 的样板打开。

2）在菜单栏中，单击 格式(O) → 图层(L) 按钮，或在功能区，单击"图层"功能中的 🖫 按钮，打开图层特性管理器，按图 11-18 所示，参考表 11-5 按"11.4.1　图层状态与设置"创建并设置图层，同时注意线型及线宽的设置。

图 11-17　"选择样板"对话框

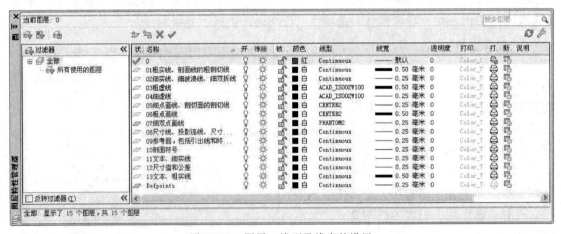

图 11-18　图层、线型及线宽的设置

3）设置线型比例。详细过程见"11.4.1　图层状态与设置"。

4）设置绘图单位和比例、画图幅边框。将 0 层设为当前层。打印时将 0 层设为"不打

印"，即不打印图幅边框。

在命令行的"命令："光标后输入 MVSETUP 命令并按回车键。命令行窗口提示信息：

MVSETUP

是否启用图纸空间？［否（N）/是（Y）］<是>:n（输入 n，↙）

输入单位类型［科学（S）/小数（D）/工程（E）/建筑（A）/公制（M）］：m　　（输入 m，↙）

公制比例

=============

全尺寸

输入比例因子：1（输入比例因子 1，↙）

输入图纸宽度：297　（输入图纸宽度 297，↙）

输入图纸高度：210　（输入图纸高度 210，↙）

操作完成后，绘图窗口中出现一个按所设定的图幅自动绘制的图幅边框，如图 11-19 所示。

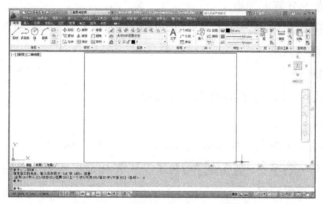

图 11-19　用 MVSETUP 命令绘制图幅边框

5）用偏移命令 offset 画图框。先将粗实线层设为当前层。在功能区的"图层"中，单击 按钮，选择"01 粗实线"图层。并在状态栏打开"线宽"开关 。

在功能区，单击"修改"工具栏中"偏移"命令按钮 ，命令行窗口提示信息：

命令：_ offset

当前设置：删除源 = 否　图层 = 当前　OFFSETGAPTYPE = 0

指定偏移距离或［通过（T）/删除（E）/图层（L）］<通过>:1（输入图层 l，↙）

输入偏移对象的图层选项［当前（C）/源（S）］<当前>:c　（输入当前层 c，↙）

指定偏移距离或［通过（T）/删除（E）/图层（L）］ <通过>:10　（输入偏移的距离 10，↙）

选择要偏移的对象，或［退出（E）/放弃（U）］<退出>:　　（用光标选中边框）

指定要偏移的那一侧上的点，或［退出（E）/多个（M）/放弃（U）］<退出>:

（十字光标在图框内单击）

选择要偏移的对象，或 ［退出（E）/放弃（U）］<退出 >：（↙，系统绘制图框，如图 11-20 所示）

图 11-20 offset 命令画图框

6）画标题栏。

① 用 Explode 命令分解内边框。

在菜单栏单击 修改(M) → 分解(X) 按钮，或在功能区单击 常用 → 修改 → "分解" 按钮 。命令行窗口提示信息：

命令：_ explode

选择对象：（光标选中要分解的对象 "粗线框"，↙）

选择对象：找到 1 个

选择对象：（↙（或单击鼠标右键），退出命令，图框被打碎）

② 在菜单栏单击 修改(M) → 偏移(S) 按钮，或在功能区单击 常用 → 修改 → "偏移" 按钮 。命令行窗口提示信息：

指定偏移距离或 ［通过（T）/删除（E）/图层（L）］<通过 >：120（输入标题栏的长，↙）

选择要偏移的对象，或 ［退出（E）/放弃（U）］<退出 >：（光标选中要偏移的边框）

指定要偏移的那一侧上的点，或 ［退出（E）/多个（M）/放弃（U）］<退出 >：（十字光标在图框内单击）

选择要偏移的对象，或 ［退出（E）/放弃（U）］<退出 >：（↙（或单击鼠标右键），退出命令）

用 <Enter> 键或鼠标右键重复上一步的 offset 命令：

指定偏移距离或 ［通过（T）/删除（E）/图层（L）］<通过 >：28（输入标题栏的宽，↙）

选择要偏移的对象，或 ［退出（E）/放弃（U）］<退出 >：（光标选中要偏移的边框）

指定要偏移的那一侧上的点，或 ［退出（E）/多个（M）/放弃（U）］<退出 >：（十字光标在图框内单击）

选择要偏移的对象，或 ［退出（E）/放弃（U）］＜退出＞：（单击鼠标右键，退出命令）即绘制如图 11-21a 所示的图线。

③ 在菜单栏单击 修改(M) → ⊢ 修剪(T) 按钮，或在功能区单击 常用 → 修改 → ⊢ 修剪 ⋅ 按钮。命令行窗口提示信息：

命令：_ trim
当前设置：投影＝UCS，边＝无
选择剪切边…
选择对象或＜全部选择＞：（选择要修剪的线，结束后↙；或用空格键全部选择）
选择要修剪的对象，或按住 Shift 键选择要延伸的对象，或
［栏选（F）/窗交（C）/投影（P）/边（E）/删除（R）/放弃（U）］：（拾取要修剪掉的图线部分，↙结束命令，修剪后的图线如图 11-21b 所示）

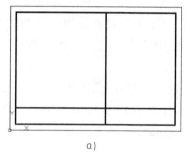 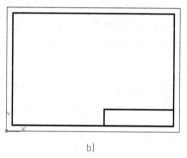

a)　　　　　　　　　　　　　b)

图 11-21　画标题栏边框

标题栏边框画完后。把图层置换到细实线层，继续用 offset 命令和 trim 命令，参考第 2 章图 2-5 的尺寸画出标题栏内的分格线，过程从略。

7）在标题栏中书写文字。

8）保存图形文件。

完成后的样板图如图 11-22 所示。为了以后使用方便，将其定义为样板图保存起来。操作方法是：在快速访问工具栏 单击 按钮。在"文件另存为"对话框中的"文件名"文本框中（*.dwt），输入文件名"A4-H"，单击"保存"按钮完成保存。

11.4.3　在样板图中使用文字

1. 设置文字样式

在 AutoCAD 中，所有文字都与文字样式相关联。如文字注释和尺寸标注时，通常使用当前的文字样式，文字样式包括"字体""字型""高度"等参数。

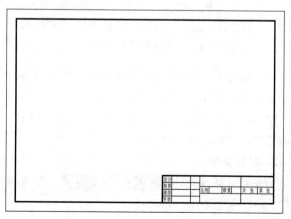

图 11-22　A4 样板图

菜单栏：依次单击 格式(O) → A 文字样式(S)... 。

功能区：常用 → 注释 ▾ → "文字样式"按钮 A 。

系统弹出"文字样式"对话框，如图 11-23 所示。执行对话框可以完成相关操作。

（1）设置样式名　在"文字样式"对话框中，文字样式默认为 Standard（标准）。为符合我国国家标准，应重新设置文字的样式。单击"文字样式"对话框中的"新建"按钮，系统出现"新建文字样式"对话框，如图 11-24 所示。在"样式名："框中输入新名称，如"汉字"，单击"确定"按钮。

（2）设置字体　在图 11-23 所示的"文字样式"对话框的"字体"选项区域中，单击 ▾ 按钮，从下拉列表里选字体格式。在"字体名（F）"选项中选 gbenor. shx，并注意在"使用大字体（U）"前的方框内打"√"；在"大字体（B）"选项中选 gbcbig. shx。单击"置为当前（C）"→"关闭（C）"。

AutoCAD 提供了符合标注要求的字体形文件，如 gbeitc. shx 和 gbcbig. shx 等文件。gbeitc. shx 用于标注斜体字母；gbcbig. shx 用于标注中文。

设置数字、字母样式的操作方法：单击"文字样式"对话框中的"新建"按钮，系统出现"新建文字样式"对话框，在"样式名："框中输入新名称，如"数字、字母"，单击"确定"按钮。

在"文字样式"对话框的"字体"选项区域中，单击 ▾ 按钮，从下拉列表里选字体格式。在"字体名（F）"选项中选 gbeitc. shx，并注意在"使用大字体（U）"前的方框内打"√"；在"大字体（B）"选项中选 gbcbig. shx。单击"置为当前（C）"→"关闭（C）"。

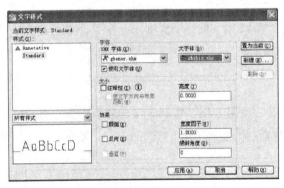

图 11-23　"文字样式"对话框

图 11-24　"新建文字样式"对话框

（3）设置文字大小　在"文字样式"对话框的"大小"选项区域中，"高度（T）"文本框内可输入文字的高度。

注意："文字样式"对话框中的"高度（T）""宽度比例（W）""倾斜角度（O）"等均使用默认参数，不能改变。

2. 书写文字

菜单栏：依次单击 视图(V) → 文字(X) 。系统弹出 AI 单行文字(S) （书写单行文字）命令和 A 多行文字(M)... （书写多行文字）命令。

功能区：常用 → 注释 ▾ →"多行文字"按钮 A 。按系统提示，在绘图窗口中指定一个放多行文字的区域，系统出现"文字编辑器"工具栏和文字输入窗口，在该窗口中完成文字的书写和编辑，如图 11-25 所示。输入文字并对其进行编辑后，在绘图窗口单击鼠标左键，完成文字的输入。

设置字体高度　　输入文字时的光标　　标尺
设置多行文字对象的长度
设置多行文字对象的宽度

图 11-25　"文字格式"工具栏以及文字编辑窗口

利用书写文字命令填写标题栏中的固定文字，完成标题栏绘制，如图 11-26 所示。绘制标题栏后可将其定义为图块，以便其他图框中使用。

设计						
制图		比例		数量		共　张　第　张
描图						
审核						××大学

图 11-26　学生作业用标题栏

3. 文字控制符号

AutoCAD 提供了工程图样中常用的标注控制符如:％％C 用来标注直径（φ）符号,％％D 用来标注角度（°）符号,％％P 用来标注正负公差（±）符号,％％O 用来打开或关闭文字上划线,％％U 用来打开或关闭文字下划线。

11.5　用 AutoCAD 绘制平面几何图形

【例 11-3】　绘制图 11-27 所示的平面图形。

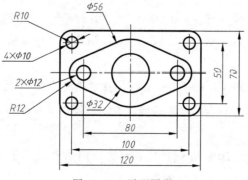

图 11-27　平面图形

1. 调用 A4 样板图

单击"新建"命令⬜→"选择样板"对话框→文件类型：图形样板（ * . dwt），选择"A4- H"→打开。

2. 绘制基准线

在菜单栏单击 格式(O) → 图层(L) 按钮，或在功能区执行"常用"→"图层"→"图层" ♀☼🔓■01粗实线 ▾ 的右边按钮 ▾，从下拉列表中选 ♀☼🔓■05细点画线 ▾，将点画线层设为当前层。打开"正交"状态，用 line 命令╱画出图 11-28a 所示的两条互相垂直的直线。

3. 将粗实线层设为当前层

绘制矩形轮廓，先画矩形的左右两边。在菜单栏单击 修改(M) → 偏移(S) 按钮，或在功能区执行"常用"→"修改"→"偏移"命令🔲。命令行窗口提示信息：

指定偏移距离或 ［通过（T）/删除（E）/图层（L）］<60.000>：l（输入图层 l，╱）

输入偏移对象的图层选项 ［当前（C）/源（S）］<源>：c （输入当前层 c，╱）

指定偏移距离或 ［通过（T）/删除（E）/图层（L）］<60.0000>：60 （输入左右两边距水平基准线的偏移距离 60，╱）

选择要偏移的对象，或 ［退出（E）/放弃（U）］<退出>：（拾取垂直基准线上的任意一点）

指定要偏移的那一侧上的点，或 ［退出（E）/多个（M）/放弃（U）］<退出>： （拾取垂直基准线左方的任意一点，画出矩形的左边）

选择要偏移的对象，或 ［退出（E）/放弃（U）］<退出>：（拾取垂直基准线上的任意一点）

指定要偏移的那一侧上的点，或 ［退出（E）/多个（M）/放弃（U）］<退出>： （拾取垂直基准线右方的任意一点，画出矩形的右边）

选择要偏移的对象，或 ［退出（E）/放弃（U）］<退出>： （╱，退出命令）

用同样的方法再画出矩形的左右两边，绘制矩形轮廓，如图 11-28b 所示。

4. 绘制圆角

在菜单栏执行 修改(M) →"圆角"命令⬜圆角 。命令行窗口提示信息：

命令：_ fillet
当前设置：模式＝修剪，半径＝0.0000
选择第一个对象或 ［放弃（U）/多段线（P）/半径（R）/修剪（T）/多个（M）］：R（输入 R，╱）

指定圆角半径 <0.0000>：10 （提示输入当前圆角半径为 10）

选择第一个对象或 ［放弃（U）/多段线（P）/半径（R）/修剪（T）/多个（M）］： （拾取矩形上边的任一点）

选择第二个对象，或按住 Shift 键选择对象以应用角点或 ［半径（R）］： （拾取矩形左边的任意一点，画出矩形左上角的圆角）

用同样的方法画出其余三个圆角，如图 11-28c 所示。

5. 绘制矩形中左边的两个 φ10 的小圆

在菜单栏单击 修改(M) → 偏移 按钮，绘出左上角小圆的基准线。用 circle 命令画出左上角的小圆，如图 11-28d 所示。左键单击"修改"→"打断"按钮 ，整理小圆的中心线。结果如图 11-28 e 所示。在菜单栏单击 修改(M) →"镜像"按钮 镜像，命令行窗口提示信息：

命令：_ mirror

选择对象：找到 1 个，总计 3 个　（选择需要镜像的对象，拾取小圆及其中心线）

选择对象：（↙，退出选择对象）

指定镜像线的第一点：（将水平的基准线作为对称线，拾取水平基准线上的一点）

指定镜像线的第一点：指定镜像线的第二点：　（打开 osnap 状态，拾取水平基准线上的第二点）

要删除源对象吗？［是（Y）/否（N）］＜N＞：　（是否删除被镜像的对象，↙，默认不删除）

系统画出左下角的小圆及其中心线，如图 11-28f 所示。

6. 绘制图形左侧 R12、φ12 的中心线和圆

将点画线层设为当前层，在菜单栏单击 修改(M) → 偏移(S) 按钮，绘制中心线，执行 绘图(D) →"画圆"命令 ，绘制图形左边直径为 φ12 和半径为 R12 的圆，如图 11-28g 所示。

7. 镜像

在菜单栏：单击 修改(M) →"镜像"按钮 镜像，命令行窗口提示信息：

选择对象：　（光标选中左边的 φ12 和半径为 R12 的圆以及两个 φ10 的圆和中心线后，↙）

指定镜像线的第一点：（光标移到垂直基准线的上方，捕捉到端点后，↙）

指定镜像线的第一点：指定镜像线的第二点：　（光标移到垂直基准线的下方，捕捉到端点后，↙）

要删除源对象吗？［是（Y）/否（N）］＜N＞：　（↙，退出命令，绘图结果如图 11-28h 所示）

8. 画圆

在菜单栏：单击 绘图(D) →"画圆"按钮 ，绘制直径为 φ56、φ32 的圆，如图 11-28i 所示。

9. 用 line 命令绘制圆的切线

在"状态栏"右键单击"对象捕捉追踪" → 设置(S)... ，系统弹出"草图设置"对话框，在"对象捕捉"选项卡中，只选择"对象捕捉模式"中的" ☑切点(N)"，其他都不选。

在菜单栏单击 绘图(D) → 直线(L) 按钮，按命令行窗口提示信息操作，画切线。按

< Enter > 键调用画线命令，完成四段切线的绘制，如图 11-28 j 所示。

10. 修剪

在菜单栏单击 修改(M) → "修剪" 按钮 ⊸ 修剪 ，命令行提示信息：

命令：_ trim
当前设置：投影 = UCS，边 = 无
选择剪切边...
选择对象或 < 全部选择 >：　　　　（光标选择左边 R12 圆）

选择对象：找到 1 个，总计 7 个　（光标选择直线，此时，系统继续提示 "选择对象："
按图 11-28k 所示，选中对象后显示虚线，↙）

选择要修剪的对象，或按住 Shift 键选择要延伸的对象，或
[栏选（F）/窗交（C）/投影（P）/边（E）/删除（R）/放弃（U）]：（光标选中要删除
的圆弧部分，都删除后↙，结果如图 11-28l 所示）

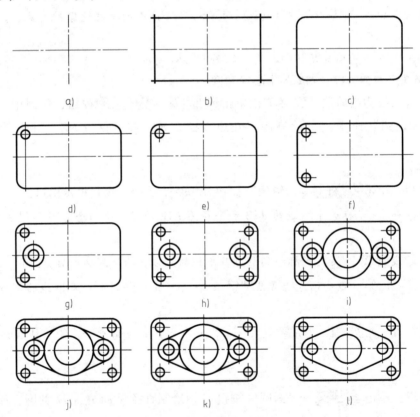

图 11-28　平面图形绘制过程

11. 打断

在菜单栏：单击 修改(M) → "打断" 按钮 ，整理中心线，用 move 命令 将平面图形
调整到合适的位置，用 "文字书写" 命令 A 单行文字(S)（书写单行文字）和
A 多行文字(M)...（书写多行文字），填写标题栏，整理结果如图 11-29 所示。

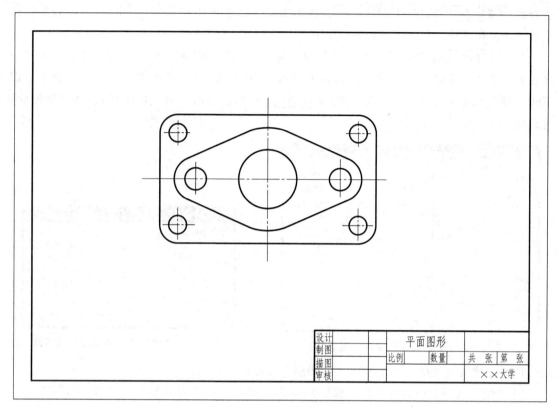

图 11-29　完成的平面图形

11.6　绘制组合体投影图

本节将介绍符合我国技术制图国家标准的标注样式设置、绘制组合体投影图的方法，并完成组合体尺寸标注。

11.6.1　尺寸标注

AutoCAD 为用户提供了一套完整的尺寸标注模块，方便用户标注、设置、编辑修改，以适应各个国家的技术标准及各个专业尺寸标注的规定和要求。

1. 设置尺寸标注样式

标注样式控制标注的格式和外观，如尺寸线、尺寸界线、尺寸文本和尺寸线终端的样式及尺寸精度、尺寸公差等。为符合国家技术标准，在尺寸标注之前先要进行标注样式的设置，把图层置换到"08 尺寸线"层后，尺寸样式设置操作如下：

菜单栏：依次单击 格式(O) → 标注样式(D)... 按钮。

功能区：常用 → 注释 ▾ → "标注" 按钮。

执行上述操作后，系统弹出"标注样式管理器"对话框，如图 11-30 所示。图 11-30 中左侧"样式（S）"窗口显示尺寸样式的名称，中间窗口可以预览选定的尺寸样式。右侧 置为当前(U) 按钮可以将左侧窗口中选中的尺寸样式作为当前样式；新建(N)... 按钮用来设置新的样式；修改(M)... 按钮、替代(O)... 按钮用来修改尺寸变量，比较(C)... 按钮可比较标注样式的差异。尺寸样式的默认设置为"ISO-25"。

单击新建(N)... 按钮，系统弹出"创建新标注样式"对话框，如图11-31所示。在"新样式名"文本栏中输入新标注样式的名字，如"GB全尺寸"。系统将在后面的设置中，以"ISO-25"为基础样式进行设置，单击继续按钮，弹出"新建标注样式：GB全尺寸"对话框。

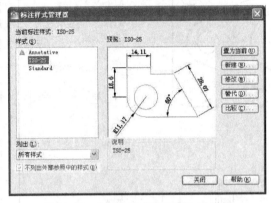

图11-30 "标注样式管理器"对话框

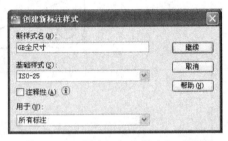

图11-31 "创建新标注样式"对话框

注意：默认尺寸样式"ISO-25"不能随意修改。

1)"线"选项卡可设置与尺寸线、尺寸界线等几何特征有关的尺寸变量，如图11-32a所示。

设置"线"选项卡中选项，"尺寸线"选项栏可设置有关尺寸线的变量，把"基线间距(A)"文本框中的值设为"7"。

"尺寸界线"选项栏可设置有关尺寸界线的变量，把"超出尺寸线(X)"文本框中的值的设为"2"，把"起点偏移量(F)"文本框中的值设为"0"，其余参数暂时不变。

2)"符号和箭头"选项卡可设置与圆心标记、箭头等有关的尺寸变量，如图11-32b所示。

设置"符号和箭头"选项卡中选项，"箭头大小(I)"文本框中的值设为"3"。

"半径折弯标注"选项栏可设置有关半径标注折弯的变量，把"折弯角度(J)"文本框中的值设为"30"，其余参数不变。

3)"文字"选项卡可设置与尺寸文字有关的尺寸变量，如图11-32c所示。

"文字外观"选项栏用于设置有关文字外观的变量，在"文字样式(Y)"文本框的右边，单击▼按钮，从下拉列表中选择"数字、字母"，把"文字高度(T)"设为"3.5"。

"文字位置"选项栏可设置有关文本位置的变量，把"垂直(V)"选"上"，把"水平(Z)"选"居中"，把"从尺寸线偏移(O)"设为"1"。

"文字对齐(A)"选项栏可设置有关文字对齐方式的变量，选择"ISO标准"，其余参数不变。

4)"调整"选项卡可设置与尺寸文字、箭头、尺寸线位置调整有关的尺寸变量，如图11-32d所示。

"调整选项(F)"选项栏可设置当尺寸界线之间没有足够的空间来放置文字和箭头时，

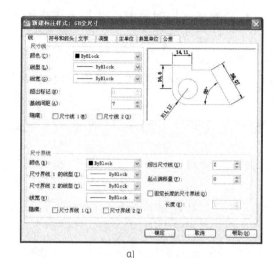

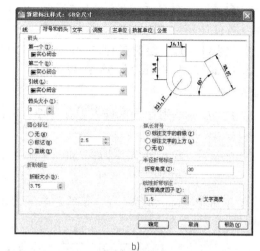

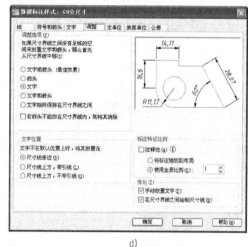

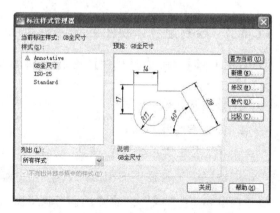

图 11-32 "新建标注样式：GB 全尺寸"对话框

首先从尺寸界线中移出的选项，选择"文字"，表示首先将尺寸文字移出尺寸界线。

"优化（T）"选项栏可设置是否手动放置文字及是否总是在尺寸界线之间画尺寸线，把"手动放置文字（P）"和"在尺寸界线之间绘制尺寸线（D）"两项全部选中，其余参数不变。

"新建标注样式：GB 全尺寸"对话框中，其余选项卡中的参数暂时不变。

完成上述操作后，单击"确定"按钮，系统返回"标注样式管理器"对话框，选择"样式（S）"窗口中的"GB 全尺寸"，单击 置为当前（U）按钮，将"GB 全尺寸"设为当前样式，如图 11-33 所示。单击 关闭 按钮完成设置。

图 11-33 "标注样式管理器"对话框

提示：设置国标"GB 全尺寸"尺寸样式，可在绘制样板图时进行，并作为样板图保存，方便使用。

【例 11-4】 　绘制含有"GB 全尺寸"尺寸样式的样板图。

1）调用【例 11-2】A4 样板图。按"11.6.1　设置尺寸标注样式"操作，设置尺寸样式。

2）以"A4-H"为文件名保存文件，文件名后缀为".dwt"。

2. 调用尺寸标注命令

菜单栏：单击 标注(N) 按钮，系统弹出"标注"下拉列表，如图 11-34a 所示。

功能区：单击 常用 按钮，在 注释 中单击"线性"按钮 线性 后的黑三角 或"引线"按钮 引线 后黑三角 按钮。系统弹出"标注尺寸"快捷菜单命令，如图 11-34b、c 所示。

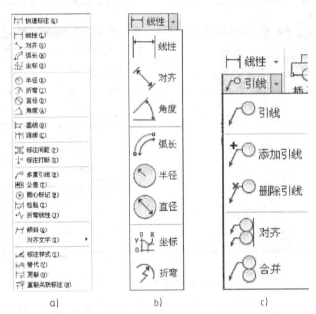

a)　　　　　　　　b)　　　　　　　　c)

图 11-34　"标注尺寸"快捷菜单

11.6.2　绘制组合体视图并标注尺寸

【例 11-5】 　在【例 11-4】建立的 A4 样板图上绘制图 11-35 所示的组合体三面投影图并标注尺寸。

1. 调用 A4 样板图

2. 画基准线（布局）

按下状态栏"正交" 按钮，或按 F8 键，进入正交状态。把"线宽 LWT" 关闭；单击"图层"工具栏中的图层列表 01粗实线 将"01 粗实线"层置为当前层；调用 line"直线" 命令绘制各投影图位置的基准线。如图 11-36a 所示。

用 offset"偏移"命令 绘制出投影中圆的中心线和底板圆孔轴线，如图 11-36b 所示。

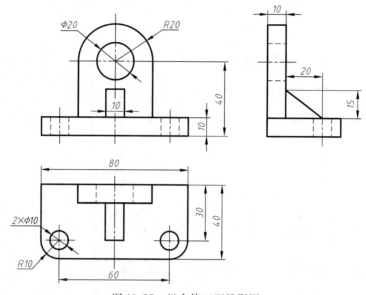

图 11-35 组合体三面投影图

3. 绘制组合体底板的三面投影

1）按下"对象捕捉"按钮 ▢，或 < F3 > 键，打开目标捕捉状态。

2）调用"偏移" 🔷 、"修剪" ⊢⁄ 修剪 ▼ 、"倒圆角" ◻ 圆角 ▼ 、"圆" ◯ 、"删除" 🔷 等命令构造组合体底板的投影，并用光标选中正面投影和侧面投影中孔的轮廓线换到"虚线"层，如图 11-36c 所示。

3）用"圆" ◯ 、"偏移" 🔷 、"直线" ⟋ 、"修剪" ⊢⁄ 修剪 ▼ 等命令画出立板的投影，并将水平投影和侧面投影中孔的轮廓线移到"虚线"层，如图 11-36d 所示。

4）用"偏移" 🔷 、"直线" ⟋ 、"修剪" ⊢⁄ 修剪 ▼ 、"删除" 🔷 命令画出肋板的投影，如图 11-36e 所示。

5）退出目标捕捉状态，用"打断"命令 ▢ 或调整夹点位置的方法整理对称中心线和轴线。将各条对称中心线和轴线换至"点画线"层，如图 11-36f 所示。

4. 检查

按下"线宽 LWT" ✚ 按钮，进入线宽显示状态，检查图形，调整各投影之间的相对位置。

5. 标注尺寸

第一步：单击"图层"工具栏中的图层列表 ♀ ☼ ☐ ■ 05细点画线 ▼ ，将"08 尺寸线"层置为当前层。

第二步：在功能区，单击"常用"→"注释"→"线性"命令 ⊢ 线性 ，在水平投影中注出底板的长"80"、宽"40"，在正面投影中注出底板的高"10"；单击菜单行的"标注"从下拉菜单中单击 ◯ 半径 按钮，在水平投影中注出底板圆角半径"R10"。

在水平投影中，用"线性"命令 ⊢ 线性 注出圆孔左右的定位尺寸"60"，前后的定位尺寸"30"，需先用"线性"命令 ⊢ 线性 注出 30，再用"基线"命令 ⊞ 注出尺寸"40"；

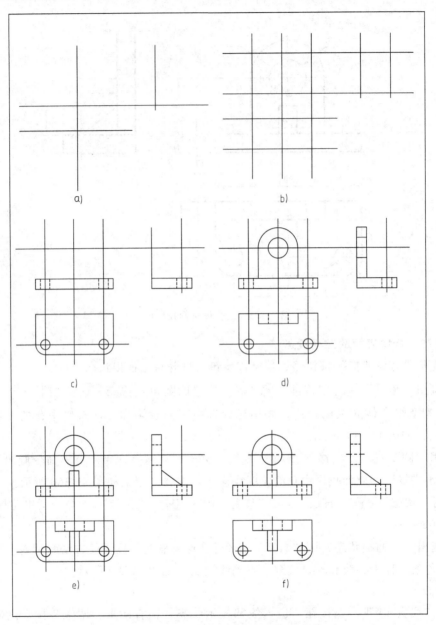

图 11-36　组合体三面投影图的绘图步骤

用"直径"命令 ⊘直径 注出底板上圆孔的直径"2×ϕ10"，具体过程如下。

依次单击 ⊢线性 后黑三角→⊘直径 命令，操作过程如下。

命令：_ dimdiameter

选择圆弧或圆：（在圆周上拾取任意一点）

标注文字 =9

指定尺寸线位置或 [多行文字（M）/文字（T）/角度（A）]：t（选择重新输入文字，↙）

输入标注文字　2*%%c10（输入文字：2*%%C10，↙）

指定尺寸线位置或 ［多行文字（M）/文字（T）/角度（A）］：（指定尺寸线的位置）

第三步：标注立板的尺寸

在正面投影中，用"半径"命令 ⊙半径 注出立板半圆半径"R20"，用"直径"命令 ⊘直径 注出立板上圆孔的直径"φ20"，用"线性"命令 ┝┥线性 注出圆孔上下的定位尺寸"40"；在侧面投影中，用"线性"命令 ┝┥线性 注出立板的厚"10"。

第四步：标注肋板的尺寸

在侧面投影中，用"线性"命令 ┝┥线性 注出肋板底面三角形的长"20"、高"15"；在正面投影中，用"线性"命令 ┝┥线性 注出肋板的厚"10"。

6. 填写标题栏

将"11 文本、细实线"层置为当前层。用"Mext 文字书写"命令及"汉字"样式填写标题栏中图名等内容。完成后的组合体三面投影图如图 11-37 所示。

7. 保存存图样

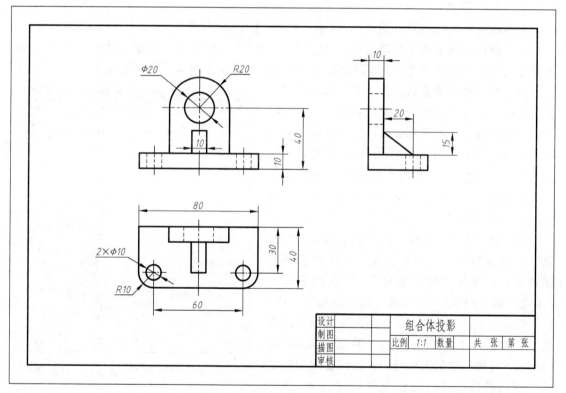

图 11-37 组合体三面投影图

11.7 用 AutoCAD 绘制剖视图及尺寸样式设置

11.7.1 绘制剖视图

1. 绘制剖面符号

在 AutoCAD 中，用图案填充表达一个零件的剖切区域，也可使用不同的图案填充来表达不同零件或材料。绘制剖面符号前，首先把当前图层置换到"10 剖面符号"层，然后进行图案填充设置。

菜单栏：依次单击 绘图(D) → 图案填充(H) 按钮。功能区：单击 常用 → 绘图 → "图案填充"按钮 。执行上述命令操作后，系统显示"图案填充创建"窗口，如图11-38所示。

图 11-38　"图案填充创建"窗口

命令提示行窗口显示信息为：

命令：_ hatch

拾取内部点或 [选择对象（S）/设置（T）]：T　（键盘输入 T，↙）

系统弹出"图案填充和渐变色"对话框，如图 11-39 所示。通过该对话框中的选项，可以定义剖面图案的方式、设置剖面图案的特性、确定绘制剖面图案的范围等。

（1）设置图案填充的方式　在"图案填充"选项卡中，单击"类型"右侧的 按钮，在下拉列表中有三种剖面图案的定义方式：选择"预定义"选项，可以使用 AutoCAD 提供的图案；选"用户定义"选项，可临时自定义平行线或相互垂直的两组平行线图案；选"自定义"选项，可使用已定义好的图案。

（2）设置图案的特性　在"图案填充和渐变色"对话框的"图案填充"选项卡中设置剖面图案特性。选择"用户定义"，设置的参数有"角度"和"间距"。建议选"用户定义"选项。

提示：机械制图中大多使用的金属剖面图案是一组间距为 2 ~ 4mm 且与 X 轴正向成 45°或135°的平行线。绘制机械图时，建议使用用户定义的剖面符号，故一般设定"角度"为"45"

图 11-39　"图案填充和渐变色"对话框

"135"等值，"间距"为"2 ~ 4"。在画装配图时，根据需要剖面符号的间距可以调整。若需要画非金属的剖面符号，还需选中"双向"，使得剖面符号呈网格状。

（3）确定绘制剖面符号范围的方法　拾取范围内的点：在"图案填充和渐变色"对话框中，单击 添加:拾取点(K) 按钮，对话框暂时关闭。同时命令行窗口提示用户：拾取内部点或 [选择对象（S）/设置（T）]：，把光标移到要绘制剖面符号的区域，可进行剖面符号预览，此时，在要绘制剖面符号的范围内单击（注意：必须是封闭范围），所选范围会自动变为封闭的虚线框。按下 <Enter> 键后完成剖面符号的绘制。

选择对象。单击 添加:选择对象(B) 按钮，此时对话框暂时关闭，并提示用户选择绘制剖面符号的一个或几个范围对象。点选后，所选对象自动变为虚线。回车后完成剖面符号的绘制。

2. 绘图举例

【例 11-6】　绘制图 11-40a 所示的剖视图。

1) 调用样板图 A4-H，置换图层，用"直线" ∕ 、"圆" ⊘ 、"偏移" ⬠ 、"修剪" ⊢ 修剪 ⊢ 、"样条曲线" ∿ 、"删除" ✐ 等命令绘制图 11-40b 所示的投影图。

2) 选中 11-40b 所示的图中虚线，单击"图层"工具栏中的图层列表 ♀ ☆ ⬚ ■ 01粗实线 ▾，将他们置换成粗实线。

3) 置换图层到"10 剖面符号"层。单击"图层"工具栏中的图层列表 ♀ ☆ ⬚ ■ 10剖面符号 ▾，将"10 剖面符号"层置为当前层。

4) 菜单栏：依次单击 绘图(D) → ▨ 图案填充(H) ，在命令行窗口提示后输入字母"T"回车，系统弹出"图案填充和渐变色"对话框，选"用户定义"选项，设置"角度"为"45"，"间距"为"3"。

5) 单击 ⊞ 添加:拾取点(K) 按钮后按照提示操作：

拾取内部点或 [选择对象 (S)/设置 (T)]：（分别在左、右"L"形中拾取点）

拾取内部点或 [选择对象 (S)/设置 (T)]：（回车，结束选择，绘制剖面线如图 11-40c 所示）

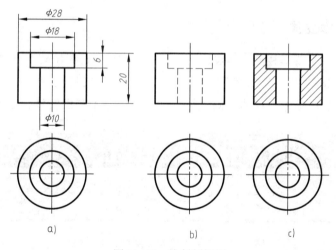

图 11-40　绘制剖视图

11.7.2　尺寸样式设置

在半剖视图和局部剖视图中，表示内部结构的虚线一般省略不画，在标注内部对称方向的尺寸时，尺寸线应超过对称线，并且只画单边箭头和尺寸界线。如果把这种尺寸样式称为半线尺寸，那么尺寸样式的设置只需在"GB 全线尺寸"样式的基础上稍加改动即可。

半线尺寸注法的设置：

在菜单栏单击 格式(O) → ✐ 标注样式(D)... 按钮，或在功能区单击 常用 → 注释 ▾ → ✐ 按钮。

系统弹出的"标注样式管理器"对话框，选择尺寸样式"GB 全线尺寸"，单击新建(N)... 按钮，打开"创建新标注样式"对话框。在新样式名文本框中输入"GB半线尺寸"，单击 继续 按钮，进入"新标注样式：GB半线尺寸"对话框，如图 11-41 所示。在"线"选项卡中，选取"尺寸线"选项栏中"隐藏"的"尺寸线1（M）"或"尺寸线2（D）"，以及"尺寸界线"选项栏中"隐藏"的"尺寸界线1（1）"或"尺寸界线（2）"。

注意：这两个选项要一致，如图 11-41 所示，都选第二条。点击 确定 按钮，返回"标注样式管理器"对话框，单击 关闭 按钮退出。

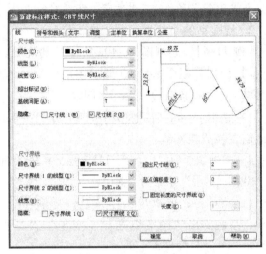

图 11-41　"新标注样式：GB 半线尺寸"
的"线"选项卡

11.8　三维实体构形设计

11.8.1　绘制基本立体

进入 AutoCAD，在工具栏 草图与注释 中选"三维建模"工作空间，单击 按钮，从下拉列表中选"显示菜单栏"。单击 实体 → 图元 工具栏中的命令，可绘制如多段体、长方体、楔体、圆锥体、球体、圆柱体、圆环体等基本三维实体，如图 11-42 所示。

图 11-42　"三维建模"菜单和工具栏

【例 11-8】　创建长、宽、高分别为 60mm、50mm、40mm 的长方体，如图 11-43 所示。

功能区：单击 实体 → 图元 → 长方体按钮，命令行窗口提示信息：

命令：_ box
指定第一个角点或 [中心（C）]:（光标在绘图窗口内任意点单击，确定起点坐标）

指定其他角点或 [立方体（C）/长度（1）]：1　（指定输入边长 1）

指定长度：60（输入长方体的长度 60）

指定宽度：50（输入长方体的宽度 50）

指定高度或 [两点（2P）]：30　（输入长方体的高度 30，↙）

命令运行结束后，绘图窗口内显示的是二维线框图形，要得到图
11-43 的效果，需要着色处理。

着色处理：首先执行正等轴测命令，即在功能区，单击 视图 →
视图 中的 按钮，选择 西南等轴测 ，单击 视图 → 视觉样式 →
着色 按钮，进行体着色操作（详见 11.8.5 节）即可。

图 11-43　长方体

11.8.2　通过二维图形构建三维立体

1. 用拉伸命令构建立体

用拉伸命令构建三维实体，首先要选择需拉伸的二维图形对象，再选择绘制好的拉伸路
径或给出拉伸高度及拉伸倾斜角度。倾斜角度为 0°，构建柱体；倾斜角度不为 0°，构建锥
体。注意：可拉伸的二维图形必须是闭合的面域，如多段线、多边形、矩形、圆、椭圆等。

用直线或圆弧创建的二维图形，需用"边界"命令 创建面域或多段线，也可用 pedit
命令将它们转换为单个多段线对象，再使用拉伸命令。

【例 11-9】　构建以图 11-44a 作为底
面、高度为 12mm 的平板，如图 11-44b
所示。

1）用"圆""直线""修剪"等命令
绘制平板底面图形，擦除点画线，只留
轮廓线，步骤略。

2）用"边界"命令 创建面域或多
段线。

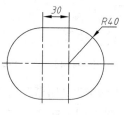

a）平板底面图形　　　　b）拉伸产生的平板

图 11-44　利用拉伸创建平板

单击 常用 → 绘图 →"边界"按钮
，系统弹出"边界创建"对话框，单击对话框中的"拾取点"按钮 ，命令行窗口提示
信息：

命令：_ boundary

拾取内部点：（在图形内部单击鼠标左键）

拾取内部点：（↙结束命令）

3）拉伸。依次单击 实体 → 实体 → 拉伸按钮。命令行窗口提示信息：

命令：_ extrude

当前线框密度：ISOLINES = 4，闭合轮廓创建模式 = 实体

选择要拉伸的对象或［模式（MO）］：_ MO 闭合轮廓创建模式［实体（SO）/曲面
（SU）］＜实体＞:_ SO

选择要拉伸的对象或［模式（MO）］：（拾取绘制好的图形）

选择要拉伸的对象或［模式（MO）］：（↙，退出选择）

指定位伸的高度或［方向（D）/路径（P）/倾斜角（T）/表达式（E）］＜ - 12.0000 ＞:12

（输入拉伸高度，↙，结束命令）

4）单击 视图 → 视图 中的 按钮，选择 西南等轴测 ；单击 视图 →

视觉样式 ▼→ 🔲着色 。

2. 用旋转命令构建立体

用旋转命令构建二维图形实体，首先选择需要旋转的二维对象，并选择当前用户坐标系 UCS 的 *X* 轴或 *Y* 轴作为旋转轴，也可用事先绘制好的直线作为旋转轴，最后给出旋转角度。同拉伸命令一样，旋转的二维图形必须是闭合对象，如多段线、多边形、矩形、圆、椭圆等。

【**例 11-10**】　以图 11-45a 作为母线、绕给定旋转轴旋转形成的回转体，创建如图 11-45b 所示的三维实体。

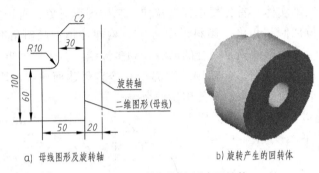

a) 母线图形及旋转轴　　　　　　b) 旋转产生的回转体

图 11-45　利用旋转创建回转体

1）用"直线""偏移""修剪""倒角"等命令绘制母线二维图形，步骤略。

2）用"边界"命令🔲将母线图形转换为多段线，步骤略。

3）旋转。依次单击 实体 → 实体 → 📞 旋转按钮。

命令：_ revolve

当前线框密度：ISOLINES = 4，闭合轮廓创建模式 = 实体

选择要旋转的对象或［模式（MO）］：_ MO 闭合轮廓创建模式［实体（SO）/曲面（SU）］＜实体＞：_ SO

选择要旋转的对象或［模式（MO）］：找到 1 个　（拾取已经编辑为多段线的母线，↙）

选择要旋转的对象或［模式（MO）］：　（↙，退出选择）

指定轴起点或根据以下选项之一定义轴［对象（O）/X/Y/Z］＜对象＞：　（捕捉拾取轴线的一个端点）

指定轴端点：（捕捉拾取轴线的另一个端点）

指定旋转角度或［起点角度（ST）/反转（R）/表达式（EX）］＜360＞：　（↙，默认旋转 360°）

4）单击 视图 → 视图 中的 🔲按钮，选择 ◇西南等轴测 ；单击 视图 → 视觉样式 ▼→ 🔲着色 。

11.8.3　用实体编辑命令构建三维实体

菜单栏：单击 常用 → 实体编辑 ▼工具栏中命令下的 ▼按钮，调用这些命令可以构建三维实体。

1. 利用剖切命令创建立体

用剖切命令对实体进行剖切，可以保留剖切实体的一部分或全部。也可移去指定部分生成新的实体。剖切必须沿剖切平面进行，确定剖切平面的常用方法有：三个点、*XOY*、*YOZ* 或 *ZOX* 的平行面。

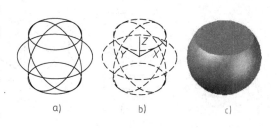

图 11-46 切去球冠的球体

【例 11-11】 在创建的球体（半径为 50mm）上切去球冠，切平面距球心距离为 30mm，如图 11-46 所示。

1）创建球体后，单击 视图 → 视图 中的 按钮，选择 西南等轴测，结果如图 11-46a 所示。

2）单击 视图 → 坐标 选择"原点"按钮，将坐标原点捕捉到球心处，如图 11-46b 所示。

3）切去球冠，单击 实体 → 实体编辑 → 剖切 按钮，命令行窗口提示信息：

命令：_ slice

选择要剖切的对象：找到 1 个 （拾取球体上的任意一点）

选择要剖切的对象：（↙，退出选择）

指定切面的起点或 [平面对象（O）/曲面（S）/Z 轴（Z）/视图（V）/XY（XY）/YZ（YZ）/ZX（ZX）/三点（3）]<三点>：XY （选择 *XY* 平面，↙）

指定 XY 平面上的点 <0，0，0>：0，0，30 （输入 *XY* 平面上的点的坐标）

在所需的侧面上指定点或 [保留两个侧面（B）]<保留两个侧面>： （捕捉拾取球心）

4）单击 视图 → 视觉样式 → 着色，如图 11-46c 所示。

2. 布尔运算创建实体

菜单栏：单击 实体 → 布尔值 ，可调用布尔运算，布尔运算包括"并集"、"差集"和"交集"。利用布尔运算可以构建复合实体。

（1）用并集构建复合体 执行"并集"命令，可以合并两个或多个实体，构成一个复合实体。

【例 11-12】 在【例 11-9】创建的平板下表面圆心处生成一个直径为 36mm、高为 60mm 的铅垂圆柱，然后将两者合并为如图 11-47c 所示的组合体。

1）参照【例 11-9】创建底板的方法，在底板下表面圆心处创建圆柱，如图 11-47a 所示（注意：捕捉底板下表面圆心），过程略。

2）用并集命令将两者复合为一体，如图 11-47b 所示。

菜单栏： 实体 → 布尔值 工具栏中，选择"并集"按钮。命令行窗口提示：

选择对象：（拾取底板）

选择对象：（拾取圆柱）

选择对象：（↙，退出选择）

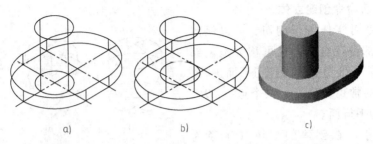

图 11-47　使用并集命令将独立的两个立体复合为一体

单击 视图 → 视图 中的 按钮，选择 西南等轴测 ；单击 视图 → 视觉样式 ▼ → 着色 ，如图 11-47c 所示。

（2）用差集构建复合体　执行差集命令 ，删除两实体间的公共部分。如在对象上减去一个圆柱，即在机械零件上增加孔。

【例 11-13】　在【例 11-12】基础上，在圆柱部分生成一个直径为 26mm 的通孔，如图 11-48c 所示。

1）参照【例 11-12】在底板下表面左侧圆心处创建直径为 26mm、高为 70mm 的圆柱，如图 11-48a 所示（注意捕捉圆柱底面圆心），过程略。

2）用差集命令从组合体上减去新建的圆柱体，形成圆孔，如图 11-48b 所示。

在菜单栏"实体"下的"布尔值"工具栏中，单击"差集"按钮 。命令行窗口提示：

命令：_ subtract 选择要从中减去的实体、曲面和面域…

选择对象：（拾取组合体）

选择对象：（↙，退出选择）

选择要减去的实体、曲面和面域…

选择对象：（拾取新建的圆柱）

选择对象：（↙，退出选择）

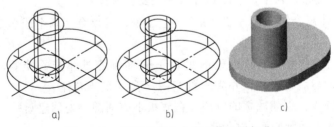

图 11-48　使用差集命令在立体上增加孔

单击 视图 → 视图 中的 按钮，选择 西南等轴测 ；单击 视图 → 视觉样式 ▼ → 着色 ，如图 11-48c 所示。

（3）用交集构建复合体　过程略。

3. 三维实体倒角、圆角

在菜单栏"实体"下的"实体编辑"工具栏中，执行"倒角边" 和"圆角边"

命令，按命令行提示操作，可对三维实体倒角、圆角。

【例 11-14】　在【例 11-8】创建的长方体前部上边生成距离为 20mm 的倒角，如图 11-49 所示。

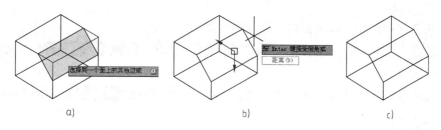

a)　　　　　　　　　　　　　b)　　　　　　　　　　　　　c)

图 11-49　长方体倒角

在菜单栏"实体"下的"实体编辑"工具栏中，选择"倒角边" 按钮。命令行窗口提示：

命令：_ CHAMFEREDGE 距离 1 = 1.0000，距离 2 = 1.0000
选择一条边或［环（L）/距离（D）］：d　　　　　　　（键入字母 D，↙）
指定距离 1 或［表达式（E）］< 1.0000 >：20（输入第一条边倒角距离，↙）
指定距离 2 或［表达式（E）］< 1.0000 >：20（输入第二条边倒角距离，↙）
选择一条边或［环（L）/距离（D）］：　　　（拾取前上棱边，如图 11-49a 所示）
选择同一个面上的其他边或［环（L）/距离（D）］：　（↙，如图 11-49b 所示）
按 Enter 键接受倒角或［距离（D）］：　（↙，接受倒角，退出选择）

11.8.4　三维实体着色

1. 三维视图命令和视觉样式命令

在菜单栏，单击 视图（V）→三维视图（D），或功能区的"视图"工具栏选项，可调用"三维视图"命令，如图 11-50 所示。单击 视图（V）→视觉样式（S）或功能区的"视觉样式"工具栏选项，可调用"视觉样式"命令，如图 11-51 所示。

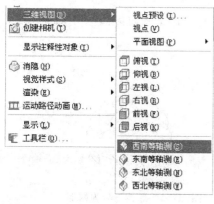

图 11-50　"三维视图"菜单及其命令图标

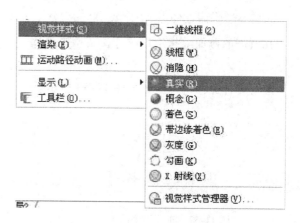

图 11-51　"视觉样式"菜单及其命令图标

利用"三维视图"命令，可以使生成的立体显示为六个二维基本视图和四个方向的正等轴测图。利用"视觉样式"命令，可以生成各种模型图像，如二维线框图、三维线框图、三维消隐、真实、概念。通过"视觉样式管理器"做精度等参数调整。系统默认的显示为：俯视图，二维线框。

2. 利用三维视图命令和视觉样式命令构建真实感立体

（1）正等轴测图　单击菜单栏的 视图(V) → 三维视图(D) → 西南等轴测(S) 或功能区的"视图"工具栏选项。

（2）三维线框　单击菜单栏的 视图(V) → 视觉样式(S) → 线框(W) 或功能区的"视觉样式"工具栏选项。

（3）体着色　单击菜单栏的 视图(V) → 视觉样式(S) → 真实(R)。此命令可以对实体着色并在多边形面之间光顺边界，使实体具有真实感，并显示已应用到对象的材质。双击对象，系统弹出工具栏对话框，按提示可实现对实体颜色的调整。

11.8.5　综合举例

【例 11-15】　构建如图 11-60 所示的开槽半球，其中球的直径为 100mm，槽宽 40mm，槽底面距球心 24mm。

1）构建直径为 100mm 的球体后，单击 视图(V) → 三维视图(D) → 西南等轴测(S)，显示正等轴测图。

2）单击 按钮，然后捕捉拾取球心，将坐标原点移到球心处，如图 11-52 所示。

3）用 XOY 平面切开球体。单击 实体 → 实体编辑 → 剖切，命令行窗口提示信息：

命令：_ slice

选择要剖切的对象：找到 1 个 （拾取球体上的任意一点）

选择要剖切的对象：（↙，退出选择）

指定切面的起点或 ［平面对象（O）/曲面（S）/Z 轴（Z）/视图（V）/XY（XY）/YZ（YZ）/ZX（ZX）/三点（3）］<三点>：XY （选择 XY 平面，↙）

指定 XY 平面上的点 <0, 0, 0>：（↙，选择默认值为（0, 0, 0））

在所需的侧面上指定点或 ［保留两个侧面（B）］<保留两个侧面>：b （选择"保留两侧"）

此时球体分为两部分，如图 11-53 所示。

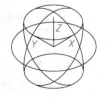

图 11-52　正等轴测图 UCS

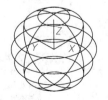

图 11-53　球体被分为两部分

4) 单击 "删除" 按钮 ，拾取下半球体上的任意一点，按 < Enter > 键，下半球体被删掉，如图 11-54 所示。

5) 在球心上方 24mm 处，用 *XOY* 平行面切开半球。单击 实体 → 实体编辑 → 剖切命令（过程同上）半球分为两部分，如图 11-55 所示。

图 11-54　上半球体　　　　　　　　　图 11-55　上半球分为两部分

6) 在球心右方 20mm 处，用 *YOZ* 平行面切开半球的上部。单击 实体 → 实体编辑 → 剖切按钮。命令行提示信息：

命令：_ slice
选择要剖切的对象：找到 1 个　（拾取球冠上的任意一点）

选择要剖切的对象：　　（↙，退出选择）

指定切面的起点或 [平面对象 (O)/曲面 (S)/Z 轴 (Z)/视图 (V)/XY (XY)/YZ (YZ)/ZX (ZX)/三点 (3)]＜三点＞:YZ　（指定 *YZ* 面为切面，↙）

指定 YZ 平面上的点 <0, 0, 0>: 20, 0, 0　（输入 *YZ* 平面上的点，↙）

在所需的侧面上指定点或 [保留两个侧面 (B)]＜保留两个侧面＞:b　（选择 "保留两侧"）
球冠分为两部分，如图 11-56 所示。

7) 同样，单击 实体 → 实体编辑 → 剖切按钮，在球心左方 20mm 处，用 *YOZ* 平行面切开球冠的左边部分。球冠左侧又分为两部分，如图 11-57 所示。

图 11-56　球冠分为两部分　　　　　　图 11-57　球冠左侧分为两部分

8) 擦除球冠的中间部分，如图 11-58 所示。

9) 用并集命令将剩余的三部分合为一体，如图 11-59 所示。

10) 着色，如图 11-60 所示，过程略。

图 11-58　擦去球冠中间部分　　　图 11-59　并集　　　图 11-60　着色

【**例 11-16**】　按图 11-61 所示，创建组合体。

1）构建底板、圆柱体。在"视图" ▣俯视 状态下绘制底板和圆柱体。底板用"拉伸"命令构建。绘制圆柱体时注意捕捉拾取底板底面右侧的圆心，选择 ◇西南等轴测 按钮，如图 11-62 所示。

创建肋板。在工具栏选择 ▣前视，执行多段线命令 ⌐⌐，用相对坐标输入坐标，绘制图 11-63 所示的肋板平面图，用"拉伸"命令 ▤拉伸 创建肋板，厚度为 6mm，如图 11-64 所示。

用"移动"命令 ✛ 将其移到图 11-65 所示的位置。肋板的移动基点用"中点捕捉"拾取 A 点，移动的目标点为底板上表面右侧的圆心，捕捉拾取。

2）用"并集"命令 ◎，将底板、圆柱体、肋板结合为一体，如图 11-66 所示。

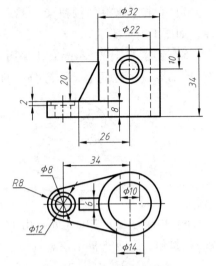

图 11-61　组合体的投影

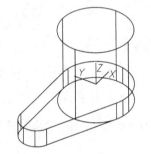

图 11-62　构建底板、圆柱体

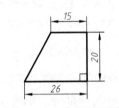

图 11-63　肋板平面图

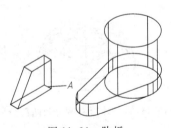

图 11-64　肋板

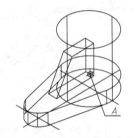

图 11-65　移动肋板到指定位置

3）在工具栏选择 ▣俯视，用"差集"命令 ◎ 构建直径为 22mm 的通孔，如图11-67所示，注意捕捉底面圆心，过程略。

4）用"差集"命令 ◎ 差集(S) 构建底板上的小孔，如图 11-68 所示。

5）构建圆柱上的两个正垂孔。

在功能区"视图"菜单栏下的"视图"工具栏中选择 三维视图(D) → ▣前视，再在"视图"工具栏中选择 三维视图(D) → ◇西南等轴测。捕捉工具只设定圆心捕捉，在"坐标"工具栏单击"原点"按钮 ⌐，捕捉圆柱的底面圆心，将坐标原点移到此处，如图 11-69 所示。

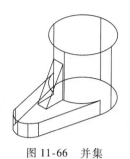

图 11-66　并集

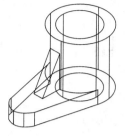

图 11-67　生成铅垂孔

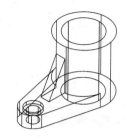

图 11-68　生成底板上的小孔

6）单击"原点"按钮⊾，命令行提示信息：

指定新原点 <0, 0, 0>: 0, 25, 0（输入新的原点坐标，↙，确定圆柱上的两个正垂孔位置）

结果如图 11-70 所示。

7）创建直径为 15mm 和 10mm 的圆柱，如图 11-71 所示。注意：在功能区单击 实体 → 图元 → ▢圆柱体。调用绘制圆柱命令后，命令行提示输入圆柱底面中心点时，键盘输入坐标（0, 0, 0）；圆柱的长为 30mm。

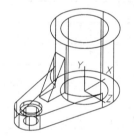

图 11-69　设置坐标原点

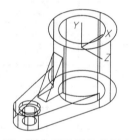

图 11-70　两个正垂圆柱的原点坐标

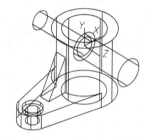

图 11-71　生成两个正垂圆柱

8）用"差集"命令◎形成圆筒上的孔，如图 11-72 所示。

9）整理，完成着色，如图 11-73 所示。

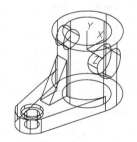

图 11-72　生成两个正垂孔

图 11-73　着色

附　　录

一、螺纹

1. 普通螺纹的直径与螺距（GB/T 193—2003）

附表 1 　　　　　　　　　　　　　　　　　　　　　　　　　　（单位：mm）

公称直径 d、D			螺距											
			粗牙	细牙										
第1系列	第2系列	第3系列		4	3	2	1.5	1.25	1	0.75	0.5	0.35	0.25	0.2
3			0.5									0.35		
	3.5		0.6									0.35		
4			0.7								0.5			
	4.5		0.75								0.5			
5			0.8								0.5			
		5.5									0.5			
6			1							0.75				
	7		1							0.75				
8			1.25						1	0.75				
		9	1.25						1	0.75				
10			1.5					1.25	1	0.75				
	11		1.5				1.5		1	0.75				
12			1.75					1.25	1					
	14		2				1.5	1.25	1					
		15					1.5		1					
16			2				1.5		1					
		17					1.5							
	18		2.5			2	1.5		1					
20			2.5			2	1.5		1					
	22		2.5			2	1.5		1					
24			3			2	1.5		1					
		25				2	1.5		1					
		26					1.5							
	27		3			2	1.5		1					
		28				2	1.5		1					
30			3.5		(3)	2	1.5		1					

（续）

公称直径 d、D			螺距											
第1系列	第2系列	第3系列	粗牙	细牙										
				4	3	2	1.5	1.25	1	0.75	0.5	0.35	0.25	0.2
		32				2	1.5							
	33		3.5		(3)	2	1.5							
		35					1.5							
36			4		3	2	1.5							
		38					1.5							
	39		4		3	2	1.5							
		40			3	2	1.5							
42			4.5	4	3	2	1.5							
	45		4.5	4	3	2	1.5							
48			5	4	3	2	1.5							
		50			3	2	1.5							
	52		5	4	3	2	1.5							
		55		4	3	2	1.5							
56			5.5	4	3	2	1.5							
		58		4	3	2	1.5							
	60		5.5	4	3	2	1.5							
		62		4	3	2	1.5							
64			6	4	3	2	1.5							

注：1. 优先选用第1系列，其次选择第2系列，第3系列尽可能不用。

2. 括号内的尺寸尽可能不用。

3. M14 × 1.25 仅用于火花塞，M35 × 1.5 仅用于滚动轴承锁紧螺母。

2. 普通螺纹的公称尺寸（GB/T 196—2003）

代号的含义：

D——内螺纹的基本大径（公称直径）；

d——外螺纹的基本大径（公称直径）；

D_2——内螺纹的基本中径；

d_2——外螺纹的基本中径；

D_1——内螺纹的基本小径；

d_1——外螺纹的基本小径；

H——原始三角形高度；

P——螺距。

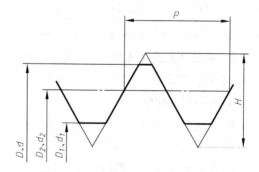

标记示例

M16：粗牙普通内螺纹，大径 16mm，螺距 2mm，右旋，中径和顶径的公差带代号均为 6H，中等旋合长度。

M16 × 1.5-5g6g：细牙普通外螺纹，大径 16mm，螺距 1.5mm，右旋，中径公差带代号为 5g，顶径公差带代号为 6g，中等旋合长度。

附表 2　　　　　　　　　　　　　　　　（单位：mm）

公称直径（大径）D、d	螺距 P	中径 D_2、d_2	小径 D_1、d_1	公称直径（大径）D、d	螺距 P	中径 D_2、d_2	小径 D_1、d_1	公称直径（大径）D、d	螺距 P	中径 D_2、d_2	小径 D_1、d_1
3	0.5	2.675	2.459	14	2	12.701	11.835	27	2	25.701	24.835
3	0.35	2.773	2.621	14	1.5	13.026	12.376	27	1.5	26.026	25.376
3.5	0.6	3.110	2.85	14	1.25	13.188	12.647	27	1	26.35	25.917
3.5	0.35	3.273	3.121	14	1	13.35	12.917	28	2	26.701	25.835
4	0.7	3.545	3.242	15	1.5	14.026	13.376	28	1.5	27.026	26.376
4	0.5	3.675	3.459	15	1	14.35	13.917	28	1	27.35	26.917
4.5	0.75	4.013	3.688	16	2	14.701	13.835	30	3.5	27.727	26.211
4.5	0.5	4.175	3.959	16	1.5	15.026	14.376	30	3	28.051	26.752
5	0.8	4.480	4.134	16	1	15.35	14.917	30	2	28.701	27.835
5	0.5	4.675	4.459	17	1.5	16.026	15.376	30	1.5	29.026	28.376
5.5	0.5	5.175	4.959	17	1	16.35	15.917	30	1	29.35	28.917
6	1	5.350	4.917	18	2.5	16.376	15.294	32	2	30.701	29.835
6	0.75	5.513	5.188	18	2	16.701	15.835	32	1.5	31.026	30.376
7	1	6.350	5.917	18	1.5	17.026	16.376	33	3.5	30.727	29.211
7	0.75	6.513	6.188	18	1	17.35	16.917	33	3	31.051	29.752
8	1.25	7.188	6.647	20	2.5	18.376	17.294	33	2	31.701	30.835
8	1	7.35	6.917	20	2	18.701	17.835	33	1.5	32.026	31.376
8	0.75	7.513	7.188	20	1.5	19.026	18.376	35	1.5	34.026	33.376
9	1.25	8.188	7.647	20	1	19.35	18.917	36	4	33.402	31.67
9	1	8.35	7.917	22	2.5	20.376	19.294	36	3	34.051	32.752
9	0.75	8.513	8.188	22	2	20.701	19.835	36	2	34.701	33.835
10	1.5	9.026	8.376	22	1.5	21.026	20.376	36	1.5	35.026	34.376
10	1.25	9.188	8.647	22	1	21.35	20.917	38	1.5	37.026	36.376
10	1	9.35	8.917	24	3	22.051	20.752	39	4	36.402	34.67
10	0.75	9.513	9.188	24	2	22.701	21.835	39	3	37.051	35.752
11	1.5	10.026	9.376	24	1.5	23.026	22.376	39	2	37.701	36.835
11	1	10.35	9.917	24	1	23.35	22.917	39	1.5	38.026	37.376
11	0.75	10.513	10.188	25	2	23.701	22.835	40	3	38.051	36.752
12	1.75	10.863	10.106	25	1.5	24.026	23.376	40	2	38.701	37.835
12	1.5	11.026	10.376	25	1	24.35	23.917	40	1.5	39.026	38.376
12	1.25	11.188	10.647	26	1.5	25.026	24.376				
12	1	11.35	10.917	27	3	25.051	23.752				

3. 梯形螺纹的基本尺寸（GB/T 5796.3—2005）

代号的含义：

a_c——牙顶间隙；

D_4——设计牙型上的内螺纹大径；

D_2——设计牙型上的内螺纹中径；

D_1——设计牙型上的内螺纹小径；

d——设计牙型上的外螺纹大径（公称直径）；

d_2——设计牙型上的外螺纹中径；

d_3——设计牙型上外螺纹小径；

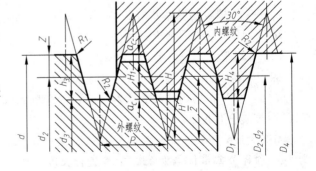

H_1——基本牙型牙高；

H_4——设计牙型上的内螺纹牙高；

h_3——设计牙型上的外螺纹牙高；

P——螺距。

标记示例

Tr40×3-7H：梯形内螺纹，公称直径 40mm，螺距 3mm，单线右旋，中径公差带代号为 7H，旋合长度为正常组。

Tr40×6（P3）LH-7e-L：梯形外螺纹，公称直径 40mm，导程 6mm，螺距 3mm，双线左旋，中径公差带代号为 7e，旋合长度为加长组。

附表 3　　　　　　　　　　　　　　（单位：mm）

| 公称直径 d | | 螺距 P | 中径 $D_2=d_2$ | 大径 D_4 | 小径 | | 公称直径 d | | 螺距 P | 中径 $D_2=d_2$ | 大径 D_4 | 小径 | |
第1系列	第2系列				d_3	D_1	第1系列	第2系列				d_3	D_1
8		1.5	7.25	8.30	6.20	6.50		26	3	24.50	26.50	22.50	23.00
	9	1.5	8.25	9.30	7.20	7.50			5	23.50	26.50	20.50	21.00
		2	8.00	9.50	6.50	7.00			8	22.00	27.00	17.00	18.00
10		1.5	9.25	10.30	8.20	8.50	28		3	26.50	28.50	24.50	25.00
		2	9.00	10.50	7.50	8.00			5	25.50	28.50	22.50	23.00
	11	2	10.00	11.50	8.50	9.00			8	24.00	29.00	19.00	20.00
		3	9.50	11.50	7.50	8.00		30	3	28.50	30.50	26.50	27.00
12		2	11.00	12.50	9.50	10.00			6	27.00	31.00	23.00	24.00
		3	10.50	12.50	8.50	9.00			10	25.00	31.00	19.00	20.00
	14	2	13.00	14.50	11.50	12.00	32		3	30.50	32.50	28.50	29.00
		3	12.50	14.50	10.50	11.00			6	29.00	33.00	25.00	26.00
16		2	15.00	16.50	13.50	14.00			10	27.00	33.00	21.00	22.00
		4	14.00	16.50	11.50	12.00		34	3	32.50	34.50	30.50	31.00
	18	2	17.00	18.50	15.50	16.00			6	31.00	35.00	27.00	28.00
		4	16.00	18.50	13.50	14.00			10	29.00	35.00	23.00	24.00
20		2	19.00	20.50	17.50	18.00	36		3	34.50	36.50	32.50	33.00
		4	18.00	20.50	15.50	16.00			6	33.00	37.00	29.00	30.00
	22	3	20.50	22.50	18.50	19.00			10	31.00	37.00	25.00	26.00
		5	19.50	22.50	16.50	17.00		38	3	36.50	38.50	34.50	35.00
		8	18.00	23.00	13.00	14.00			7	34.50	39.00	30.00	31.00
24		3	22.50	24.50	20.50	21.00			10	33.00	39.00	27.00	28.00
		5	21.50	24.50	18.50	19.00	40		3	38.50	40.50	36.50	37.00
		8	20.00	25.00	15.00	16.00			7	36.50	41.00	32.00	33.00
									10	35.00	41.00	29.00	30.00

4. 55°非密封管螺纹（GB/T 7307—2001）

代号的含义：

D——内螺纹大径；

d——外螺纹大径；

D_2——内螺纹中径；

d_2——外螺纹中径；

D_1——内螺纹小径；

d_1——外螺纹小径；

P——螺距；

r——螺纹牙顶和牙底的圆弧半径。

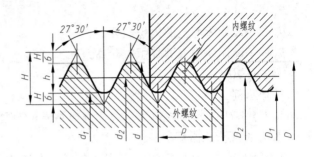

标记示例

G3/4：尺寸代号为 3/4 的非密封管螺纹，右旋圆柱内螺纹。

G3/4—LH：尺寸代号为 3/4 的非密封管螺纹，左旋圆柱内螺纹。

G3/4A：尺寸代号为 3/4 的非密封管螺纹，公差等级为 A 级的右旋圆柱外螺纹。

G3/4B-LH：尺寸代号为 3/4 的非密封管螺纹，公差等级为 B 级的左旋圆柱外螺纹。

附表 4 　　　　　　　　　　　　　　　　　　　（单位：mm）

尺寸代号	每 25.4mm 内的牙数 n	螺距 P	大径 d、D	中径 d_2、D_2	小径 d_1、D_1	牙高 h
1/4	19	1.337	13.157	12.301	11.445	0.856
3/8	19	1.337	16.662	15.806	14.950	0.856
1/2	14	1.814	20.955	19.793	18.631	1.162
3/4	14	1.814	26.441	25.279	24.117	1.162
1	11	2.309	33.249	31.770	30.291	1.479
1¼	11	2.309	41.910	40.431	38.952	1.479
1½	11	2.309	47.803	46.324	44.845	1.479
2	11	2.309	59.614	58.135	56.656	1.479
2½	11	2.309	75.184	73.705	72.226	1.479
3	11	2.309	87.884	86.405	84.926	1.479

二、螺纹紧固件

1. 六角头螺栓—C 级（GB/T 5780—2000）、**六角头螺栓—A、B 级**（GB/T 5782—2000）

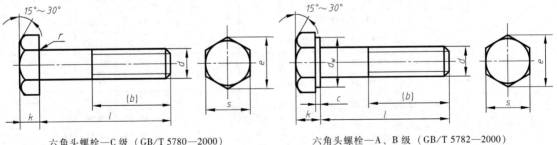

六角头螺栓—C 级（GB/T 5780—2000）　　　　　六角头螺栓—A、B 级（GB/T 5782—2000）

标记示例

螺栓 GB/T 5782 M12×80：螺纹规格 d = M12，公称长度 l = 80mm，性能等级为 8.8 级，表面氧化，产品等级为 A 级的六角头螺栓。

附表 5　　　　　　　　　　　　　　　　（单位：mm）

螺纹规格 d			M3	M4	M5	M6	M8	M10	M12	M16	M20	M24	M30
b 参考	$l\leqslant125$		12	14	16	18	22	26	30	38	46	54	66
	$125<l\leqslant200$		18	20	22	24	28	32	36	44	52	60	72
	$l\leqslant200$		31	33	35	37	41	45	49	57	65	73	85
c(max)			0.4	0.4	0.5	0.5	0.6	0.6	0.6	0.8	0.8	0.8	0.8
d_w	产品等级	A	4.57	5.88	6.88	8.88	11.63	14.63	16.63	22.49	28.19	33.61	—
		B	4.45	5.74	6.74	8.74	11.47	14.47	16.47	22	27.7	33.25	42.75
e	产品等级	A	6.01	7.66	8.79	11.05	14.38	17.77	20.03	26.75	33.53	39.98	—
		B	5.88	7.50	8.63	10.89	14.20	17.59	19.85	26.17	32.95	39.55	50.85
k 公称			2	2.8	3.5	4	5.3	6.4	7.5	10	12.5	15	18.7
r			0.1	0.2	0.2	0.25	0.4	0.4	0.6	0.6	0.8	0.8	1
s 公称			5.5	7	8	10	13	16	18	24	30	36	46
l(商品规格范围)			20~30	25~40	25~50	30~60	40~80	45~100	50~120	65~160	80~200	90~240	110~300
l 系列			12,16,20,25,30,35,40,45,50,55,60,65,70,80,90,100,120,130,140,150,160,180,200, 220,240,260,280,300,320,340,360										

注：1. A 级用于 $d\leqslant24$mm 和 $l\leqslant10d$ 或 $l\leqslant150$mm 的螺栓；B 级用于 $d>24$mm 和 $l>10d$ 或 $l>150$mm 的螺栓。
　　2. 螺纹规格 d 范围：GB/T 5780 为 M5~M64；GB/T 5782 为 M1.6~M64。
　　3. 公称长度 l 范围：GB/T 5780 为 25~500mm；GB/T 5782 为 12~500mm。

2. 六角头螺栓—全螺纹—A、B 级（GB/T 5783—2000）

标记示例

螺栓 GB/T 5783 M12×80：螺纹规格 $d=$M12，公称长度 $l=80$mm，性能等级为 8.8 级，表面氧化，全螺纹产品等级为 A 级的六角头螺栓。

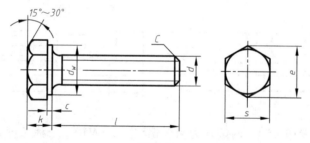

附表 6　　　　　　　　　　　　　　　　（单位：mm）

	螺纹规格	s	k	l
优选的螺纹规格	M1.6	3.2	1.1	2~16
	M2	4	1.4	4~20
	M2.5	5	1.7	5~25
	M3	5.5	2	6~30
	M4	7	2.8	8~40
	M5	8	3.5	10~50
	M6	10	4	12~60
	M8	13	5.3	16~80
	M10	16	6.4	20~100
	M12	18	7.5	25~120
	M16	24	10	30~160
	M20	30	12.5	40~200
	M24	36	15	50~240
	M30	46	18.7	60~300
	M36	55	22.5	70~360

（续）

	螺纹规格	s	k	l
优选的螺纹规格	M42	65	26	80 ~ 400
	M48	75	30	100 ~ 480
	M56	85	35	110 ~ 500
	M64	95	40	120 ~ 500
非优选的螺纹规格	M3.5	6	2.4	8 ~ 35
	M14	21	8.8	30 ~ 140
	M18	27	11.5	35 ~ 180
	M22	34	14	45 ~ 220
	M27	41	17	55 ~ 260
	M33	50	21	65 ~ 320
	M39	60	25	80 ~ 380
	M45	70	28	90 ~ 440
	M52	80	33	100 ~ 480
	M60	90	38	120 ~ 500

注：长度系列为 2、4、6、8、10、12、16、20、25、30、35、40、45、50、55、60、65、70、80、90、100、110、120、130、140、150、160、180、200、220、240、260、280、300、320、340、360、380、400、420、440、460、480、500。

3. 双头螺柱

$b_m = 1d$ （GB/T 897—1988）　　　　$b_m = 1.25d$ （GB/T 898—1988）

$b_m = 1.5d$ （GB/T 899—1988）　　　　$b_m = 2d$ （GB/T 900—1988）

A型　　　　　　　　　　　　　　　　B型

两端为辗制末端

标记示例

螺柱 GB/T 897 M10×50：两端均为粗牙螺纹，d = M10，公称长度 l = 50mm，性能等级为 4.8 级，不经表面处理，B 型，$b_m = 1d$ 的双头螺柱。

附表7　　　　　　　　　　　　　　　　　　（单位：mm）

螺纹规格 d	M5	M6	M8	M10	M12	M16	M20	M24	M30	M36	M42	M48
$b_m = 1d$	5	6	8	10	12	16	20	24	30	36	42	48
$b_m = 1.25d$	6	8	10	12	15	20	25	30	38	45	52	60
$b_m = 1.5d$	8	10	12	15	18	24	30	36	45	54	63	72
$b_m = 2d$	10	12	16	20	24	32	40	48	60	72	84	96
l						b						
16	10											
(18)												
20		10	12									
(22)												
25	16	14	16	14	16							
(28)												
30				16		20						
(32)		18	22		20							

（续）

螺纹规格 d	M5	M6	M8	M10	M12	M16	M20	M24	M30	M36	M42	M48
35						20						
（38）				16	20		25					
40	16											
45												
50						30		30				
（55）		18					35					
60			22						40			
（65）				26				45				
70												
（75）					30					45	50	
80						38			50			
（85）							46					60
90								54		60		
（95）											70	
100									66			80

4. 螺钉

开槽圆柱头螺钉（GB/T 65—2000）　　　开槽盘头螺钉（GB/T 67—2008）　　　开槽沉头螺钉（GB/T 68—2000）

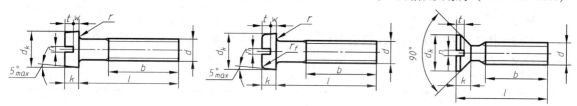

标记示例

螺钉 GB/T 65 M5 × 20：螺纹规格 M5，公称长度 l = 20mm，性能等级为 4.8 级，不经表面处理的 A 级开槽圆柱头螺钉。

附表 8　开槽圆柱头螺钉　　　　　　　（单位：mm）

螺纹规格	d_{kmax}	k_{max}	$n_{公称}$	t_{min}	l	b
M4	7	2.6	1.2	1.1	5 ~ 40	
M5	8.5	3.3	1.2	1.3	6 ~ 50	$l \leqslant 40$ 为全螺纹
M6	10	3.9	1.6	1.6	8 ~ 60	
M8	13	5	2	2	10 ~ 80	$l > 40, b_{min} = 38$
M10	16	6	2.5	2.4	12 ~ 80	

附表 9　开槽盘头螺钉　　　　　　　（单位：mm）

螺纹规格	d_{kmax}	k_{max}	$n_{公称}$	t_{min}	l	b
M4	8	2.4	1.2	1	5 ~ 40	
M5	9.5	3	1.2	1.2	6 ~ 50	$l \leqslant 40$ 为全螺纹
M6	12	3.6	1.6	1.4	8 ~ 60	
M8	16	4.8	2	1.9	10 ~ 80	$l > 40, b_{min} = 38$
M10	20	6	2.5	2.4	12 ~ 80	

附表 10　开槽沉头螺钉　　　　　　　　　　（单位：mm）

螺纹规格	d_{kmax}	k_{max}	$n_{公称}$	t_{min}	l	b
M4	8.4	2.7	1.2	1	6 ~ 40	$l \leqslant 45$ 为全螺纹 $l > 45, b_{min} = 38$
M5	9.3	2.7	1.2	1.1	8 ~ 50	
M6	11.3	3.3	1.6	1.2	8 ~ 60	
M8	15.8	4.65	2	1.8	10 ~ 80	
M10	18.3	5	2.5	2	12 ~ 80	

注：长度系列为 5、6、8、10、12、(14)、16、20、25、30、35、40、45、50、(55)、60、(65)、70、(75) 80（括号内的规格尽量不用）。

5. 1 型六角螺母—A 级和 B 级（GB/T 6170—2000）

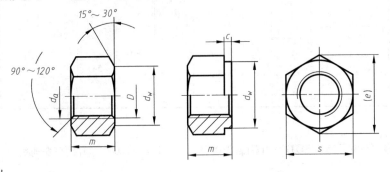

标记示例

螺母 GB/T 6170 M12：螺纹规格 M12，性能等级为 8 级，不经表面处理，产品等级 A 级的 1 型六角螺母。

附表 11　　　　　　　　　　　　　　　　（单位：mm）

	螺纹规格 d	$s_{公称}$	e_{min}	m_{max}	d_{wmin}	c_{max}
优选的螺纹规格	M1.6	3.2	3.41	1.3	2.4	0.2
	M2	4	4.32	1.6	3.1	0.2
	M2.5	5	5.45	2	4.1	0.3
	M3	5.5	6.01	2.4	4.6	0.4
	M4	7	7.66	3.2	5.9	0.4
	M5	8	8.79	4.7	6.9	0.5
	M6	10	11.05	5.2	8.9	0.5
	M8	13	14.38	6.8	11.6	0.6
	M10	16	17.77	8.4	14.6	0.6
	M12	18	20.03	10.8	16.6	0.6
	M16	24	26.75	14.8	22.5	0.8
	M20	30	32.95	18	27.7	0.8
	M24	36	39.55	21.5	33.3	0.8
	M30	46	50.85	25.6	42.8	0.8
	M36	55	60.79	31	51.1	0.8
	M42	65	71.3	34	60	1
	M48	75	82.6	38	69.5	1
	M56	85	93.56	45	78.7	1
	M64	95	104.86	51	88.2	1
非优选的螺纹规格	M3.5	6	6.58	2.8	5	0.4
	M14	21	23.36	12.8	19.6	0.6
	M18	27	29.56	15.8	24.9	0.8
	M22	34	37.29	19.4	31.4	0.8
	M27	41	45.2	23.8	38	0.8
	M33	50	55.37	28.7	46.6	0.8
	M39	60	66.44	33.4	55.9	1
	M45	70	76.95	36	64.7	1
	M52	80	88.25	42	74.2	1
	M60	90	99.21	48	83.4	1

注：A 级产品用于 $D \leqslant 16mm$，B 级产品用于 $D > 16mm$ 的螺母。

6. 垫圈

平垫圈—A 级（GB/T 97.1—2002）　　小垫圈—A 级（GB/T 848—2002）

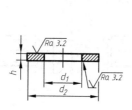 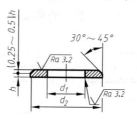

标记示例

垫圈 GB/T 97.1　8：标准系列、规格 8mm，性能等级为 200HV 级，不经表面处理的 A级平垫圈。

附表 12　　　　　　　（单位：mm）

公称规格 （螺纹大径 d）		优选尺寸										非优选尺寸				
		3	4	5	6	8	10	12	16	20	24	30	36	14	18	22	27	33
平垫圈	d_1	3.2	4.3	5.3	6.4	8.4	10.5	13	17	21	25	31	37	15	19	23	28	34
	d_2	7	9	10	12	16	20	24	30	37	44	56	66	28	34	39	50	60
	h	0.5	0.8	1	1.6	1.6	2	2.5	3	3	4	4	5	2.5	3	3	4	5
小垫圈	d_1	3.2	4.3	5.3	6.4	8.4	10.5	13	17	21	25	31	37	15	19	23	28	34
	d_2	6	8	9	11	15	18	20	28	34	39	50	60	24	30	37	44	56
	h	0.5	0.5	1	1.6	1.6	1.6	2	2.5	3	4	4	5	2.5	3	3	4	5

注：平垫圈适用于六角头螺栓、螺钉和六角螺母，小垫圈适用于圆柱头螺钉；硬度等级均为 200HV 和 300HV 级。

标准型弹簧垫圈（GB 93—1987）

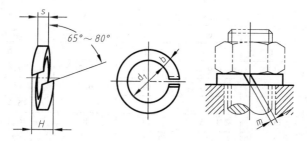

垫圈 GB 93　16：公称直径为 16mm，材料为 65Mn，表面氧化的标准型弹簧垫圈。

附表 13　　　　　　　（单位：mm）

公称尺寸	4	5	6	8	10	12	(14)	16	(18)	20	(22)	24	(27)	30	36	42	48
d_{min}	4.1	5.1	6.1	8.1	10.2	12.2	14.2	16.2	18.2	20.2	22.5	24.5	27.5	30.5	36.5	42.5	48.5
$s(b)$	1.1	1.3	1.6	2.1	2.6	3.1	3.6	4.1	4.5	5	5.5	6	6.8	7.5	9	10.5	12
$m\leq$	0.55	0.65	0.8	1.05	1.3	1.55	1.8	2.05	2.25	2.5	2.75	3	3.4	3.75	4.5	5.25	6
H_{min}	2.2	2.6	3.2	4.2	5.2	6.2	7.2	8.2	9	10	11	12	13.6	15	18	21	24

注：括号内尺寸尽量不用。

三、螺纹连接结构

1. 普通螺纹收尾、肩距、退刀槽和倒角 （GB/T 3—1997）

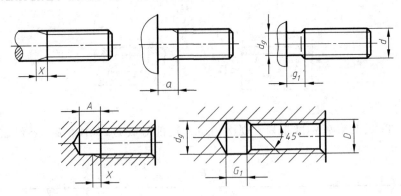

附表 14　　　　　　　　　　　　　　　　　　　　　　　　（单位：mm）

螺距	收尾		肩距		退刀槽			
P	x_{max}	X_{max}	a_{max}	A	g_{min}	d_a	G_1	D_g
0.5	1.25	2	1.5	3	0.8	$d-0.8$	2	
0.6	1.5	2.4	1.8	3.2	0.9	$d-1$	2.4	
0.7	1.75	2.8	2.1	3.5	1.1	$d-1.1$	2.8	
0.75	1.9	3	2.25	3.8	1.2	$d-1.2$	3	$D+0.3$
0.8	2	3.2	2.4	4	1.3	$d-1.3$	3.2	
1	2.5	4	3	5	1.6	$d-1.6$	4	
1.25	3.2	5	4	6	2	$d-2$	5	
1.5	3.8	6	4.5	7	2.5	$d-2.3$	6	
1.75	4.3	7	5.3	9	3	$d-2.6$	7	
2	5	8	6	10	3.4	$d-3$	8	
2.5	6.3	10	7.5	12	4.4	$d-3.6$	10	
3	7.5	12	9	14	5.2	$d-4.4$	12	
3.5	9	14	10.5	16	6.2	$d-5$	14	$D+0.5$
4	10	16	12	18	7	$d-5.7$	16	
4.5	11	18	13.5	21	8	$d-6.4$	18	
5	12.5	20	15	23	9	$d-7$	20	
5.5	14	22	16.5	25	11	$d-7.7$	22	
6	15	24	18	28	11	$d-8.3$	24	
参考值	$\approx 2.5P$	$=4P$	$\approx 3P$	$\approx 6\sim 5P$	—	—	$=4P$	—

注：1. D 和 d 分别为内、外螺纹的公称直径代号。

2. 收尾和肩距为优先选用值。

3. 外螺纹始端端面的倒角一般为 45°，也可取 60° 或 30°；倒角深度应大于等于螺纹牙型高度。内螺纹入口端面的倒角一般为 120°，也可取 90°，端面倒角直径为 (1.05~1)D。

2. 通孔与沉孔

螺栓和螺钉用通孔（GB/T 5277—1985）　　沉头螺钉用沉孔（GB/T 152.2—2014）

圆柱头螺钉用沉孔（GB/T 152.3—1988）　　六角头螺栓和六角螺母用沉孔（GB/T 152.4—1988）

附表 15　　　　　　　　　　　　　　　　　　（单位：mm）

螺纹规格				M4	M5	M6	M8	M10	M12	M16	M20	M24	M30	M36
螺栓和螺钉用通孔	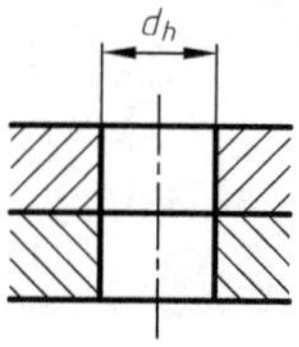	d_h	精装配	4.3	5.3	6.4	8.4	10.5	13	17	21	25	31	37
			中等装配	4.5	5.5	6.6	9	11	13.5	17.5	22	26	33	39
			粗装配	4.8	5.8	7	10	12	14.5	18.5	24	28	35	42
沉头螺钉用沉孔	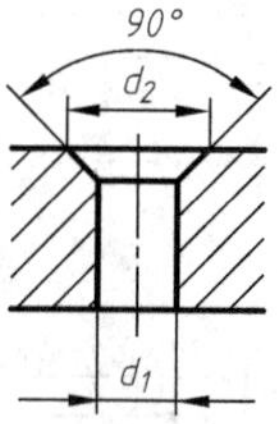	d_2		9.6	10.6	12.8	17.6	20.3	24.4	32.4	40.4	—	—	—
圆柱头螺钉用沉孔	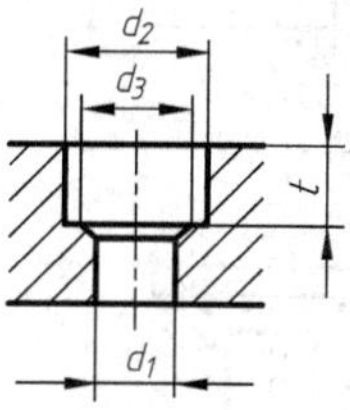	d_2		8	10	11	15	18	20	26	33	40	48	57
		d_3		—	—	—	—	—	16	20	24	28	36	42
		t	①	4.6	5.7	6.8	9	11	13	17.5	21.5	25.5	32	38
			②	3.2	4	4.7	6	7	8	10.5				
六角头螺栓和六角螺母用沉孔	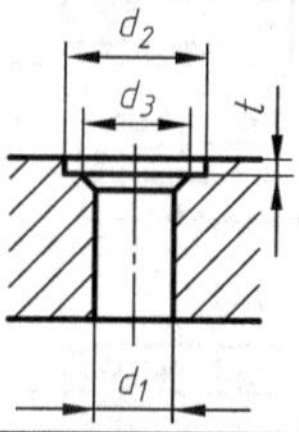	d_2		10	11	13	18	22	26	33	40	48	61	71
		d_3		—	—	—	—	—	16	20	24	28	36	42

注：1. t 值①用于内六角圆柱头螺钉；t 值②用于开槽圆柱头螺钉。

2. 图中 d_1 的尺寸均按中等装配的通孔确定。

3. 对于六角头螺栓和六角螺母用沉孔中尺寸 t，只要能制出与通孔轴线垂直的圆平面即可。

3. 光孔、螺纹孔、沉孔的尺寸注法 （GB/T 4458.4—2003、GB/T 16675.2—2012）

附表 16

类型	简化注法		普通注法
光孔	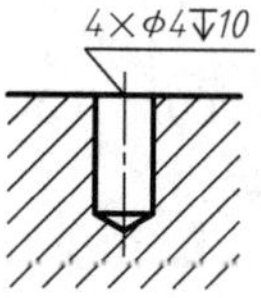	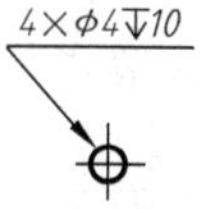	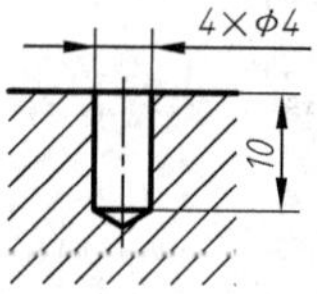
	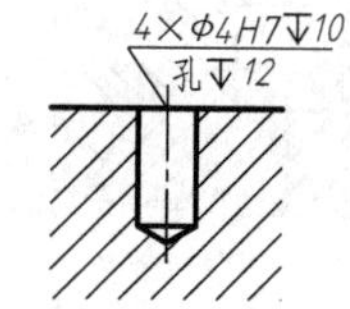	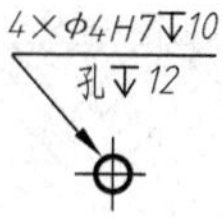	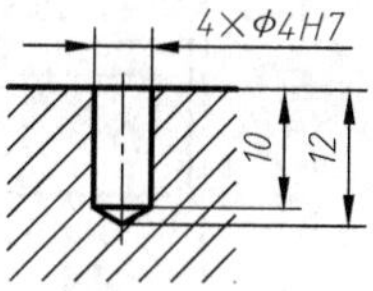

（续）

类型	简化注法		普通注法
光孔	3×锥销孔φ4 配作	3×锥销孔φ4 配作	
螺纹孔	3×M6-7H▽10	3×M6-7H▽10	3×M6-7H 10
	3×M6-7H▽10 孔▽12	3×M6-7H▽10 孔▽12	3×M6-7H 10 12
沉孔	6×φ7 ∨φ13×90°	6×φ7 ∨φ13×90°	90° φ13 6×φ7
	4×φ6.4 ⌴φ12▽45°	4×φ6.4 ⌴φ12▽45°	φ12 4.5 4×φ6.4
	4×φ9 ⌴φ20	4×φ9 ⌴φ20	φ20锪平 4×φ9

四、键与销

1. 平键　键槽的剖面尺寸、普通平键的型式尺寸（GB/T 1095—2003、GB/T 1096—2003）

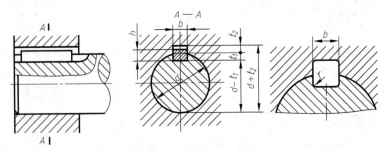

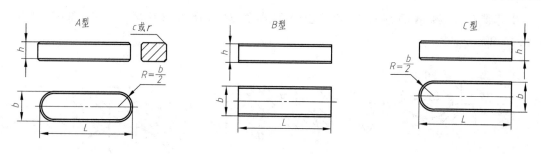

标记示例

GB/T 1096　键 16 × 10 × 100：宽度 $b = 16$mm、高度 $h = 10$mm、$L = 100$mm 普通 A 型平键。

GB/T 1096　键 B 16 × 10 × 100：宽度 $b = 16$mm、高度 $h = 10$mm、$L = 100$mm 普通 B 型平键。

GB/T 1096　键 C 16 × 10 × 100：宽度 $b = 16$mm、高度 $h = 10$mm、$L = 100$mm 普通 C 型平键。

附表 17　　　　　　　　　　　　　　　　　　　　　　　　　　　（单位：mm）

键尺寸 $b \times h$	键　槽										
	宽度 b						深度				半径 r
	基本尺寸	极限偏差					轴 t_1		毂 t_2		
		正常联结		紧密联结	松联结		基本尺寸	极限偏差	基本尺寸	极限偏差	
		轴 N9	毂 JS9	轴和毂 P9	轴 H9	毂 D10					min	max
2 × 2	2	− 0.004 − 0.029	± 0.0125	− 0.006 − 0.031	+ 0.025 0	+ 0.060 + 0.020	1.2	+ 0.1 0	1.0	+ 0.1 0	0.08	0.16
3 × 3	3						1.8		1.4			
4 × 4	4	0 − 0.030	± 0.015	− 0.012 − 0.042	+ 0.030 0	+ 0.078 + 0.030	2.5		1.8			
5 × 5	5						3.0		2.3			
6 × 6	6						3.5		2.8		0.16	0.25
8 × 7	8	0 − 0.036	± 0.018	− 0.015 − 0.051	+ 0.036 0	+ 0.098 + 0.040	4.0		3.3			
10 × 8	10						5.0		3.3			
12 × 8	12	0 − 0.043	± 0.0215	− 0.018 − 0.061	+ 0.043 0	+ 0.120 + 0.050	5.0	+ 0.2 0	3.3	+ 0.2 0	0.25	0.40
14 × 9	14						5.5		3.8			
16 × 10	16						6.0		4.3			
18 × 11	18						7.0		4.4			
20 × 12	20	0 − 0.052	± 0.026	− 0.022 − 0.074	+ 0.052 0	+ 0.149 + 0.065	7.5		4.9			
22 × 14	22						9.0		5.4			
25 × 14	25						9.0		5.4		0.40	0.60
28 × 16	28						10.0		6.4			
32 × 18	32	0 − 0.062	± 0.031	− 0.026 − 0.088	+ 0.062 0	+ 0.180 + 0.080	11.0		7.4			
36 × 20	36						12.0		8.4			
40 × 22	40						13.0	+ 0.3 0	9.4	+ 0.3 0	0.70	1.00
45 × 25	45						15.0		10.4			
50 × 28	50						17.0		11.4			

注：1. L 的系列为 6、8、10、12、14、18、20、22、25、28、32、36、40、45、50、56、63、70、80、90、100、110、125、140、160、180、200、250、280、320、360、400、450、500。

2. 在工作图中，轴槽深用 t_1 或 $(d - t_1)$ 标注，轮毂槽深用 $(d + t_2)$ 标注。

3. $(d - t_1)$ 和 $(d + t_2)$ 两组组合尺寸的偏差按相应的 t_1 和 t_2 的偏差选取，但 $(d - t_1)$ 偏差值应取负号（−）。

2. 半圆键　键槽的剖面尺寸、普通型半圆键的尺寸（GB/T 1098—2003、GB/T 1099.1—2003）

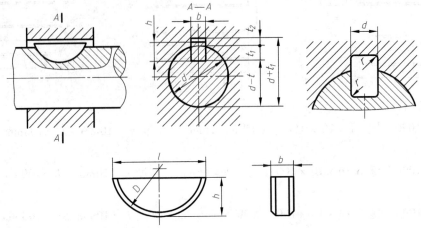

标记示例

GB/T 1099.1　键 $6 \times 10 \times 25$：宽度 $b = 6$mm、高度 $h = 10$mm、直径 $D = 25$mm 普通型半圆键。

附表 18　　　　　　　　　　　　　　　　　　　（单位：mm）

键	键宽 b		高度 h	直径 D	键槽深度			
键尺寸 $b \times h \times D$	公称尺寸	极限偏差	(h12) 公称尺寸	(h12) 公称尺寸	轴 t_1		毂 t_2	
					公称尺寸	极限偏差	公称尺寸	极限偏差
$1 \times 1.4 \times 4$	1		1.4	4	1.0		0.6	
$1.5 \times 2.6 \times 7$	1.5		2.6	7	2.0	+0.1 / 0	0.8	
$2 \times 2.6 \times 7$	2		2.6	7	1.8		1.0	
$2 \times 3.7 \times 10$	2		3.7	10	2.9		1.0	
$2.5 \times 3.7 \times 10$	2.5		3.7	10	2.7		1.2	
$3 \times 5 \times 13$	3		5	13	3.8		1.4	+0.1 / 0
$3 \times 6.5 \times 16$	3		6.5	16	5.3		1.4	
$4 \times 6.5 \times 16$	4	0 / −0.025	6.5	16	5.0	+0.2 / 0	1.8	
$4 \times 7.5 \times 19$	4		7.5	19	6.0		1.8	
$5 \times 6.5 \times 16$	5		6.5	16	4.5		2.3	
$5 \times 7.5 \times 19$	5		7.5	19	5.5		2.3	
$5 \times 9 \times 22$	5		9	22	7.0		2.3	
$6 \times 9 \times 22$	6		9	22	6.5	+0.3 / 0	2.8	
$6 \times 10 \times 25$	6		10	25	7.5		2.8	+0.2 / 0
$8 \times 11 \times 28$	8		11	28	8.0		3.3	
$10 \times 13 \times 32$	10		13	32	10		3.3	

五、销

1. 圆柱销　不淬硬钢和奥氏体不锈钢、淬硬钢和奥氏体不锈钢（GB/T 119.1—2000、GB/T 119.2—2000）

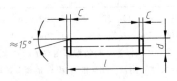

标记示例

销 GB/T 119.1　6 m6 ×30：公称直径 $d = 6$mm，公差为 m6，公称长度 $l = 30$mm，材料为钢，不经淬火、不经表面处理的圆柱销。

销 GB/T 119.2　6 m6 ×30：公称直径 $d = 6$mm，公差为 m6，公称长度 $l = 30$mm，材料为钢，普通淬火（A 型）、表面氧化处理的圆柱销。

附表 19　　　　　　　　　　　　　　　（单位：mm）

d		1	1.5	2	2.5	3	4	5	6	8	10	12	16	20
$e^{\approx}$		0.2	0.3	0.35	0.4	0.5	0.63	0.8	1.2	1.6	2	2.5	3	3.5
l	1)	4 ~ 10	4 ~ 16	6 ~ 20	6 ~ 24	8 ~ 30	8 ~ 40	10 ~ 50	12 ~ 60	14 ~ 80	18 ~ 95	22 ~ 140	26 ~ 180	35 ~ 200
	2)	3 ~ 10	4 ~ 16	5 ~ 20	6 ~ 24	8 ~ 30	10 ~ 40	12 ~ 50	14 ~ 60	18 ~ 80	22 ~ 100	26 ~ 100	40 ~ 100	50 ~ 100

注：1. 长度系列为 3、4、5、6、8、10、12、14、16、18、20、22、24、26、28、30、32、35、40、45、50、55、60、65、70、75、80、85、90、95、100，公称长度大于100mm，按20mm 递增。

　　2. 1）由 GB/T 119.1 规定，2）由 GB/T 119.2 规定。

　　3. GB/T 119.1 规定的圆柱销，公差为 m6 和 h8，GB/T 119.2 规定的圆柱销，公差为 m6；其他公差由供需双方协议。

2. 圆锥销（GB/T 117—2000）

A 型（磨削）：锥面表面粗糙度 $Ra = 0.8\mu$m

B 型（切削或冷镦）：锥面表面粗糙度 $Ra = 3.2\mu$m

$$r_2 \approx a/2 + d + (0.02l)^2/(8a)$$

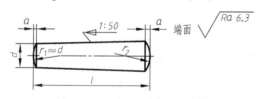

标记示例

销 GB/T 117　6 ×30：公称直径 $d = 6$mm，公称长度 $l = 30$mm，材料为 35 钢，热处理硬度 28 ~ 38HRC，表面氧化处理的 A 型圆柱销。

附表 20　　　　　　　　　　　　　　　（单位：mm）

d h10	1	1.5	2	2.5	3	4	5	6	8	10	12	16	20
$a^{\approx}$	0.12	0.2	0.25	0.3	0.4	0.5	0.63	0.8	1	1.2	1.6	2	2.5
l	6 ~ 16	8 ~ 24	10 ~ 35	10 ~ 35	12 ~ 45	14 ~ 55	18 ~ 60	22 ~ 90	22 ~ 120	26 ~ 160	32 ~ 180	40 ~ 200	45 ~ 200

注：1. 长度系列为 6、8、10、12、14、16、18、20、22、24、26、28、30、32、35、40、45、50、55、60、65、70、75、80、85、90、95、100、120、140、160、180、200，公称长度大于200mm，按20mm 递增。

　　2. 其他公差，如 a11、c11 和 f8，由供需双方协议。

六、一般标准

1. 砂轮越程槽（GB/T 6403.5—2008）

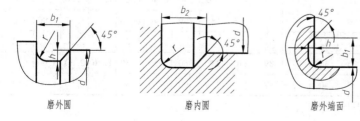
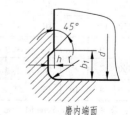

　　　磨外圆　　　　　　　　　磨内圆　　　　　　　　磨外端面　　　　　　　磨内端面

附表 21　　　　　　　　　　　　　　　　　　　（单位：mm）

b_1	0.6	1.0	1.6	2.0	3.0	4.0	5.0	8.0	10
b_2	2.0	3.0		4.0		5.0		8.0	10
h	0.1	0.2		0.3	0.4		0.6	0.8	1.2
r	0.2	0.5		0.8	1.0		1.6	2.0	3.0
d	~10			>10~50		>50~100		>100	

2. 零件倒角与倒圆 （GB/T 6403.4—2008）

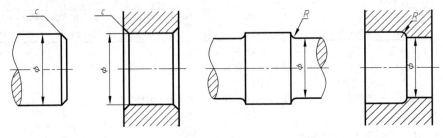

附表 22　　　　　　　　　　　　　　　　　　　（单位：mm）

ϕ	~3	>3~6	>6~10	>10~18	>18~30	>30~50	>50~80	>80~120	>120~180
C 或 R	0.2	0.4	0.6	0.8	1.0	1.6	2.0	2.5	3.0

七、极限与配合

1. 标准公差数值 （GB/T 1800.1—2009）

附表 23

公称尺寸/mm		公 差 等 级																	
大于	至	IT1	IT2	IT3	IT4	IT5	IT6	IT7	IT8	IT9	IT10	IT11	IT12	IT13	IT14	IT15	IT16	IT17	IT18
		μm											mm						
—	3	0.8	1.2	2	3	4	6	10	14	25	40	60	0.10	0.14	0.25	0.40	0.60	1.0	1.4
3	6	1	1.5	2.5	4	5	8	12	18	30	48	75	0.12	0.18	0.30	0.48	0.75	1.2	1.8
6	10	1	1.5	2.5	4	6	9	15	22	36	58	90	0.15	0.22	0.36	0.58	0.90	1.5	2.2
10	18	1.2	2	3	5	8	11	18	27	43	70	110	0.18	0.27	0.43	0.70	1.10	1.8	2.7
18	30	1.5	2.5	4	6	9	13	21	33	52	84	130	0.21	0.33	0.52	0.84	1.30	2.1	3.3
30	50	1.5	2.5	4	7	11	16	25	39	62	100	160	0.25	0.39	0.62	1.00	1.60	2.5	3.9
50	80	2	3	5	8	13	19	30	46	74	120	190	0.30	0.46	0.74	1.20	1.90	3.0	4.6
80	120	2.5	4	6	10	15	22	35	54	87	140	220	0.35	0.54	0.87	1.40	2.20	3.5	5.4
120	180	3.5	5	8	12	18	25	40	63	100	160	250	0.40	0.63	1.00	1.60	2.50	4.0	6.3
180	250	4.5	7	10	14	20	29	46	72	115	185	290	0.46	0.72	1.15	1.85	2.90	4.6	7.2
250	315	6	8	12	16	23	32	52	81	130	210	320	0.52	0.81	1.30	2.10	3.20	5.2	8.1
315	400	7	9	13	18	25	36	57	89	140	230	360	0.57	0.89	1.40	2.30	3.60	5.7	8.9
400	500	8	10	15	20	27	40	63	97	155	250	400	0.63	0.97	1.55	2.50	4.00	6.3	9.7

注：公称尺寸小于1mm时，无IT14～IT18。

2. 公称尺寸小于500mm孔的基本偏差（GB/T 1800.1—2009）

附表 24

（单位：μm）

公称尺寸/mm 大于	至	A	B	E	F	G	H	JS	J6	J7	J8	K ≤8	K >8	M ≤8	M >8	N ≤8	N >8	P至ZC ≤7	P	R	S	Δ3	Δ4	Δ5	Δ6	Δ7	Δ8
—	3	+270	+140	+14	+6	+2	0		+2	+4	+6	0	0	-2	-2	-4	-4		-6	-10	-14	0	0	0	0	0	0
3	6	+270	+140	+20	+10	+4	0		+5	+6	+10	-1+Δ	—	-4+Δ	-4	-8+Δ	0		-12	-15	-19	1	1.5	1	3	4	6
6	10	+280	+150	+25	+13	+5	0		+5	+8	+12	-1+Δ	—	-6+Δ	-6	-10+Δ	0		-15	-19	-23	1	1.5	2	3	6	7
10	14	+290	+150	+32	+16	+6	0		+6	+10	+15	-1+Δ	—	-7+Δ	-7	-12+Δ	0		-18	-23	-28	1	2	3	3	7	9
14	18	+290	+150	+32	+16	+6	0		+6	+10	+15	-1+Δ	—	-7+Δ	-7	-12+Δ	0		-18	-23	-28	1	2	3	3	7	9
18	24	+300	+160	+40	+20	+7	0		+8	+12	+20	-2+Δ	—	-8+Δ	-8	-15+Δ	0	在Δ值的相应数值上增加一个Δ值	-22	-28	-35	1.5	2	3	4	8	12
24	30	+300	+160	+40	+20	+7	0		+8	+12	+20	-2+Δ	—	-8+Δ	-8	-15+Δ	0		-22	-28	-35	1.5	2	3	4	8	12
30	40	+310	+170	+50	+25	+9	0		+10	+14	+24	-2+Δ	—	-9+Δ	-9	-17+Δ	0		-26	-34	-43	1.5	3	4	5	9	14
40	50	+320	+180	+50	+25	+9	0		+10	+14	+24	-2+Δ	—	-9+Δ	-9	-17+Δ	0		-26	-34	-43	1.5	3	4	5	9	14
50	65	+340	+190	+60	+30	+10	0		+13	+18	+28	-2+Δ	—	-11+Δ	-11	-20+Δ	0		-32	-41	-53	2	3	5	6	11	16
65	80	+360	+200	+60	+30	+10	0		+13	+18	+28	-2+Δ	—	-11+Δ	-11	-20+Δ	0		-32	-43	-59	2	3	5	6	11	16
80	100	+380	+220	+72	+36	+12	0		+16	+22	+34	-3+Δ	—	-13+Δ	-13	-23+Δ	0		-37	-51	-71	2	4	5	7	13	19
100	120	+410	+240	+72	+36	+12	0		+16	+22	+34	-3+Δ	—	-13+Δ	-13	-23+Δ	0		-37	-54	-79	2	4	5	7	13	19
120	140	+460	+260	+85	+43	+14	0		+18	+26	+41	-3+Δ	—	-15+Δ	-15	-27+Δ	0		-43	-63	-92	3	4	6	7	15	23
140	160	+520	+280	+85	+43	+14	0		+18	+26	+41	-3+Δ	—	-15+Δ	-15	-27+Δ	0		-43	-65	-100	3	4	6	7	15	23
160	180	+580	+310	+85	+43	+14	0		+18	+26	+41	-3+Δ	—	-15+Δ	-15	-27+Δ	0		-43	-68	-108	3	4	6	7	15	23
180	200	+660	+340	+100	+50	+15	0		+22	+30	+47	-4+Δ	—	-17+Δ	-17	-31+Δ	0		-50	-77	-122	3	4	6	9	17	26
200	225	+740	+380	+100	+50	+15	0		+22	+30	+47	-4+Δ	—	-17+Δ	-17	-31+Δ	0		-50	-80	-130	3	4	6	9	17	26
225	250	+820	+420	+100	+50	+15	0		+22	+30	+47	-4+Δ	—	-17+Δ	-17	-31+Δ	0		-50	-84	-140	3	4	6	9	17	26
250	280	+920	+480	+110	+56	+17	0		+25	+36	+55	-4+Δ	—	-20	-20	-34+Δ	0		-56	-94	-158	4	4	7	9	20	29
280	315	+1050	+540	+110	+56	+17	0		+25	+36	+55	-4+Δ	—	-20	-20	-34+Δ	0		-56	-98	-170	4	4	7	9	20	29
315	355	+1200	+600	+125	+62	+18	0		+29	+39	+60	-4+Δ	—	-21+Δ	-21	-37+Δ	0		-62	-108	-190	4	5	7	11	21	32
355	400	+1350	+680	+125	+62	+18	0		+29	+39	+60	-4+Δ	—	-21+Δ	-21	-37+Δ	0		-62	-114	-208	4	5	7	11	21	32
400	450	+1500	+760	+135	+68	+20	0		+33	+43	+66	-5+Δ	—	-23+Δ	-23	-40+Δ	0		-68	-126	-232	5	5	7	13	23	34
450	500	+1600	+840	+135	+68	+20	0		+33	+43	+66	-5+Δ	—	-23+Δ	-23	-40+Δ	0		-68	-132	-252	5	5	7	13	23	34

注：1. 公称尺寸小于 1mm 时，各级的 A 和 B 及大于 8 级的 N 均不采用。

2. JS 的数值：对 IT7～IT11，将 IT 的数值（μm）为奇数时，则取 JS = ±$\frac{IT-1}{2}$，为偶数时，偏差 = ±$\frac{IT}{2}$。

3. 特殊情况：当公称尺寸为 250～315mm 时，M6 的 ES 等于 -9（不等于 -11）。

4. 对小于或等于 IT8 的 K、M、N 和小于或等于 IT7 的 P～ZC，所需 Δ 值从表内右侧选取。例如：6～10mm 的 P6，Δ=3，所以 ES=(-15+3) μm = -12μm。

3. 公称尺寸小于 500mm 轴的基本偏差（GB/T 1800.1—2009）

附表 25

（单位：μm）

基本偏差		a	b	d	e	f	g	h	js	j (5,6)	j (7)	j (8)	k (4至7)	k (≤3,>7)	m	n	p	r	s	t	u
		上极限偏差 (es)									公差等级		下极限偏差 (ei)					所有等级			
公称尺寸/mm		所有标准公差等级																			
大于	至									5,6	7	8	4至7	≤3,>7							
—	3	−270	−140	−20	−14	−6	−2	0		−2	−4	−6	0	0	+2	+4	+6	+10	+14	—	+18
3	6	−270	−140	−30	−20	−10	−4	0		−2	−4	—	+1	0	+4	+8	+12	+15	+19	—	+23
6	10	−280	−150	−40	−25	−13	−5	0		−2	−5	—	+1	0	+6	+10	+15	+19	+23	—	+28
10	14	−290	−150	−50	−32	−16	−6	0		−3	−6	—	+1	0	+7	+12	+18	+23	+28	—	+33
14	18	−290	−150	−50	−32	−16	−6	0		−3	−6	—	+1	0	+7	+12	+18	+23	+28	—	+33
18	24	−300	−160	−65	−40	−20	−7	0		−4	−8	—	+2	0	+8	+15	+22	+28	+35	—	+41
24	30	−300	−160	−65	−40	−20	−7	0		−4	−8	—	+2	0	+8	+15	+22	+28	+35	+41	+48
30	40	−310	−170	−80	−50	−25	−9	0		−5	−10	—	+2	0	+9	+17	+26	+34	+43	+48	+60
40	50	−320	−180	−80	−50	−25	−9	0		−5	−10	—	+2	0	+9	+17	+26	+34	+43	+54	+70
50	65	−340	−190	−100	−60	−30	−10	0		−7	−12	—	+2	0	+11	+20	+32	+41	+53	+66	+87
65	80	−360	−200	−100	−60	−30	−10	0		−7	−12	—	+2	0	+11	+20	+32	+43	+59	+75	+102
80	100	−380	−220	−120	−72	−36	−12	0		−9	−15	—	+3	0	+13	+23	+37	+51	+71	+91	+124
100	120	−410	−240	−120	−72	−36	−12	0		−9	−15	—	+3	0	+13	+23	+37	+54	+79	+104	+144
120	140	−460	−260	−145	−85	−43	−14	0		−11	−18	—	+3	0	+15	+27	+43	+63	+92	+122	+170
140	160	−520	−280	−145	−85	−43	−14	0		−11	−18	—	+3	0	+15	+27	+43	+65	+100	+134	+190
160	180	−580	−310	−145	−85	−43	−14	0		−11	−18	—	+3	0	+15	+27	+43	+68	+108	+145	+210
180	200	−660	−340	−170	−100	−50	−15	0		−13	−21	—	+4	0	+17	+31	+50	+77	+122	+166	+236
200	225	−740	−380	−170	−100	−50	−15	0		−13	−21	—	+4	0	+17	+31	+50	+80	+130	+180	+258
225	250	−820	−420	−170	−100	−50	−15	0		−13	−21	—	+4	0	+17	+31	+50	+84	+140	+196	+284
250	280	−920	−480	−190	−110	−56	−17	0		−16	−26	—	+4	0	+20	+34	+56	+94	+158	+218	+315
280	315	−1050	−540	−190	−110	−56	−17	0		−16	−26	—	+4	0	+20	+34	+56	+98	+170	+240	+350
315	355	−1200	−600	−210	−125	−62	−18	0		−18	−28	—	+4	0	+21	+37	+62	+108	+190	+268	+390
355	400	−1350	−680	−210	−125	−62	−18	0		−18	−28	—	+4	0	+21	+37	+62	+114	+208	+294	+435
400	450	−1500	−760	−230	−135	−68	−20	0		−20	−32	—	+5	0	+23	+40	+68	+126	+232	+330	+490
450	500	−1650	−840	−230	−135	−68	−20	0		−20	−32	—	+5	0	+23	+40	+68	+132	+252	+360	+540

注：1. 公称尺寸小于 1mm 时，各级的 a 和 b 均不采用。

2. 对 IT7～IT11，将 IT 的数值（μm）为奇数时，则取 js = ±$\dfrac{IT-1}{2}$，为偶数时，偏差 = ±$\dfrac{IT}{2}$。

4. 常用孔的优先公差带极限偏差 （GB/T 1800.2—2009）

附表 26　　　　　　　　　　　　　　　　　（单位：μm）

公称尺寸/mm		公差带									
		C	D	F	G	H					
大于	至	11	9	8	7	5	6	7	8	9	10
—	3	+120 +60	+45 +20	+20 +6	+12 +2	+4 0	+6 0	+10 0	+14 0	+25 0	+40 0
3	6	+145 +70	+60 +30	+28 +10	+16 +4	+5 0	+8 0	+12 0	+18 0	+30 0	+48 0
6	10	+170 +80	+76 +40	+35 +13	+20 +5	+6 0	+9 0	+15 0	+22 0	+36 0	+58 0
10	14	+205 +95	+93 +50	+43 +16	+24 +6	+8 0	+11 0	+18 0	+27 0	+43 0	+70 0
14	18	+205 +95	+93 +50	+43 +16	+24 +6	+8 0	+11 0	+18 0	+27 0	+43 0	+70 0
18	24	+240 +110	+117 +65	+53 +20	+28 +7	+9 0	+13 0	+21 0	+33 0	+52 0	+84 0
24	30	+240 +110	+117 +65	+53 +20	+28 +7	+9 0	+13 0	+21 0	+33 0	+52 0	+84 0
30	40	+280 +120	+142 +80	+64 +25	+34 +9	+11 0	+16 0	+25 0	+39 0	+62 0	+100 0
40	50	+290 +130	+142 +80	+64 +25	+34 +9	+11 0	+16 0	+25 0	+39 0	+62 0	+100 0
50	65	+330 +140	+174 +100	+76 +30	+40 +10	+13 0	+19 0	+30 0	+46 0	+74 0	+120 0
65	80	+340 +150	+174 +100	+76 +30	+40 +10	+13 0	+19 0	+30 0	+46 0	+74 0	+120 0
80	100	+390 +170	+207 +120	+90 +36	+47 +12	+15 0	+22 0	+35 0	+54 0	+87 0	+140 0
100	120	+400 +180	+207 +120	+90 +36	+47 +12	+15 0	+22 0	+35 0	+54 0	+87 0	+140 0
120	140	+450 +200	+245 +145	+106 +43	+54 +14	+18 0	+25 0	+40 0	+63 0	+100 0	+160 0
140	160	+460 +210	+245 +145	+106 +43	+54 +14	+18 0	+25 0	+40 0	+63 0	+100 0	+160 0
160	180	+480 +230	+245 +145	+106 +43	+54 +14	+18 0	+25 0	+40 0	+63 0	+100 0	+160 0
180	200	+530 +240	+285 +170	+122 +50	+61 +15	+20 0	+29 0	+46 0	+72 0	+115 0	+185 0
200	225	+550 +260	+285 +170	+122 +50	+61 +15	+20 0	+29 0	+46 0	+72 0	+115 0	+185 0
225	250	+570 +280	+285 +170	+122 +50	+61 +15	+20 0	+29 0	+46 0	+72 0	+115 0	+185 0
250	280	+620 +300	+320 +190	+137 +56	+69 +17	+23 0	+32 0	+52 0	+81 0	+130 0	+210 0
280	315	+650 +330	+320 +190	+137 +56	+69 +17	+23 0	+32 0	+52 0	+81 0	+130 0	+210 0
315	355	+720 +360	+350 +210	+151 +62	+75 +18	+25 0	+36 0	+57 0	+89 0	+140 0	+230 0
355	400	+760 +400	+350 +210	+151 +62	+75 +18	+25 0	+36 0	+57 0	+89 0	+140 0	+230 0
400	450	+840 +440	+385 +230	+165 +68	+83 +20	+27 0	+40 0	+63 0	+97 0	+155 0	+250 0
450	500	+880 +480	+385 +230	+165 +68	+83 +20	+27 0	+40 0	+63 0	+97 0	+155 0	+250 0

（续）

公称尺寸 /mm 大于	至	H 11	H 12	H 13	K 7	N 9	P 7	S 7	U 7
—	3	+60 / 0	+100 / 0	+140 / 0	0 / −10	−4 / −29	−6 / −16	−14 / −24	−18 / −28
3	6	+75 / 0	+120 / 0	+180 / 0	+3 / −9	0 / −30	−8 / −20	−15 / −27	−19 / −31
6	10	+90 / 0	+150 / 0	+220 / 0	+5 / −10	0 / −36	−9 / −24	−17 / −32	−22 / −37
10	14	+110 / 0	+180 / 0	+270 / 0	+6 / −12	0 / −43	−11 / −29	−21 / −39	−26 / −44
14	18	+110 / 0	+180 / 0	+270 / 0	+6 / −12	0 / −43	−11 / −29	−21 / −39	−26 / −44
18	24	+130 / 0	+210 / 0	+330 / 0	+6 / −15	0 / −52	−14 / −35	−27 / −48	−33 / −54
24	30	+130 / 0	+210 / 0	+330 / 0	+6 / −15	0 / −52	−14 / −35	−27 / −48	−40 / −61
30	40	+160 / 0	+250 / 0	+390 / 0	+7 / −18	0 / −62	−17 / −42	−34 / −59	−51 / −76
40	50	+160 / 0	+250 / 0	+390 / 0	+7 / −18	0 / −62	−17 / −42	−34 / −59	−61 / −86
50	65	+190 / 0	+300 / 0	+460 / 0	+9 / −21	0 / −74	−21 / −51	−42 / −72	−76 / −106
65	80	+190 / 0	+300 / 0	+460 / 0	+9 / −21	0 / −74	−21 / −51	−48 / −78	−91 / −121
80	100	+220 / 0	+350 / 0	+540 / 0	+10 / −25	0 / −87	−24 / −59	−59 / −93	−111 / −146
100	120	+220 / 0	+350 / 0	+540 / 0	+10 / −25	0 / −87	−24 / −59	−66 / −101	−131 / −166
120	140	+250 / 0	+400 / 0	+630 / 0	+12 / −28	0 / −100	−28 / −68	−77 / −117	−155 / −195
140	160	+250 / 0	+400 / 0	+630 / 0	+12 / −28	0 / −100	−28 / −68	−85 / −125	−175 / −215
160	180	+250 / 0	+400 / 0	+630 / 0	+12 / −28	0 / −100	−28 / −68	−93 / −133	−195 / −235
180	200	+290 / 0	+460 / 0	+720 / 0	+13 / −33	0 / −115	−33 / −79	−105 / −151	−219 / −265
200	225	+290 / 0	+460 / 0	+720 / 0	+13 / −33	0 / −115	−33 / −79	−113 / −159	−241 / −287
225	250	+290 / 0	+460 / 0	+720 / 0	+13 / −33	0 / −115	−33 / −79	−123 / −169	−267 / −313
250	280	+320 / 0	+520 / 0	+810 / 0	+16 / −36	0 / −130	−36 / −88	−138 / −190	−295 / −347
280	315	+320 / 0	+520 / 0	+810 / 0	+16 / −36	0 / −130	−36 / −88	−150 / −202	−330 / −382
315	355	+360 / 0	+570 / 0	+890 / 0	+17 / −40	0 / −140	−41 / −98	−169 / −226	−369 / −426
355	400	+360 / 0	+570 / 0	+890 / 0	+17 / −40	0 / −140	−41 / −98	−187 / −244	−414 / −471
400	450	+400 / 0	+630 / 0	+970 / 0	+18 / −45	0 / −155	−45 / −108	−209 / −272	−467 / −530
450	500	+400 / 0	+630 / 0	+970 / 0	+18 / −45	0 / −155	−45 / −108	−229 / −292	−517 / −580

5. 常用轴的优先公差带极限偏差 （GB/T 1800.2—2009）

附表 27　　　　　　　　　　　　　　　　　　　　　　　　（单位：μm）

公称尺寸 /mm		公差带											
		e		f					g			h	
大于	至	8	9	5	6	7	8	9	5	6	7	5	6
—	3	−14 −28	−14 −39	−6 −10	−6 −12	−6 −16	−6 −20	−6 −31	−2 −6	−2 −8	−2 −12	0 −4	0 −6
3	6	−20 −38	−20 −50	−10 −15	−10 −18	−10 −22	−10 −28	−10 −40	−4 −9	−4 −12	−4 −16	0 −5	0 −8
6	10	−25 −47	−25 −61	−13 −19	−13 −22	−13 −28	−13 −35	−13 −49	−5 −11	−5 −14	−5 −20	0 −6	0 −9
10	14	−32 −59	−32 −75	−16 −24	−16 −27	−16 −34	−16 −43	−16 −59	−6 −14	−6 −17	−6 −24	0 −8	0 −11
14	18												
18	24	−40 −73	−40 −92	−20 −29	−20 −33	−20 −41	−20 −53	−20 −72	−7 −16	−7 −20	−7 −28	0 −9	0 −13
24	30												
30	40	−50 −89	−50 −112	−25 −36	−25 −41	−25 −50	−25 −64	−25 −87	−9 −20	−9 −25	−9 −34	0 −11	0 −16
40	50												
50	65	−60 −106	−60 −134	−30 −43	−30 −49	−30 −60	−30 −76	−30 −104	−10 −23	−10 −29	−10 −40	0 −13	0 −19
65	80												
80	100	−72 −126	−72 −159	−36 −51	−36 −58	−36 −71	−36 −90	−36 −123	−12 −27	−12 −34	−12 −47	0 −15	0 −22
100	120												
120	140	−85 −148	−85 −185	−43 −61	−43 −68	−43 −83	−43 −106	−43 −143	−14 −32	−14 −39	−14 −54	0 −18	0 −25
140	160												
160	180												
180	200	−100 −172	−100 −215	−50 −70	−50 −79	−50 −96	−50 −122	−50 −165	−15 −35	−15 −44	−15 −61	0 −20	0 −29
200	225												
225	250												
250	280	−110 −191	−110 −240	−56 −79	−56 −88	−56 −108	−56 −137	−56 −185	−17 −40	−17 −49	−17 −69	0 −23	0 −32
280	315												
315	355	−125 −214	−125 −265	−62 −87	−62 −98	−62 −119	−62 −151	−62 −202	−18 −43	−18 −54	−18 −75	0 −25	0 −36
355	400												
400	450	−135 −232	−135 −290	−68 −95	−68 −108	−68 −131	−68 −165	−68 −223	−20 −47	−20 −60	−20 −83	0 −27	0 −40
450	500												

（续）

公称尺寸 /mm		公差带										
		h						js			k		
大于	至	7	8	9	10	11	12	5	6	7	5	6	7
—	3	0 −10	0 −14	0 −25	0 −40	0 −60	0 −100	±2	±3	±5	+4 0	+6 0	+10 0
3	6	0 −12	0 −18	0 −30	0 −48	0 −75	0 −120	±2.5	±4	±6	+6 +1	+9 +1	+13 +1
6	10	0 −15	0 −22	0 −36	0 −58	0 −90	0 −150	±3	±4.5	±7	+7 +1	+10 +1	+16 +1
10	14	0 −18	0 −27	0 −43	0 −70	0 −110	0 −180	±4	±5.5	±9	+9 +1	±12 +1	+19 +1
14	18												
18	24	0 −21	0 −33	0 −52	0 −84	0 −130	0 −210	±4.5	±6.5	±10	+11 +2	+15 +2	+23 +2
24	30												
30	40	0 −25	0 −39	0 −62	0 −100	0 −160	0 −250	±5.5	±8	±12	+13 +2	+18 +2	+27 +2
40	50												
50	65	0 −30	0 −46	0 −74	0 −120	0 −190	0 −300	±6.5	±9.5	±15	+15 +2	+21 +2	+32 +2
65	80												
80	100	0 −35	0 −54	0 −87	0 −140	0 −220	0 −350	±7.5	±11	±17	+18 +3	+25 +3	+38 +3
100	120												
120	140	0 −40	0 −63	0 −100	0 −160	0 −250	0 −400	±9	±12.5	±20	+21 +3	+28 +3	+43 +3
140	160												
160	180												
180	200	0 −46	0 −72	0 −115	0 −185	0 −290	0 −460	±10	±14.5	±23	+24 +4	+33 +4	+50 +4
200	225												
225	250												
250	280	0 −52	0 −81	0 −130	0 −210	0 −320	0 −520	±11.5	±16	±26	+27 +4	+36 +4	+56 +4
280	315												
315	355	0 −57	0 −89	0 −140	0 −230	0 −360	0 −570	±12.5	±18	±28	+29 +4	+40 +4	+61 +4
355	400												
400	450	0 −63	0 −97	0 −155	0 −250	0 −400	0 −630	±13.5	±20	±31	+32 +5	+45 +5	+68 +5
450	500												

6. 常用优先配合

基孔制优先常用配合（GB/T 1801—2009）

附表 28

基准孔	a	b	c	d	e	f	g	h	js	k	m	n	p	r	s	t	u	v	x	y	z
						间隙配合				过渡配合					过盈配合						
H6						$\frac{H6}{f5}$	$\frac{H6}{g5}$	$\frac{H6}{h5}$	$\frac{H6}{js5}$	$\frac{H6}{k5}$	$\frac{H6}{m5}$	$\frac{H6}{n5}$	$\frac{H6}{p5}$	$\frac{H6}{r5}$	$\frac{H6}{s5}$	$\frac{H6}{t5}$					
H7						$\frac{H7}{f6}$	▶$\frac{H7}{g6}$	▶$\frac{H7}{h6}$	$\frac{H7}{js6}$	▶$\frac{H7}{k6}$	$\frac{H7}{m6}$	▶$\frac{H7}{n6}$	▶$\frac{H7}{p6}$	$\frac{H7}{r6}$	▶$\frac{H7}{s6}$	$\frac{H7}{t6}$	▶$\frac{H7}{u6}$	$\frac{H7}{v6}$	$\frac{H7}{x6}$	$\frac{H7}{y6}$	$\frac{H7}{z6}$
H8					$\frac{H8}{e7}$	▶$\frac{H8}{f7}$	$\frac{H8}{g7}$	▶$\frac{H8}{h7}$	$\frac{H8}{js7}$	$\frac{H8}{k7}$	$\frac{H8}{m7}$	$\frac{H8}{n7}$	$\frac{H8}{p7}$	$\frac{H8}{r7}$	$\frac{H8}{s7}$	$\frac{H8}{t7}$	$\frac{H8}{u7}$				
				$\frac{H8}{d8}$	$\frac{H8}{e8}$	$\frac{H8}{f8}$		$\frac{H8}{h8}$													
H9			$\frac{H9}{c9}$	▶$\frac{H9}{d9}$	$\frac{H9}{e9}$	$\frac{H9}{f9}$		▶$\frac{H9}{h9}$													
H10			$\frac{H10}{c10}$	$\frac{H10}{d10}$				$\frac{H10}{h10}$													
H11	$\frac{H11}{a11}$	$\frac{H11}{b11}$	▶$\frac{H11}{c11}$	$\frac{H11}{d11}$				▶$\frac{H11}{h11}$													
H12		$\frac{H12}{b12}$						$\frac{H12}{h12}$													

注：1. $\frac{H6}{n5}$、$\frac{H7}{p6}$ 在公称尺寸小于或等于 3mm 和 $\frac{H8}{r7}$ 在小于或等于 100mm 时，为过渡配合。

2. 标注▶的配合为优先配合。

基轴制优先常用配合（GB/T 1801—2009）

附表 29

基准轴	A	B	C	D	E	F	G	H	JS	K	M	N	P	R	S	T	U	V	X	Y	Z
						间隙配合				过渡配合					过盈配合						
h5						$\frac{F6}{h5}$	$\frac{G6}{h5}$	$\frac{H6}{h5}$	$\frac{JS6}{h5}$	$\frac{K6}{h5}$	$\frac{M6}{h5}$	$\frac{N6}{h5}$	$\frac{P6}{h5}$	$\frac{R6}{h5}$	$\frac{S6}{h5}$	$\frac{T6}{h5}$					
h6						$\frac{F7}{h6}$	▶$\frac{G7}{h6}$	▶$\frac{H7}{h6}$	$\frac{JS7}{h6}$	▶$\frac{K7}{h6}$	$\frac{M7}{h6}$	▶$\frac{N7}{h6}$	▶$\frac{P7}{h6}$	$\frac{R7}{h6}$	▶$\frac{S7}{h6}$	$\frac{T7}{h6}$	▶$\frac{U7}{h6}$				
h7					$\frac{E8}{h7}$	▶$\frac{F8}{h7}$		▶$\frac{H8}{h7}$	$\frac{JS8}{h7}$	$\frac{K8}{h7}$	$\frac{M8}{h7}$	$\frac{N8}{h7}$									
h8				$\frac{D8}{h8}$	$\frac{E8}{h8}$	$\frac{F8}{h8}$		$\frac{H8}{h8}$													
h9				▶$\frac{D9}{h9}$	$\frac{E9}{h9}$	$\frac{F9}{h9}$		▶$\frac{H9}{h9}$													
h10				$\frac{D10}{h10}$				$\frac{H10}{h10}$													
h11	$\frac{A11}{h11}$	$\frac{B11}{h11}$	▶$\frac{C11}{h11}$	$\frac{D11}{h11}$				▶$\frac{H11}{h11}$													
h12		$\frac{B12}{h12}$						$\frac{H12}{h12}$													

注：标注▶的配合为优先配合。

参 考 文 献

[1]　谭健荣，等. 图学基础教程 ［M］. 北京：高等教育出版社，1999.

[2]　李俊武. 工程制图 ［M］. 北京：机械工业出版社，2006.

《工程制图简明教程》

董培蓓 主编

读者信息反馈表

尊敬的老师：

您好！感谢您多年来对机械工业出版社的支持和厚爱！为了进一步提高我社教材的出版质量，更好地为我国高等教育发展服务，欢迎您对我社的教材多提宝贵意见和建议。另外，如果您在教学中选用了本书，欢迎您对本书提出修改建议和意见。

机械工业出版社教育服务网网址：http：//www.cmpedu.com

一、基本信息

姓名：_____ 性别：_____ 职称：_____ 职务：_____

邮编：_____ 地址：_____

任教课程：_____

电话：_____ —_____ （H）_____ （O）

电子邮件：_____ 手机：_____

二、您对本书的意见和建议

（欢迎您指出本书的疏误之处）

三、您对我们的其他意见和建议

请与我们联系：

100037 机械工业出版社·高等教育分社   舒恬   收

电话：010-8837 9217   传真：010-6899 7455

电子邮件：shutianCMP@ gmail. com